做人就这么简单

成就卓越人生的处世智慧

精华版

李 伟 著

《做人就这么简单》10年纪念版
系列**畅销近20万册**
作者**强势回归**，再推**精华**之作

当代世界出版社
THE CONTEMPORARY WORLD PRESS

图书在版编目（CIP）数据

做人就这么简单：精华版/李伟著.—北京：当代世界出版社，2017.1
ISBN 978－7－5090－1141－6

Ⅰ.①做… Ⅱ.①李… Ⅲ.①人生哲学—通俗读物 Ⅳ.①B821－49
中国版本图书馆 CIP 数据核字（2016）第 250765 号

书　　名：做人就这么简单：精华版
出版发行：当代世界出版社
地　　址：北京市复兴路 4 号（100860）
网　　址：http：//www. worldpress. com. cn
编务电话：（010）83907528
发行电话：（010）83908409
　　　　　（010）83908455
　　　　　（010）83908377
　　　　　（010）83908423（邮购）
　　　　　（010）83908410（传真）
经　　销：全国新华书店
印　　刷：三河市冀华印务有限公司
开　　本：710 毫米×1000 毫米　1/16
印　　张：19
字　　数：280 千字
版　　次：2017 年 1 月第 1 版
印　　次：2017 年 1 月第 1 次
书　　号：ISBN 978－7－5090－1141－6
定　　价：39.80 元

如发现印装质量问题，请与承印厂联系调换。
版权所有，翻印必究，未经许可，不得转载！

前　言

成就卓越人生的处世法则

联合国教科文组织曾在其公布的一份报告中提出，21世纪教育的四个基本点：学会认知、学会做事、学会共处、学会做人。据统计，成功人士当中，因为专长而成功的只占不足15%，如果问起他们成功的原因，熟悉他们的人回答的第一句话可能都是"这个人不错"，这就是说，一个人为人处世的成功与否，是他取得成绩的关键所在。

一个人，无论家境贫富与社会地位高低，一生都会面临着怎样做人的问题，做人的成败是我们评价一个人的重要标准之一。

信息化时代给人们带来更多便捷的同时，也将人们交流的空间隔离开来。在冰冷的电脑屏幕前坐久了，逐渐失去了与人直面相处的能力。同时随着物质生活的丰富，也容易让人们淡化了精神的需求——人类在历史上的任何时候，都没有像今天这样迫切需要学习做人的能力。特别是对于年轻人来说，我们把学习的重点放在做人与处世上，是必要的，而且是势在必行的。

然而，人的一生要做的事情又太多，时光变得很短暂，对于我们每个平凡人来说，不可能在亲身经历所有的事情后，才可以成长成熟起来。为此，我们尽快成长的途径之一，就是努力去汲取前人

的经验与智慧。

历史犹如浩瀚的夜空，伟大的成功者是点缀于其间的繁星，而他们的智慧，就如同灿烂的星光，亘古永恒，照耀我们前进的方向。在这里，我们将成功者的智慧结集成《做人就这么简单（精华版）》呈现给读者朋友，它让这些智慧可信、可行、可操作，愿它对大家的生活与工作能有新的助益。

本书一则一评，形式新颖独特，篇幅短小精悍，故事说理精确简捷，篇尾点评独到而精彩，是一部为人处世的经典之作。

由于时间的仓促和水平所限，本书肯定有很多不足之处，希望读者朋友们能多加指正，积极地来电来信指出。本人的电子邮箱是aboutbook@126.com，愿共同学习，共同进步。在此谨谢！

李 伟

2016年11月于北京

目录

1. 从来没有人会踢一只死狗/1
2. 不要轻易看穿他人的意图/2
3. 做一个无法取代的人/2
4. 苦难只是吓退了一些庸碌的竞争者/3
5. 做一个有自己原则的人/4
6. 把自己的面子给别人/5
7. 拥有属于你自己的"绝活"/6
8. 透过表面现象看透对方的真意/7
9. 不要被习惯牵着鼻子走/8
10. 没有人真心的愿意听反对意见/9
11. 与有远大理想者为伍/10
12. 不要对琐事感兴趣/10
13. 别跟上司称兄道弟/11
14. 认清形势，做出选择/12
15. 等待的生命一样精彩/13
16. 机会，绝不是越多越好/14
17. "懒"也是一种生存的智慧/15
18. 可以温和，但绝不软弱/16
19. 士为知己者死/17
20. 学会感恩/18
21. 伟大尽在苦难之后/19
22. 让他人有优越感/20
23. 过河不拆桥/21
24. 别总想把便宜占尽/21
25. 做人要厚道/22
26. 在你最风光的时候离开/23
27. 欲望与能力应成正比/24
28. 自己的秘密不要轻易示人/25
29. 孤立是失败的前兆/26
30. 不要浪费一分钟，去想我们不喜欢的人/27
31. 最怕的不是贫穷，而是没有主见/28
32. 大胆才是真正的审慎/29
33. 起起伏伏才是人生/30
34. 张狂的结果，只能是自己受伤/31
35. 不妨来点喜怒无常/31
36. 懂得礼让，才能分享/32
37. 不做金钱的奴隶/33

THE RULE OF EXCELLENCE IN LIFE

38. 大胆地说出你更高的要求/34
39. 与积极上进的人做朋友/35
40. 直面自己的耻辱/36
41. 成功偏爱"光脚"的人/37
42. 不说硬话，不做软事/38
43. 心急吃不了热豆腐/39
44. 不要把决定权交给他人/40
45. 有保留地赞美/40
46. 珍惜对手，就是珍惜自己/41
47. 每晚都进行自我反省/42
48. 有事没事常联系/43
49. 不要指望感恩/43
50. 适当地收起你的个性/44
51. 不要试图搞垮你的上司/45
52. 把冷板凳坐热/46
53. 不要为小事而烦恼/46
54. 在背后说别人的好话/47
55. 想办法让人家离不开你/48
56. 心中有鬼，则人人是鬼/49
57. 没有选择，选择将失去意义/50
58. 赠人玫瑰，手留余香/51
59. 成功与失败之间，只有一道虚掩的门/52
60. 不要扮演"怀才不遇"者/53
61. 一次只坐一把椅子/53
62. 能拿得起，更要放得下/54
63. 不要过于强悍/55
64. 痒要自己抓，好要别人夸/56
65. 压低别人并不能抬高自己/56
66. "理解万岁"应该缓行/57

67. 要么最棒，要么出局/58
68. 机会总是乔装成问题的样子/59
69. 可以失败，但决不投降/60
70. 丢掉百无一用的书生气/61
71. 保持三分饥饿感/62
72. 不要让个性误导了你/63
73. "只找决策人"是成功的一个捷径/64
74. 最得意的时候，就要思图改变/64
75. 向你的对手敬杯酒/65
76. 不要穿得比老板更漂亮/66
77. 悲观沮丧的时候，不要做重要的决定/67
78. 只要玩得转，就要敢于大胆地打破规则/67
79. 挥霍无度的恶习使你一名不文/68
80. 聪明的人绝不会四处出击/69
81. 脑袋空空，口袋空空/70
82. 优柔寡断是最危险的仇敌/71
83. 知道什么时候答应，什么时候拒绝/72
84. 适时地做一个弱者/73
85. 置之死地而后生/74
86. 自卑自贱是成功的大敌/75
87. 嫁个有钱人/76
88. 丢掉人生的"鸡肋"/77
89. 不要只为薪水而工作/77
90. 确定你是对的，然后勇往直前/78
91. 不要为迎合他人而活着/79
92. 过犹不及/80

93. 装成忙碌的样子/81
94. 冒险越大，荣耀越多/82
95. 强大、有力量是一切取胜者的法则/82
96. 拘泥于小节就会忽视大局/83
97. 无论什么时候，都不要显得比别人聪明/84
98. 坐在舒适软垫上的人容易睡去/85
99. 先下手为强/86
100. 结交各种类型的朋友/87
101. 粉饰选择/88
102. 不要成为众矢之的/89
103. 永远拒绝炫耀，不管你是否有资本/89
104. 永远不要回头看/90
105. 不要把工作只作为糊口的一个工具/91
106. 永远坐在前排/92
107. 对谣言进行冷处理/93
108. 习惯决定命运/93
109. 要功高但不要震主/94
110. 思考才能致富/95
111. 适当说些善意的谎言/96
112. 既引人注目，又不贬低别人/97
113. 熟悉的地方没有风景/97
114. 最大的敌人，就是你自己/98
115. 执迷不悟才是最可怕的/99
116. 这个世界上，你是唯一的你/100
117. 害怕出丑，让我们失去许多机会/101
118. 不要随意放纵自己/102
119. 得意而不可忘形/103
120. 慎做"先驱者"/104
121. 不要轻易作出判断/104
122. 人都喜欢被辅佐，不喜欢被超越/105
123. 真正的玩家总是不动声色的/106
124. 只有经济独立，才有真正的自由/107
125. 笼络人心不在钱/108
126. 帮助别人往上爬的人会爬得更高/109
127. 多言不如多知/109
128. 责任胜于一切/110
129. 开除自己，才能成功/111
130. 远离派系之争/112
131. 亲兄弟明算账/112
132. 意志坚定，但不要固执/113
133. 让人需要而不是感激/114
134. 不吃免费的午餐/114
135. 烧冷灶，拜冷庙/115
136. 与比自己强的人共事/116
137. 物以类聚，人以群分/117
138. 别跟猪打架/118
139. 不要当面不说，背后乱说/118
140. 成大事者不谋于众/119
141. 站在对方的角度思考/120
142. 不要为小事忧愁/121
143. 上帝没有轻看卑微/122
144. 入乡随俗，不做另类/123

145. 一心一意地干自己认定的事情/124
146. 大多数人都以貌取人/125
147. 不要把自己想得太重要/126
148. 得寸可以进尺/127
149. 警觉突然而来的热情/128
150. 办事不能一根筋/129
151. 永远让人觉得你有利用价值/130
152. 只坐椅子的一半/131
153. 要想不被人替代，你得有一手绝活/132
154. 交浅不言深/133
155. 要想成功，先让别人注意到你/134
156. 不要毁了他人的进取心/134
157. 不吃独食/135
158. 奖赏不能搞一步到位/136
159. 就是要给人家面子/137
160. 做人要靠真本事/138
161. 可以有野心，但不要外露/139
162. 只知一味前进的人，迟早要走向衰亡/140
163. 利益是友谊最稳固的基石/141
164. 做人要有底线/142
165. 让心灵保持独有的空间/142
166. 不要开有暗示性的玩笑/143
167. 先做小事，先赚小钱/144
168. 你不可能样样精通/145
169. 说得越多，失误越多/146
170. 不加掩饰的才华是危险的/147
171. 把朋友分等级/147
172. 生活是不公平的，但是公正的/148
173. 不要被傻瓜迷惑/149
174. 真正好的建议来自我们的敌人/150
175. 没有人能在争辩中获全胜/151
176. 不要为卑微的东西祈祷/152
177. 在追悔过去的时候，你将失去现在/153
178. 不要每天忿忿不平/154
179. 不可给自己一次小小的放纵/155
180. 越有实力的人，越是坦诚/156
181. 双赢是最明智的选择/157
182. 君子讷于言而敏于行/158
183. 永远不要在争论中打倒对方/158
184. 不要在心里制造失败/159
185. 酒香也怕巷子深/160
186. 因为放不下，所以无法解脱/161
187. 不要为小事疯狂/162
188. 多跟孩子讨论金钱的问题/163
189. 失意时勿谈失意事/164
190. 忍一时风平浪静，退一步海阔天空/165
191. 做人要有分寸/166
192. 没有人会一石二鸟/167
193. 送礼给即将离任者/168
194. 勿在失意人面前谈得意之事/169
195. 你不理财，财不理你/170
196. 把握今天/171
197. 永远不要做一个离群索居者/172
198. 善于制造自己的优势/173
199. 平平淡淡不是真/174
200. 金钱是重要的/175

201. 紧捂钱包的人一点也不迷人/176
202. 当众拥抱你的敌人/177
203. 为人太清高，就是自绝于江湖/178
204. 说得越多，越显得平庸/179
205. 将底牌紧紧地握在自己手中/180
206. 首先，确立你的对手/181
207. 人人都相信自己是正确的/182
208. 除了工资，我们还应该有更高的追求/183
209. 掌握认错的尺度/184
210. 千万别拿"场面话"当真/185
211. 顶着压力向前走/186
212. 结交一流的人物/187
213. 只有懂得分享，才会有真快乐/188
214. 不要让你的优点误了你/189
215. 没有人可以独自成功/190
216. 不要只做一个跟随者/191
217. 先做最重要的/192
218. 一旦咬住，决不放松/193
219. 用切身利益拴住合作者/193
220. 落后的结局都是惨痛的/194
221. 与狗争路，不如让它先走/195
222. 不要轻举妄动而自乱脚步/196
223. 一切皆有可能/197
224. 成功很难，但不成功更难/198
225. 殷勤有礼胜过金钱百倍/199
226. 让上司觉得是他在做决定/200
227. 边擦眼泪边前进/201
228. 苦难出卓越/202
229. 人摆错了位置就是垃圾/203
230. 凡事切勿盲目下定论/204
231. 任何时候都不要孤军奋战/205
232. 你手中的就是最好的/206
233. 做一个有自制力的人/206
234. 利用业余时间把自己变得更优秀/207
235. 野心是成功的特效药/208
236. 不要害怕成长/209
237. 在无奈时，我们忍耐/210
238. 人在屋檐下，不得不低头/211
239. 不要冷落任何人/212
240. 痛苦是羽化成蝶的第一步/213
241. 与强者为伍/214
242. 病从口入，祸从口出/214
243. 浅尝辄止，最终将一事无成/215
244. 走自己的路，让别人说去吧/216
245. 不要为打翻的牛奶而哭泣/217
246. 距离产生威严/218
247. 永远不要试图报复我们的仇人/219
248. 你看到的，不见得是事情的全部/219
249. 凡事以愤怒开始，必以耻辱告终/220
250. 快乐总在痛苦经历之后/221
251. 以直报怨/222
252. 别让人看见你失意的样子/223
253. 宁可被打死，也不要被吓死/224
254. 人微言轻/225
255. 你有不快乐的权力/226
256. 不要轻易相信"好的"二字/227

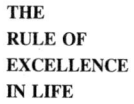

257. 可以没有一切，惟独不能没有希望/228

258. 没什么，也不能没志气/229

259. 谨慎金钱来往/230

260. 该低头时且低头/231

261. 给爱虚荣者一个头衔/232

262. 借出去钱，就是借出去朋友/232

263. 看眼色，下菜碟/233

264. 不要重用告密者/234

265. 广泛结交社会名流/235

266. 得到的越多，渴望的也就越多/236

267. 可怜之人，必有可恨之处/237

268. 单纯一点，更容易成功/238

269. 只有甘于沉下去，才可能浮上来/239

270. 会哭的孩子有奶吃/240

271. 心在高处，手在低处/240

272. 稍作改变，就会有新奇的发现/241

273. 远离敏感的人/242

274. 拒绝单打独斗/243

275. 不要一心只想往高飞/244

276. 设身处地为别人想一想/245

277. 逆境是一所好学校/246

278. "烂好人"是不值钱的/247

279. "我本善良"没有任何意义/248

280. 别人做得好的，你未必能行/249

281. 迫使对方先亮出底牌/250

282. 多举手/251

283. 不把话说死，不把事做绝/252

284. 懂得选择，绝不放弃/253

285. 努力并不是只知埋头苦干/253

286. 没有热情，你将一事无成/254

287. 远离名声不好的人/255

288. 不要从竞争对手身上寻找友谊/256

289. 避开一切不必要的争论/257

290. 自知自明是一种大智慧/258

291. "直言直语"与"正义"是两回事/259

292. 不要在成功出现之前轻易地放弃/259

293. 适者生存，而不是强者生存/260

294. 上帝为什么不奖赏好人/261

295. 攀比是一切烦恼的根源/262

296. 想尽办法避免负债/263

297. 你可以变通规则，但不能打破规则/264

298. 舍得舍得，有舍才有得/265

299. 二心不定，输得干干净净/266

300. 有志向，更要有野心/267

301. 与其坐等伯乐，不如毛遂自荐/268

302. 别让他人操纵了你的生活/269

303. 抑制住自己一夜暴富的冲动/270

304. 想想那些不如你的人/271

305. 做人才不做奴才/272

306. 不要让人明白你的真正意图/273

307. 君子择邻而居/274

308. 与其有天赋，不如持之以恒/275

309. 做人不要太精明/276

310. 不要在众人埋头工作时扬长而去/277

311. 不要试图让所有人都喜欢你/277
312. 因为怕死，所以死得更快/278
313. 成功不能靠频繁的跳槽/279
314. 什么样的对手将造就什么样的自己/280
315. 想保守秘密，就闭紧你自己的嘴/281
316. 当你相信时，它就会发生/282
317. 选择一位值得追随的老板/283
318. 只要超群出众，就一定会受到批评/284
319. 勿与君子太近，勿与小人太远/285
320. 有一种智慧叫放弃/286
321. 不挑战权威，就永远无法进步/286
322. 心态是你真正的主人/288
323. 给别人留路，就是给自己留路/289
324. 兜里有钱，胜过朝中有人/290

THE RULE OF EXCELLENCE IN LIFE

1. 从来没有人会踢一只死狗

要是你被人家踢了，或者是被别人恶意批评的话，请记住，他们之所以做这种事情，是因为这事情能使那些人有一种自以为重要的感觉——这通常也就意味着你已经有所成就，而且值得别人注意。很多人在指责那些教育程度比他们高，或者在各方面比他们成功得多的人的时候，都会有一种满足的快感。

大概很少有人会认为耶鲁大学的校长是一个庸俗的人，可是曾担任过耶鲁大学校长的摩太·道特，却以能够责骂一位总统为荣："我们就会看见我们的妻子和女儿，成为合法卖淫的牺牲者。我们会大受羞辱，受到严重的损害。我们的自尊和德行都会消失殆尽，使人神共愤。"

这几句话听来好像是在骂希特勒，对不对？但不是的，这些话是在骂托马斯·杰斐逊。哪一个托马斯·杰斐逊呢？想必不是那位不朽的托马斯·杰斐逊吧？那个写独立宣言的，那个民主政体的代表人物？可是一点也不错，说的正是这个人。

你想哪一个美国人曾经被人家骂做"伪君子"、"大骗子"和"只比谋杀犯好一点点"吗？有张报纸上的漫画画着他站在断头台上，那把大刀正准备把他的头砍下来。在他骑马从街上走过的时候，一大群的人围着他又叫又骂。

他是谁呢？就是美国的国父乔治·华盛顿。

如果我们因为不公正的批评而忧虑的时候，请记住这样一句话：

不公正的批评通常是一种伪装过的恭维，从来没有人会踢一只死狗。

【绝对智慧】

不公正的批评通常是一种伪装过的恭维，从来没有人会踢一只死狗。

2. 不要轻易看穿他人的意图

一天，隰斯弥前往田常府第进行礼节性的拜访，以表示敬意。田常依照常礼接待他之后，破例带他到邸中的高楼上观赏风光。隰斯弥站在高楼上向四面张望，东、西、北三面的景致都能够一览无遗，惟独南面视线被隰斯弥家院中的大树所阻碍，于是隰斯弥明白了田常带他上高楼的用意。

隰斯弥回到家中，立刻下令砍掉那棵阻碍视线的大树。正当工人开始砍伐大树的时候，隰斯弥突然又命令工人立刻停止砍树。家人感觉奇怪，于是请问究竟。隰斯弥回答道："俗话说，'知渊中鱼者不祥'，意思就是能看透别人的秘密，并不是好事。现在田常正在图谋大事，就怕别人看穿他的意图，如果我按照田常的暗示，砍掉那棵树，只会让田常感觉我机智过人，对我自身的安危有害而无益。不砍树的话，他顶多对我有些埋怨，嫌我不能善解人意，但还不致招来杀身之祸，所以，我还是装着不明白，以求保全性命。"

【绝对智慧】

轻易看穿他人的意图，就是对他人智慧的嘲弄。

3. 做一个无法取代的人

欧州文艺复兴时期，一个画家是否能够出人头地，取决于能否找到好的赞助人。

米开朗基罗的赞助人是教皇朱里十二世。一次在修建大理石碑时，两人意见产生了分歧，他们激烈地争吵起来，米开朗基罗一怒之下扬言要离开罗马。

大家都认为教皇一定会怪罪米开朗基罗。但事实恰恰相反——教皇非但没有惩罚米开朗基罗，还极力请求他留下来。因为他清楚地知道，米开朗基罗一定能够找到另外的赞助人，而他永远无法找到另一位米开朗基罗。

尼克松担任总统期间，白宫几次进行权力变动，但基辛格始终保有一席之地。这并不是因为他是最好的外交官，也不是因为他与尼克松相处融洽，更不是因为他俩有共同的政治理念，而是因为他涉足政府机构内的领域太多，离开他会导致极大的混乱。

米开朗基罗是卓越的艺术家，有着超人的才华，这种力量是集中的；而基辛格的力量是扩散的，他让自己涉足政府许多领域的工作，这些都成为他们手里的王牌。任何一个人拥有了别人不可替代或逾越的能力，就会使自己的地位变得十分稳固。因此，让一切都在自己的掌控之中，让自己的技能无可取代，才能立于不败之地。

【绝对智慧】

任何一个人拥有了别人不可替代或逾越的能力，就会使自己的地位变得十分稳固。因此，让一切都在自己的掌控之中，让自己的技能无可取代，才能立于不败之地。

4. 苦难只是吓退了一些庸碌的竞争者

有一天，两个强盗偶然路过一座吊死犯人的绞架，其中一个便叫起来："如果没有这该死的绞架，我们的职业是多么好呀！"

另一个强盗接着说："呸！你这笨蛋，好在有这架子，如果没有的话，人人都做强盗，哪轮得到你我？"

其实世界上的各种职业、技艺与事业，莫不如此，都是因为困难吓退了一些庸碌的竞争者。斯潘琴说："许多人的生命之所以伟大，都来自他们所承受的苦难。"最好的才干往往是从烈火中冶炼、从坚石上磨砺出来的。

世界上有许多人因为没有经历苦难的磨练，激发不出他们体内潜伏着

的力量来，因此他们的才能就得不到淋漓尽致的发挥。而只有努力奋进才能使人们达到成功的境地，只有尽力奋斗的人才会获得自己心中期望的东西。

苦难与障碍并不是我们的仇人，而是我们的恩人。正是苦难与障碍的出现，使得我们体内克服障碍、承受苦难的力量得以发展。这就好像森林里的橡树，经过千百次暴风雨的摧残，非但不会折断，反而愈见挺拔。

【绝对智慧】

许多人的生命之所以伟大，都来自他们所承受的苦难。

5. 做一个有自己原则的人

有一位青年名字叫麦克，毕业于某大学的国际贸易系，目前任职于一家外商公司，并与同学合开一家汽车零件工厂。他不抽烟、不喝酒、极少去应酬，所有公事都在公司谈，从不请客户上酒店。如需要宴请朋友，一定以"家"为单位，夫妻共同出席。

有人笑他不像商场上的人，他气定神闲地反问："你所谓的商场上的人，应该是什么样子？""就是——有点像四海为家，玩得开……常常交际应酬……反正不像你这么呆板就是啦！"

结果，"呆板"的麦克，在同行中订单最多，越来越多的客户愿意和他做生意。原因很简单：大家都省力，彼此都放心，有话直说，免去那些不必要的彼此猜忌和时间的浪费。

渐渐地，大家都知道和麦克先生谈生意的模式，也接受了这种属于他的行为模式，并且欣赏他这种不同于别人的独特性。

没有任何一个行为标准是不可更改的，只看是否适合你自己。要想成为一个受人尊重的人，首先要确立属于你的自我形象。

不可随波逐流、任意浮沉于某些人的标准，如果你过分在意这些人的看法，总是担心他们给你的评价，只会令你的自尊越来越低，属于你的自我形象，便永远一片模糊。发展并确立属于你的自我形象，让自己成为独特的人，生命的意义便呈现出全新的风貌。

【绝对智慧】

不可随波逐流、任意浮沉于某些人的标准，如果你过分在意这些人的看法，总是担心他们给你的评价，只会令你的自尊越来越低，属于你的自我形象，便永远一片模糊。

6. 把自己的面子给别人

人都爱面子，你给他面子就是给他一份厚礼。你给别人一个面子就相当于承认别人比自己尊贵，比自己占分量，比自己有面子。他领了情，日后也一定会对你作出相应的回报。

反过来，无论你采取什么方式指出别人的错误——一个蔑视的眼神，一种不满的腔调，一个不耐烦的手势，都有可能带来极为不利的后果。

永远不要说这样的话："看着吧！你会知道谁是谁非的。"

古代有位大侠名叫郭解。有一次，洛阳某人因与他人结怨而心烦，多次央求地方上有名望的人士出来调停，对方就是不给面子。后来他找到郭解门下，请他来化解这段恩怨。

郭解接受了这个请求，亲自上门拜访委托人的对手，做了大量的说服工作，好不容易使这人同意了和解。照常理，郭解此时不负人托，完成这一化解恩怨的任务，可以走人了。可郭解还有高人一着的棋，有更巧妙的处理方法。

一切讲清楚后，他对那人说："这个事，听说过去有许多当地有名望的人调解过，但因不能得到双方的共同认可而没能达成协议。这次我很幸运，你也很给我面子，让我了结了这件事。我在感谢你的同时，也为自己担心，我毕竟是外乡人，在本地人出面不能解决问题的情况下，由我这个外地人来完成和解，未免会使本地那些有名望的人感到丢面子。"他进一步说：

"这件事这么办,请你再帮我一次,从表面上要做到让人以为我出面也解决不了问题。等我明天离开此地,本地几位绅士、侠客还会上门,你把面子给他们,算作他们完成此一美举吧。拜托了。"

郭解把自己的面子扯下来,决意送给其他有名望的人,其心态之高,其心态之平,实在令人感佩。

当然,给别人面子一定要自然,不要让对方明白,这是你有意使然,否则便显得你很虚伪,别人对这种面子也不会感兴趣。

【绝对智慧】

给别人面子一定要自然,不要让对方明白,这是你有意使然,否则便显得你很虚伪,别人对这种面子也不会感兴趣。

7. 拥有属于你自己的"绝活"

曾有一位中国妇女,想随留学的儿子到美国,于是来到美国移民局申请绿卡。可她只会用英语说"你好"、"再见"两句话。

她的申报理由填写的是有"技术专长"。移民官看了她的申请表,问她:"你会什么?"她用中文回答说:"我会剪纸画。"说着,她从包里拿出一把剪刀,轻巧地在一张彩色亮纸上飞舞,不到3分钟,就剪出一群栩栩如生的动物图案。

移民官瞪大眼睛,像看变戏法似的看着这些美丽的剪纸画,竖起大拇指,连声赞叹"OK"。

她就这么"OK"了,令旁边和她一起申请而被拒绝的人又羡慕又嫉妒。

美国是一个十分注重功利的国家,你要对美国的社会经济发展有益,美国才会接纳你。在美国拿绿卡,只有两种人可以:一种是来美国投资或消费;另一种人,就是有技术专长。

因为在美国,只有对社会有利的人才会被重视,你有技术专长,而且你所具有的正是他们所没有的，你的地位和贡献便会突现出来。因此，他们就会欢迎你的加入。

在美国，你可以不会管理，你可以不懂金融，你可以不会电脑……甚至，你可以不会英语。但是，你不能什么都不会！你必须得会一样，你要竭尽全力把它做到极限。这样，你就会永远 OK 了！

其实，在世界其他地方也同样，无论你是在财力，还是在能力方面，只要有一方面极为突出，都会立于不败之地。

【绝对智慧】

无论你是在财力，还是在能力方面，只要有一方面极为突出，都会立于不败之地。

8. 透过表面现象看透对方的真意

李隆基刚登上帝位不久，在骊山下检阅军队。当时从各地调集来的军队达 20 万人之多，军旗招展，绵延不绝。但由于调集仓促，事先并没有经过训练，军容显得很不整齐。李隆基大为恼火，扬言要杀掉兵部尚书郭元振。而此时的郭元振刚刚帮助李隆基平息了一场宫廷政变，才得以使他坐稳帝位，实在是劳苦功高。于是一些大臣跪劝李隆基：功臣不可杀！

李隆基于是命令将郭元振流放新州，却又扬言要杀掌管礼仪的唐绍。金吾卫将军李邈听到旨意，立刻砍了唐绍的脑袋。谁料李隆基更为恼火，因此而罢了李邈的官，并宣布永不任用。

其实，李隆基虽然为军容不整而大为恼火，但他并不是有意要杀人，只不过是借刚登基之际，发发威风罢了。可惜李邈却信以为真，看不出火候，虽然恭敬从命，反而丢了官。

察言观色对一个人来说是很重要的，尤其是在那些看似简单的事情上。不懂得察言观色，你永远难以称得上是才智过人。有人极其善于揣度他人之心，洞察他人的意思。有些事情不好当面直说，明智之人在表达时常常

采用半遮半掩的方法。这就要你察言观色，理解别人这字里行间的意思。

【绝对智慧】

不懂得察言观色，你永远难以称得上是才智过人。

9. 不要被习惯牵着鼻子走

对于大多数人来说，被动的生活已经变成了一种无意识行为，我们像牛一样被各种各样的事情牵着鼻子向前走，但由于被牵得太久了，就忘了我们是被牵着鼻子在生活，有时候不被牵着还感觉不舒服。

比如，我们每天晚上的大部分时间都被电视机所消灭了，我们打开电视，不断地换着频道，很少能看到实实在在的有意义的节目，整整一个晚上的宝贵时间就这样被浪费掉了，到最后很多人都得了电视被动症。虽然在电视上学不到任何东西，但是离开了电视又感觉活不下去。假如有一天晚上突然停电，看电视已成泡影，我们就像没了魂的幽灵，整个晚上晃来晃去不知所措。

另外，就是现在的上网或网上的聊天，和电视对我们造成的伤害几乎一样，我们有事没事就上网浏览，东翻西看，或者和一些毫不相关的人在网上瞎聊，经常聊了半天连对方是男是女还不知道，结果一晚上的时间就白白浪费掉了。最后回忆一下，既没有知识和智慧的收获，也没有真实的感情收获，但第二天熬不住又继续上网，就这样，生命被不知不觉消耗掉了。

在英语中有一个词用得很形象，把对人没好处但又能牵着人的鼻子走的东西叫"hooked on"，意思是被勾住了，就像一头猪被勾住了，那么离被屠杀的时间也就不远了。

人之所以会被动地做事，主要的原因是心中没有真正的重大的事情要做或心中没有远大的目标要实现。当你发现自己陷在一种无能为力的生活境地时，你首先要有勇气走出这种生活，而走出这种生活又需要你放弃原来的利益和习惯。其实，一个人只要舍得放下自己的那点小天地，就很容易走进宇宙的大世界。

【绝对智慧】

其实，一个人只要舍得放下自己的那点小天地，就很容易走进宇宙的大世界。

10. 没有人真心的愿意听反对意见

汉元帝刘奭上台后，将著名的学者贡禹请到朝廷，征求他对国家大事的意见。这时朝廷最大的问题是外戚与宦官专权，正直的大臣难以在朝廷立足。对此，贡禹心知肚明却不置一词，他可不愿得罪那些权势人物。

他只给皇帝提了一条建议，即请皇帝注意节俭，将宫中众多宫女放掉一批，再少养一点儿马。其实，汉元帝这个人本来就很节俭，早在贡禹提意见之前已经将许多节俭的措施付诸实施了，其中就包括裁减宫中多余人员及减少御马，贡禹只不过将皇帝已经做过的事情再重复一遍，汉元帝自然乐于接受。于是，汉元帝便博得了纳谏的美名，而贡禹也达到了迎合皇帝的目的。

古代的帝王即位之初或某些较为重要的政治关头，时常要下诏求谏，让臣下对朝政或他本人提意见，表现出一副弃旧图新、虚心纳谏的样子，其实这大多是一些故作姿态的表面文章。有一些实心眼的大臣却十分认真，不知轻重地提了一大堆意见，却常常招来忌恨，埋下祸根，以至于受到帝王的打击报复。

【绝对智慧】

在生活中，我们经常听到别人对我们说："没事儿，说吧，我不在意！"这时你真的要在意了，因为天下没有一个人愿意听不利于自己的话！更多的时候是——你的话，反而成了他打击你的把柄。

11. 与有远大理想者为伍

你与那些有理想、有抱负、有工作热情的同事交朋友，而不是和那些只知混日子的庸俗之辈为伍。

"物以类聚，人以群分"。人们往往会根据一个人交往的朋友来判断他本人的性质与特点。领导判断下属时，当然也会受到这种思想左右。

你务必让领导看到，你所喜欢交往的人都是有远大理想的人。通过这一点，可以相应提高你的身份。

当然，与那些有远大理想的同事交朋友的同时，也要与其他同事保持比较友好的关系。要知道，他们虽然不可能对你有什么帮助，却极有可能对你造成某些危害。因此，与人为善是正确的选择。

【绝对智慧】

你务必让领导看到，你所喜欢交往的人都是有远大理想的人。通过这一点，可以相应提高你的身份。

12. 不要对琐事感兴趣

生活中最聪明的人，往往是那些对无足轻重的事情无动于衷的人，他们很清楚该理睬什么，不该理睬什么，知道什么事情可以改变命运，也知道什么事情只会消耗青春。这样的人对那些较重要的事务无一例外会感到兴奋，同时也善于把无关紧要的事情搁置在一边。

有一次，一只鼬鼠向狮子挑战，要同它决一雌雄。狮子果断地拒绝了。

"怎么，"鼬鼠说，"你害怕了吗？"

"非常害怕，"狮子说，"如果答应你，你就可以得到曾与狮子比武的殊荣；而我呢，以后所有的动物都会耻笑我竟和鼬鼠打架。"

这只狮子无疑是明智的，因为它非常清楚，与鼬鼠比赛的麻烦在于：即使赢了，所战胜的仍然是一只"老鼠"。一般情况下，对于低层次的交往和较量，大人物是不屑一顾的，就像一个优秀的武士，是不会与一个毛贼公开决斗的。

同样的，一个人对琐事的兴趣越大，对大事的兴趣就会越小，而非做不可的事就越少，越少遭遇到真正的问题，人们就越关心琐事。这就如同下棋一样，和不如自己的人下棋会很轻松，你也很容易获胜，但永远也长进不了，而且这样的棋下多了，棋艺会越来越差，所以好棋手宁可少下棋，也尽量不与不如自己的人较量。

美国哲学家威廉·詹姆士曾说："明智的艺术就是清醒地知道该忽略什么的艺术。"他的言下之意就是，不要被不重要的人和事过多打搅，因为成功的秘诀就是抓住目标不放。很多人都想成为一流的人，有一流的事业、一流的思想、一流的生活，但遗憾的是，很少有人能像一流的人那样做事。

不值得做的，千万别做。因为不值得做的事，会让你误以为自己完成了某些事情。你消耗了大量时间与精力，得到的可能仅仅是一丝自我安慰和虚幻的满足感。当梦醒后，你会发现该做的事一件都没有做，而自己却已经疲惫不堪了。

【绝对智慧】

不值得做的，千万别做。因为不值得做的事，会让你误以为自己完成了某些事情。你消耗了大量时间与精力，得到的可能仅仅是一丝自我安慰和虚幻的满足感。

13. 别跟上司称兄道弟

如果你的上司性格温和，待人充满温情；如果你的上司非常器重你，经常带你出席各种社交场合，那么，你千万不要得寸进尺，保持适度的距离对你是有好处的。

当你发现你正在或可能成为上司的朋友甚至哥们儿时，你应当把握好尺度。如果你当着其他人的面与上司称兄道弟，以显示你与上司的特殊关系，那么这种行为是危险的。上司再民主也需要一定的威严。当众与上司称兄道弟只能降低他的威信。于是其他同事也开始对上司的命令不当一回事。当上司发现他的工作越来越难做，而你就是他威严的破坏者时，那么，等待你的最低限度是疏远，或者你只能离开。也许他不会表露出来，可是，有一天，你发现你不得不接受调职的命令。

当然，你如果能够同上司交上朋友，这说明你的上司很看重你，不过，这种朋友关系的最佳状态，是业务上的朋友和工作上的挚友。如果你能推动你的上司在公司中的地位，你就是他最好的朋友。

上司起用你绝不是为了广交朋友，而是让你为他更好地服务。

【绝对智慧】

在《三国演义·群英会蒋干中计》中，面对蒋干的诱降，周瑜用这样一句话来说明他和孙权的关系："外托君臣之义，内结骨肉之恩，言必听，计必从……"的确，与上级关系如果能做到周瑜这样，也就算是职场中的高手高手高高手了。

14. 认清形势，做出选择

在南美洲亚马逊河流域生活着一种巨蟒，其身长可达10多米，能轻而易举地把一个人从头到脚全部吞下。驻扎在巴西热带雨林的军人常会遭遇这种食人蟒，他们的《生存手册》介绍了逃生之法：

"碰到巨蟒时，记住千万别跑，你跑得快，蟒蛇比你更快。你得立即平躺在地面上，背朝下，两脚并拢，双手放在身体两侧。千万别恐慌，它会用嘴在你的四周探查，你看准，找机会，不动声色地拔出随身携带的匕首，朝着它张开的大口的一侧快速有力地划过，用利刃把它的嘴割裂……"

上述对付巨蟒的方法可谓大胆，令人惊心动魄。相比之下，另一种从蛇口逃生的办法要简单得多。作家勒鲁瓦·艾姆斯在《成为领袖》一书中，叙述了自己对付响尾蛇的经验：

"在住地一带常有响尾蛇出没，每年夏天我都要遇到一两次，每次都能化险为夷。在野地行走时，突然碰见一条盘着身子、扬着头、吐着芯子的响尾蛇，着实令人害怕。响尾蛇的动作闪电般迅速，而且对目标的攻击极准。面对如此危险的动物时，人类最本能、最简单的反应是：赶快逃跑。事实也证明，这是对付响尾蛇最有效的一种方法。"

巨蟒和响尾蛇都是非常凶险的动物，人类对付它们的方法却完全不同。对付前者需要的是勇敢和冷静的贴身搏斗，对付后者需要的是迅速及时的躲避。这些都是人类在险境中摸索出保全自身的有效方法。

其实，生活中我们常会与"巨蟒"或"响尾蛇"不期而遇。那些你无法回避、必须面对的挑战和困难是"巨蟒"。对付它们，你必须硬着头皮上，勇敢地与之周旋。而一旦剧毒无比的"响尾蛇"出现在你面前，你就必须赶紧躲开，躲得越远越好。

【绝对智慧】

那些你无法回避、必须面对的挑战和困难是"巨蟒"。对付它们，你必须硬着头皮上，勇敢地与之周旋。而一旦剧毒无比的"响尾蛇"出现在你面前，你就必须赶紧躲开，躲得越远越好。

15. 等待的生命一样精彩

法国剧作家贝克特，他的代表作是《等待戈多》。这个剧没有情节，没有矛盾冲突，没有完整的人物形象，只有杂乱无章的胡言乱语与丑陋不堪而又没有个性的几个人物。

在这出戏中，被"等待"的人物戈多，一直没有出场，因为他是一种象征，象征着神、上帝、造物主，还有死亡。因此，在剧中戈多出现就没有意义了，而作者所要揭示的是"等待"，是对"等待"的荒诞而又深邃

的阐释。

剧中人物弗拉季米尔说："咱们不再孤独啦，等待着夜，等待着戈多，等待着……等待。"等待什么？等待戈多一来，就向他"祈祷"，向他"乞求"，把自己"拴在戈多身上"。所以，他们是在等待解救人生痛苦的希望的到来。这种意象如同神话里的西西弗斯，永远推动着推不到山顶的巨石。巨石达到一定高度就滚下来，他再推，再滚下来，永无休止。在贝克特看来，生活就是这样，琐碎生活的机械循环已达到了极限状态，因此有人称贝克特的《等待戈多》为"等待的西西弗斯神话"。实际上，不论等待是多么痛苦，我们每个人都在等待中走完生命的进程。

诞生是一场等待，成长是一场等待，情感的归宿，成功的实现，厄运的结束……都是等待。

等待也许充满着焦灼，充满着痛苦，充满着失望，正如《等待戈多》所表现的那样，使人憔悴的等待是人类生活的悲剧——"希望迟迟不来，苦死了等待的人。"但人们还是要等，这种等待带有几分悲怆，人们在无可奈何中表现出来的耐心是悲壮无比的，换句话说，等待是生命中无法逾越的过程。我们在等待中走向成熟，也在等待中走向死亡。

等待与我们的生命贴得这么近，我们没有理由不以智者的心态去研究等待的感觉，品味等待的滋味。

【绝对智慧】

等待是生命中不可或缺的一部分。

16. 机会，绝不是越多越好

所有人都希望能遇到很多机会。有机会好，有更多机会更好，似乎成为我们的共识。可是，美国斯坦福大学和哥伦比亚大学最近做了一项很有意义的试验，试验结果表明，在每一个人面前，机会越多，反而会造成严重的负面结果。

第一次试验是由美国斯坦福大学一位教授指导的。他首先让一组10个人在6种巧克力面前选择自己喜欢的巧克力，然后他又让另一组10个人在36种巧克力面前选择自己喜欢的。当教授问两个小组满意度的时候，让教授感到特别意外：后一组居然都不满意自己的选择，认为自己应该多选择，为没有找到理想的巧克力而后悔。

　　通过这一实验表明，有太多的选择机会和太多的目标，很容易让我们对自己的选择持怀疑态度。同样，诸如求职，在你面前机会很多，等待你的选择；诸如意见，在你面前有上千条宝贵建议，等待你的采纳。因为在你的面前有很多的机会，你可能踌躇了。

　　其实很简单，在生活中，千万别认为机会越多越好，往往会适得其反。仁者见仁，智者见智，人多了，意见也多了，看待问题的角度也多了。所以当你的面前只有一条路时，或许你会很坚定地走下去，最终达到了目的地。

　　但当你有很多机会时，或许你会与成功失之交臂，因为你很多时间里是在犹豫的，而机会经常在犹豫中失掉。

【绝对智慧】

　　当你有很多机会时，或许你会与成功失之交臂，因为你很多时间里是在犹豫的，而机会经常在犹豫中失掉。

17. "懒"也是一种生存的智慧

　　在蚂蚁群里，有一部分不干活的懒蚂蚁。当断绝蚂蚁的食物来源，破坏蚂蚁窝后，那些勤快的蚂蚁一筹莫展，不知所措。而懒蚂蚁则"挺身而出"，带领伙伴向它侦察到的新食物源转移。

　　勤与懒相辅相成，勤有勤的原则，懒有懒的道理，"懒"未必不是一种生存的智慧。懒于杂务，才能勤于思考，尤其是对于今天的管理者。在激烈的职场竞争中，如果所有的人都很忙碌，没有人静下心来思考、观察企

业外部的市场环境和内部的经营状况，就永远不能跳出狭窄的视野，发现问题，找到解决问题的关键，也不能看到企业未来的发展方向并对之做出一个长远的战略规划。相反，还可能会一次次重复犯低级错误，这样的企业怎么能成功？

真正的企业家不应该是勤劳的蚂蚁，而应该是"懒蚂蚁"。如果一个企业家整天像勤劳蚂蚁一样忙个不停，哪有精力来研究战略上的问题呢？如果说职工是埋头拉车的人，那么企业家就是抬头看路的人。从表象来看，看路的人肯定要比拉车的人轻松多了，但是有句话叫"会者不忙，忙者不会"。凡是在企业里忙得昏头昏脑的老板，一定是一个不懂管理的老板。一个不懂管理的老板，他的企业是做不大的，即使做大了，也是不稳定的。

【绝对智慧】

有句话叫"会者不忙，忙者不会"。凡是在企业里忙得昏头昏脑的老板，一定是一个不懂管理的老板。

18. 可以温和，但绝不软弱

在交往活动中，软与硬的两手是相辅相成、密切联系的。如果有所偏倚，自己便要吃亏。为人不能太软弱，那样会给人以没用的感觉，都觉得你好欺负，于是就自然而然地会经常受到别人举止、言语、态度的戏弄与伤害。由于人性的弱点，人们总多少有点欺善怕恶的毛病。因此，人可以温和，但不可以软弱。

然而我们也不能走到事物的反面，不可以总是态度强硬，好勇斗狠。一个人太强硬，必然使人觉得他头角峥嵘，浑身是刺。

这种强硬积累到一定限度，会导致难以预料的后果，以至于弄得千夫所指，触犯众怒，到时候谁也救不了你。

在平时人们更多的还是要软硬兼施。因为生活是复杂的，人们的心情是多变的，在不同的事情上，人们会采用不同的态度和策略。所以，我们还要表现得灵活一点，针对不同的情况，随机应变，采用多样的方法。涉世不深、初入社会的人，或者过分软弱、过分善良，或者是态度固执、目空一切，因此更有必要了解软硬兼施的效用，学些软硬两手交替使用的谋略与机变。

【绝对智慧】

由于人性的弱点，人们总多少有点欺善怕恶的毛病。因此，人可以温和，但不可以软弱。

19. 士为知己者死

万特是纽约一家印刷公司的经理，他正打算改变一位技术师的态度和要求，但又不能引起他的反感。这位技术师负责管理若干台打字机和其他日夜不停地在运转的机器。他总是抱怨工作时间太长，工作太多，他需要一个助手。

可是那位万特先生，没有缩短他的工作时间，也没有替他增添任何一个助手，但却使这位技师高兴了起来。他是怎么做到的？万特想出的主意很简单，他给那位技师一间私人办公室。办公室外面挂上一块牌子，上面写着他的名字和头衔"服务部主任"。这么一来，他不再是任何人可以随便使唤的修理匠了。他现在是一个部门的主任，他的自尊得到了满足。这位"服务部主任"现在很高兴，已不再抱怨了。

这办法是不是太幼稚了？或许是的，但你知道吗，拿破仑做过比这还幼稚的事。当他训练荣誉军时，发出1500枚十字徽章给他的士兵，封他的18位将军为"法国大将"，称他的军队为"伟大的军队"的时候，人们也说他"孩子气"，讥笑他拿玩具给那些出生入死的老军人。而拿破仑却回答说："是的，有时人就是受玩具所统治。"

这种以名衔或权威赠予的方法，拿破仑用来很有效，那么你运用它也同样有效。我曾提到过的一个朋友——纽约的琴德夫人，她家里有一块草

地，常被那些顽皮的孩子踩坏，这给她带来了很大的困扰。劝告、吓唬，对那些孩子都不管用。一天，琴德夫人灵机一动，想出了一个点子。

她从这些孩子中间，找出一个最坏的孩子，并给那孩子一个头衔，这使得那孩子有了种权威感。她叫那孩子做她的"密探"，专门监视那些随便闯入她草地的孩子们，她这个办法果然有效。做她"密探"的那个孩子，在后面院子燃起一堆火，把一条铁棍烧得红红的恐吓那些孩子，谁再闯进草地，他就用烧红的铁棍烫谁。

这就是人类的天性。

【绝对智慧】

如果你想驾驭他人更好地服务于自己，那么你就要给他一种他自认为自己很重要的感觉。

20. 学会感恩

许多为人父母者，都在抱怨子女不知感恩，甚至莎剧主人公李尔王也不禁叫道："不知感恩的子女，比毒蛇的毒信更吞噬人心。"可是如果我们不教育他们，为人子女者怎么会知道感恩呢？忘恩原是人的天性，它像随意生长的稗草。感恩有如花朵，需要细心栽培及爱心的滋润，才能开出美丽的花作为回报。

要是子女们不知感恩，应该怪谁？也许该怪的就是为人父母的我们。如果我们从来不教导他们向别人表示感谢，怎么能希望他们来感谢我们？

让我们记住，孩子是我们造就的。要想有知恩善报的子女，只有自己先成为感恩的人。让我们把这句话永远铭记于心。我们的言行非常重要，在孩子面前，千万不要诋毁别人的善意，也千万别说："看看表妹送给她父亲的生日礼物，都是她自己做的，连一分钱也舍不得花！"我们可能是随便说说而已，但是孩子们却听进心里去了。因此，我们最好这么说："表妹准备这份生日礼物，一定花费了不少时间和精力！她的心真好！我们得学习她的这份孝心。"这样，我们的子女在无意中也学会了养成赞赏感激的好习惯。

请牢记，感恩是一种需要培养的品德。希望儿女们感恩，就必须训练他们成为感恩的人。

【绝对智慧】

如果我们从来不教导他们向别人表示感谢，怎么能希望他们来感谢我们？

21. 伟大尽在苦难之后

没有任何一扇通向成功殿宇的大门是敞开的。每个想要进入这座殿宇的人都要亲自打开那扇大门，而它随即便会在他身后向其他人关闭。

天才式的人物不是在闪亮的客厅里，不是在饰挂绣帷的书房内，也不是在舒适安逸的环境中培养出来的。恰好相反，他们往往来自逆境、贫困的环境之中，他们住在一贫如洗的、简陋不堪的顶楼里，常常为拮据的生活苦恼。正是在这种艰难而令人厌恶的悲惨环境中，人们劳作着、学习着、自我训练着，直到最后，他们会从卑微、阴暗的环境中散发出时代的闪耀的光芒，他们会成为各国国王的朋友，成为同辈的领路人，并对世界思想产生巨大的影响，甚至成为知识界的精神领袖。

一位圣人曾说过："那些没有经受过磨难的人们懂得什么呢？"席勒正是在忍受身体的痛苦甚至是折磨的情况下，写出了一系列最伟大的悲剧的；汉德尔正是在身体瘫痪，面临死亡的情况下，在和不幸与磨难作斗争的过程中开始构思那首伟大的音乐作品的，正是这首名作让他留名青史、永垂不朽；莫扎特曾经迫于债台高筑，在与不治之症的斗争中创作了伟大的歌剧，其中最后一部是"安魂曲"；贝多芬则是在阴郁的哀愁中，在双耳几乎完全失聪的折磨下，创作了他那些流芳千古的名曲。

哥伦布曾被当作傻子一样从一个宫廷驱逐到另一个宫廷，但是他对漫天的怀疑、嘲讽毫不在意。即使遭到各国国王的回绝、王后的奚落，他依

然坚持着那个主宰自己灵魂的目标,"新大陆"这个词就像刻在他心里一样。为了这个目标,其它的一切,诸如名声、舒适的生活、享乐、地位,如果需要的话,还有生命本身,他都甘愿牺牲。威胁、嘲弄、放逐、风暴、漏水的船只、船员的叛乱,都不能丝毫动摇他坚定的目标。

没有人能够阻止一个意志坚定的人取得成功。

【绝对智慧】

那些没有经受过磨难的人们懂得什么呢?

22. 让他人有优越感

每个人都重视自己,喜欢谈论自己,即使你的好朋友也一样,他们可不愿听你唠唠叨叨地在那儿自吹自擂。

法国一位哲学家曾说过:"如果你想树立敌人,只要处处压过他,超过他就行了。但是,如果你想赢得朋友,你就必须让朋友超越你。"

这是什么道理呢?当朋友优于我们、超越我们时,可以给他一种优越感。但是当我们处在压过他们、凌驾他们之上时,就会使其产生自卑而导致嫉妒与不悦。

所以,让我们谦虚地对待周围的人、事、物。鼓励别人畅谈他们的成就,自己不要喋喋不休地自卖自夸。

每个人都有相同的要求,都希望别人重视自己、关心自己,为什么不肯牺牲一点点,让别人得到愉快的体验呢?

所以,如果你希望别人的看法与你一致,达到说服的目的,就要做到给他人一种优越的感觉,这样他才乐于接受你的观点。

【绝对智慧】

如果你想树立敌人,只要处处压过他,超过他就行了。但是,如果你想赢得朋友,你就必须让朋友超越你。

23. 过河不拆桥

求神拜佛的人，在如愿以偿时，常会携带香火供品，去庙里神佛前表示谢意，感谢他们的暗中保佑。而我国古代金榜题名的书生，也通常衣锦还乡，举行"谢师礼"。我们在社会上，在人际交往中，是不是也该学会这样做呢？

我们大多数人的弊病在于，用人前好话说尽千千万万，事成后，半句感谢也不言。让人觉得世态炎凉，伤透了被求者的心，让他以后对登门相求者，不肯轻易应诺。

事成后，找个时机去向为你提供帮助的人表示感谢。这种做法，会让当事人心里暖烘烘的。

佛经上说"佛法无边，不度无缘之人"。缘，是你自己去交结，天上不会掉馅饼，神佛也不会乱结缘。所以说，事成后登门致谢，不是无关紧要的一环，它对你的好处，是不言而喻的。

【绝对智慧】

过河不拆桥，一是感恩，二是留下这桥，以后走起来方便。

24. 别总想把便宜占尽

有一个人遇见上帝，上帝对他说："从现在起，我可以满足你任何一个愿望，但前提是你的邻居会同时得到双份的回报。"

那个人高兴不已，但他细心一想：如果我得到一份田产，邻居就会得到两份田产，如果我要得到一箱金子，邻居就会得到两箱金子，更要命的是如果我得到一个绝色美女，那个看来一辈子要打光棍的家伙就会同时得到两个绝色美女了。他想来想去，不知提出什么要求才好，他实在不愿被

邻居占尽便宜。最后他一咬牙："哎，你挖掉我一只眼睛吧！"

这样的心理很多人都有。当他享受某种乐趣时，想到别人也在享用，就立刻感到心理不平衡。他们总想把风光独揽，便宜占尽，其实到头来自己什么也没有得到。

【绝对智慧】

最大的快乐不在于所得到的价值的大小，而在于别人无法享受这种价值。总想把风光独揽，便宜占尽，其实到头来自己什么也没有得到。

25. 做人要厚道

契诃夫说："有教养，不是吃饭不洒汤，而是在别人洒汤的时候别去看他。"

还有一个相似的美国俗语："犯过错不是稀奇事，稀奇的是别人犯错的时候别去讥笑他。"

"别去看他"和"别去讥笑他"是一种做人风范，也就是我们常说的"厚道"。

厚道不是方法，虽然可以当方法训练自己。它是人的本性。厚道之于人，是在什么也没做之中做了很大的事情，契诃夫称之为"教养"。

如果美德分为显性和隐性，厚道具有隐性特征。

厚道不是愚钝，尽管很多时候你愚钝。所谓"贵人话语迟"，迟在对一个人一件事的评价沉着。君子讷于言，尤其在别人蒙羞之际，"迟"的评价保全了别人的面子。真正的愚钝是不明曲直，而厚道乃是明白而心存善良，以宽容给别人一个补救的机会。

厚道者能沉得住气。厚道不一定得到厚道的回报，但厚道之为厚道就在于不图回报，随他去。

在人际交往上，厚道是基石。它并非一时一事的犀利，是别人经过回味的赞赏。

厚道是河水深层的潜流，它有力量，但表面不起波浪。

厚道是有主张，和稀泥、做好人，是乖巧之表现，与"厚"无关；无准则、无界限，是糊涂之表现，与"道"无关。厚道的人有可能倔强，也可能不入俗境，宁可憨，而不巧。

【绝对智慧】

厚道是河水深层的潜流，它有力量，但表面不起波浪。

26. 在你最风光的时候离开

孙武是我国春秋战国时的著名军事家，当时楚国一直是全中原诸国畏惧的大国。孙武所在的吴国根本不是它的对手，但却在孙武的策划下击败楚国并打下了国都郢都，致使楚国长期一蹶不振。

破楚凯旋，论功当然孙武第一，但是孙武非但不愿受赏，而且执意不肯再在吴国掌兵为将，下决心归隐山林。吴王心有不甘，再三挽留，孙武仍然执意要走。

吴王乃派伍子胥去劝说，孙武见伍子胥来了，遂屏退左右，推心置腹地告诉伍子胥，说："你知道自然规律吗？夏天去了则冬天要来的。吴王从此会仗着吴国之强盛四处攻伐，当然会战无不利，不过从此骄奢淫逸之心也就冒出来了。要知道，功成身不退，将有后患无穷。现在我非但要自己隐退，而且还要劝你也一道归隐。"

可惜伍子胥并不以孙武之言为然。孙武见话不投机，遂不作声。此后，飘然隐去，不知所终。

后来，果然如孙武所料，吴王阖闾与夫差两代穷兵黩武，不恤国力，最后养虎贻患，栽在越王勾践手下，身死国灭。而那个不听孙武劝告的伍子胥却早在吴国灭亡之前就被吴王夫差摘下头颅挂在城门上了。

事实上并不是每个老板都会"杀功臣"，但功臣被"杀"，也总是有原因的。

就功臣这边来说，有的自以为帮老板打下了天下，自己就可以握重权、领高薪，甚至威胁老板顺从自己的意志；有的因为功绩不凡，颇受下属爱戴，因而结党营私，向老板索要权力；有的则不断对外炫耀自己的功绩，忘了老板的大价之身……

总之，功臣让老板产生威胁感、被剥夺感，老板自尊受损，又不愿功臣成为负担，于是不得不假借各种名目把功臣"杀"掉。

功臣不会必然被"杀"，但被"杀"的可能性永远存在。因此与老板共处得越久，危险性越大，不如在老板还珍惜你时，以最风光的方式离开，为自己寻找另一片天空！也许你走不掉，至少这个退的举动也是一种甘于低就的表态，也就是说，如今只有老板的名字，你的名字消失了，一切荣耀归于老板，你从此"没有声音"！也不可提当年勇，你一提，不就在和老板争锋头吗？他是不会高兴你这么讲话的。

【绝对智慧】

功臣不会必然被"杀"，但被"杀"的可能性永远存在。因此与老板共处得越久，危险性越大，不如在老板还珍惜你时，以最风光的方式离开，为自己寻找另一片天空！

27. 欲望与能力应成正比

每个人都有欲望，贫穷的人想变得富有，平庸的人想变得非凡，这是人之常情，无可非议。但欲望和能力之间是必须成正比的，有些东西只能满足我们一时的虚荣，却耗费了我们的大量精力，追求这些东西是非常不值得的。如果你一味地去追求，你的欲望远远超出了你的能力，那你就已经被贪婪的枷锁牢牢锁住了。

修身养性的一个重要内容，就是寻求欲望与能力之间的和谐。在欲望和能力之间发生严重不协调时，或者抵制欲望的膨胀，或者增加自己的能力。世界上美好的东西多的数不过来，我们不可能全都弄到手，我们总希望得到尽可能多的东西。其实欲望太多，反而会成了累赘。还有什么比拥有淡泊的心胸，更能让自己充实满足呢？

著名作家林清玄曾在文章中讲过这样一个故事：自己一位朋友的亲戚的姑婆从来没穿过合脚的鞋子，她常穿着巨大的鞋子走来走去。晚辈如果问她，她就会说："大小鞋都是一样的价钱，为什么不买大的呢？"

许多人不断地索取，其实只是被内心的贪欲推动着，就好像买了大号的鞋子，忘了不合自己的脚一样。不管买什么鞋子，合脚最重要，不管追求什么，要懂得适可而止。

【绝对智慧】

欲望太多，反而会成了累赘。不管追求什么，要懂得适可而止。

28. 自己的秘密不要轻易示人

法国总统戴高乐说过一句发人深醒的话："仆人眼里无伟人。"正因如此，他把保持"神秘感"作为自己担当领袖必须遵循的一个信条，而且竭尽全力地做到这一点。

事实上，假如一个人被人一眼就能看穿，不仅难以受到别人尊重，而且还会因此使别人更加小心防范，甚至陷自己于危险的境地。

自己的秘密不要轻易示人，守住自己的秘密是对自己的一种尊重，是对自己负责的一种行为。

罗曼·罗兰说："每个人的心底，都有一座埋藏记忆的小岛，永不向人打开。"马克·吐温说："每个人像一轮明月，他呈现光明的一面，但另有黑暗的一面从来不会给别人看到。"

与人相处，不要告诉他人自己全部的过去，特别是对那些不宜让他人知道的秘密，要做到有所保留。

向他人过度公开自己秘密的人，往往会因此而吃大亏。因为世界上的事情没有固定不变的，人与人之间的关系也不例外。今日为朋友，明

日成敌人的事例屡见不鲜。你把自己过去的秘密全都告诉别人，一旦感情破裂，反目成仇或者他根本不把你当作真正的朋友，你的秘密他还会替你保守吗？

也许，他不仅不为你保密，而且还会将所知的秘密作为把柄，对你进行攻击、要挟，弄得你声名狼藉、焦头烂额。那时的你，后悔也来不及了。

【绝对智慧】

过度公开自己的秘密，无疑是将自己的软肋放在他人的面前，他人随时随地都会向你发起攻击，而你却没有还手之力。

29. 孤立是失败的前兆

如果你在公司里担任中层干部，你的上司是个难缠的人物，事事独断专行，而你的下属又往往把你的话当作"耳边风"。每天，你都需要耗掉不少精力在这种人事纠纷上，但事情的效果却未必理想，令你产生极大的挫折感。你渴望息事宁人，大家合作愉快，消除各人的误解与隔阂。问题是，你应该怎样缓和彼此间的矛盾？

首先，你要搞清楚究竟自己对什么事情感到不满？你能否准确地指出问题的症结所在？你是否真的有理由生气？假如你发觉那只是自己一时的偏见或自以为是的弱点作怪，就应该马上停止这种负面情绪的发展。

无论何时何地，也不管你对着什么人说话，千万别抱着"有理说不清的"消极思想，或乱讲一些晦气的话。你应该坚定地把自己的看法简明道出。

在你肯定自己的意见必定对以前，为人为己要留一点余地。换言之，当你将自己的抗议说出来后，切勿表现出咄咄逼人的态度。你应该停止说话，大家好好冷静一下，让真相自己显露出来。

你要学习与每一个人融洽相处，表现出你的随和与合作精神。面对同事的时候，不要忘记你的笑容与热忱的招呼，还有要多与对方眼神接触，

在适当的时机赞美一下他们的长处。假如你不得不对某位同事的工作表现予以批评时,你的措词也要十分小心。先把对方的优点说出来,令他们对你产生好感后,他才会接受你的建议,还会视你如他的知己良朋。

人人都会遇到情绪低落的时候,你要努力控制自己的脾气,切勿把心中的闷气发泄到同事的身上,这是自找麻烦的愚蠢行为。没有人会愿意跟一个情绪化的人相处,上司更不会对他期望过高。所以,替自己建立一个随和而善解人意的形象,这是成功的重要因素之一。

你也许认为,这样战战兢兢,活得未免太累。只要完成分内工作,尽量避免卷入同事之间的是非纠葛里,便能明哲保身,终有飞黄腾达的一天,其实这是你一厢情愿的想法。聪明人不会把自己孤立起来,他很明白"团结就是力量"的道理。身为公司的成员之一,你要想办法与每个人建立良好的关系,营造和谐的气氛,成为这个小圈子里的一分子。

【绝对智慧】

你要学习与每一个人融洽相处,表现出你的随和与合作精神。身为公司的成员之一,你要想办法与每个人建立良好的关系,营造和谐的气氛,成为这个小圈子里的一分子。

30. 不要浪费一分钟,去想我们不喜欢的人

《生活》杂志上曾刊载过一篇报复会毁了人的健康的文章。它是这样说的:"高血压患者最主要的个性特征是容易仇恨,长期的愤恨造成慢性心脏病,导致高血压的形成。"

当耶稣说:"原谅他们 77 次。"不只是道德上的训诫与宣扬,同时也是一种养生之道。他无异于是在告诉我们如何避免高血压、心脏病、胃溃疡以及过敏性疾病。

仇恨最容易损害一个人的容颜,会让我们面对山珍海味也没有丝毫胃

口。如果我们的仇人知道因对他们的仇恨而消耗我们的精力，使我们精疲力竭、社会关系恶化，搞得我们心脏发病、未老先衰，难道他们不会因此拍手称快吗？

憎恨伤不了对方一根毫毛，却把自己的日子弄得像地狱一般。

有人问艾森豪威尔将军的儿子，他父亲是否也曾憎恨过一些人。他当即回答："没有，我父亲从不浪费一分钟去想那些他不喜欢的人。"

永远不要尝试去报复我们的敌人，那样对自己的伤害将大大超过给予他人的。决不要把时间浪费在仇恨上，哪怕一秒钟。

就算我们没办法爱我们的敌人，起码也应该更多爱惜自己。我们应该爱自己，不要让敌人控制我们的心情、左右我们的健康以及外表。

【绝对智慧】

憎恨伤不了对方一根毫毛，却把自己的日子弄得像地狱一般。

31. 最怕的不是贫穷，而是没有主见

有一位年迈的富翁，他非常担心自己留给儿子的巨额财产不但不能给儿子带来幸福，反而会害了他。为此，他把儿子叫到跟前，向儿子讲述了他自己如何白手起家的故事，目的是希望儿子也能发奋图强，靠自己的努力打拼出一个天下来。

儿子听了很感动，就决定独自一个人去寻找宝物。他跋山涉水历尽艰辛，最后在热带雨林中找到一种树木，这种树木能散发一种浓郁的香气，放在水里不像别的木头那样浮在水面而是沉到水底。他心想：这一定是价值连城的宝物！于是就满怀信心地把香木运到市场去卖，可是却无人问津，为此他深感苦恼。当看到隔壁摊位上的木炭总是很快就能卖完时，他一开始还能坚守自己的判断，但日子如水，时间最终让他改变了自己的初衷，他决定将这种香木烧成木炭来卖。结果很快被一抢而空，他十分高兴，迫不及待地跑回家告诉父亲。但父亲听了他的话，却不由得老泪纵横。原来，

儿子烧成木炭的香木——沉香，只要切下一块磨成香粉，价值就超过了一车的木炭。

做人最怕的不是贫穷，而是没有主见，经不住生活的诱惑而随风摇摆，最终随波逐流，放弃了自己最宝贵的东西。

世人常犯的错误就是不能坚守自己，而总是喜欢和别人比较。一位大师曾经说过："玫瑰就是玫瑰，莲花就是莲花，只能去看，不能比较。"

其实，尘世的每一个人，都有一些属于自己的"沉香"。但世人往往不懂得它的珍贵，反而对别人手中的木炭羡慕不已，最终只能让世俗的尘埃蒙蔽了自己智慧的双眼。

【绝对智慧】

做人最怕的不是贫穷，而是没有主见，经不住生活的诱惑而随风摇摆，最终随波逐流，放弃了自己最宝贵的东西。

32. 大胆才是真正的审慎

人们总是希望能谨慎从事，总是希望把一切都考虑周全了才动手，以为这样才能万无一失。如果你是这样的人，我可以告诉你，你最多是一个优秀的管家，只有家庭琐事才能给你这么多的时间去考虑。在做大事的时候，形势是千变万化的，等你慢条斯理地想好某种应对措施时，形势说不定早就变得与之相反了。

这时候，大胆才是真正的审慎。古往今来成就大事的人，没有一个不是敢于冒险的，在形势逼人，需要他们做出决定的时候，他们会立即做出决断并马上实行，从来都不会前怕狼后怕虎，想想这儿有危险、那儿有困难。因为他们懂得大胆就是审慎的道理，与其犹豫，让时间白白溜掉，坐以待毙，不如赌上一把，至少还有一线生机。记住，开始时冒险的事业，到最后总会得到回报的。

任何事情都有两面性，某种严峻形势从坏的方面说是一次危机，从好

的方面说，它又为你提供了一次出人头地的绝佳契机。许多大人物都是靠在危难之际力挽狂澜才出人头地的，与其说他们敢于冒险，不如说他们善于抓住机会。

大家都知道机遇对人的一生是多么重要，但机遇又是那么的罕有，而且它又是那样的容易溜走。你如果面对机会犹犹豫豫，它会毫不迟疑地离你而去。这时候你应该做的，就是毫无顾忌地抓住它、利用它。只有面对机会，大胆把握，我们才能得到我们想要的东西。

【绝对智慧】

与其犹豫，让时间白白溜掉，坐以待毙，不如赌上一把，至少还有一线生机。记住，开始时冒险的事业，到最后总会得到回报的。

33. 起起伏伏才是人生

近几年很少在街上看到洗甘薯的景象了。但是，偶尔在某些农村，还是可以看到。

大木桶里装满了甘薯，年轻人站在桶沿儿上，用两条圆木棍搅拌甘薯。甘薯在木桶里转动，大小参差不齐的甘薯，一会儿出现，一会儿消失。浮在上面的，未必永远浮在上面；沉在下面的，也未必始终沉在下面。总是一会儿浮起来，一会儿沉下去。

这个景象，仿佛是人生的写照。人的一生，或多或少，总是难免有浮沉。不会永远如旭日东升，也不会永远星月俱暗。反复地一浮一沉，对于一个人来说正是磨炼。因此，浮在上面的，不必骄傲；沉在底下的，更用不着悲观。必须以率直、谦虚的态度，乐观进步，向前迈进。

【绝对智慧】

人的一生，总有些浮沉的日子。反复一浮一沉，对于一个人来说，正是磨炼。

34. 张狂的结果，只能是自己受伤

人一旦与众不同，必然招致注目，那些注视你的眼光有好奇，有敬佩，也有嫉妒和仇视。你要允许人家仇视，你占有了更多的资源和财富，别人的所得相对来说就少了。大家都是人啊，人人生而平等，为什么你该吃海鲜，他该吃泡菜？你可以举一万条理由来说服他，道理他是懂了，但心理还是不平衡。就像一个戴了绿帽子的老公，事情再合理，他还是难受。

所以，你应该理解，你面对的人是形形色色的，有战友、有敌人，还有观众和过客。对于战友来说，过分的张狂等于藐视他的存在，久而久之，必将导致疏远；对于敌人来说，张狂就是公然的挑衅，必然引起回击。而观众和过客，虽然没有直接的利害关系，但人都是同情弱者的，你的张狂使人感到威胁，人们自然会在心理上产生排斥。

张狂就是目中无人，张狂就是自我膨胀，张狂的结果，只能是你自己受伤。

所以，聪明人懂得谦恭平和，把矛盾化解在摇篮之中。

【绝对智慧】

张狂就是目中无人，张狂就是自我膨胀，张狂的结果，只能是你自己受伤。

35. 不妨来点喜怒无常

喜怒无常经常被人们形容为无道昏君的典型性格。事实上，这正是君主高明之处。他们有时把刺杀过他们的仇人任为高官，有时把自己最亲密的朋友残忍杀害，有时你吹捧他他会很高兴，有时你赞美他却可能被杀头。君主这种"神秘叵测"的特性，源于对皇权垄断的特别占有欲，及对这种

极端权力所产生的高度恐惧感。在封建社会君臣关系已完全被利害、血泪、仇杀所笼罩时，制度化的力量，道德伦理的制约作用，已变得微乎其微，只有依赖这种残酷、无常的皇权来控制了。

对于做大事的人来讲，宁让人憎恶而恐惧，也不让人夸奖而轻视。他们将臣属视为草芥，顺我者昌，逆我者亡，难以容忍臣属拥有自己的独立人格和个人主见。对于喜怒无常的君主来说，臣属便是他们滥施淫威、肆意凌辱的对象，臣属动辄得咎，战战兢兢，如履薄冰。

他这看似无理的行径，其实自有更深层的考虑，他宁肯让人们认为他喜怒无常而惧怕他，也不让人们揣摩透他的心思而为所欲为。

【绝对智慧】

对于做大事的人来讲，宁让人憎恶而恐惧，也不让人夸奖而轻视。

36. 懂得礼让，才能分享

在竞争激烈的职场上，每个人都有求生存求发展的本能。如果你敲碎别人的饭碗，那么你的饭碗就算不碎，也会有裂缝。亨利·福特的孙子福特二世就曾犯过这样的错误。

李·艾柯卡刚进福特公司时只是一名低级的推销员，后来他推出新的销售方案"50计划"，使他负责的地区的销售额从全公司销售最差一跃成为各区之首，顿时轰动了福特公司的总部，他的职位也得到了晋升。不久，他主持设计的"野马"车又为福特公司创造了数十亿美元的利润。后来，他出任副总经理，成为福特汽车王国的高层管理人员。

艾柯卡的巨大成功，招致了公司独裁者福特二世的嫉妒。他对艾柯卡日益增长的威望深感不安，他不愿看到自己的王国里有一个这样的人与自己分庭抗争，于是他毫不留情地解雇了艾柯卡。

艾柯卡在福特公司任职32年，当了8年经理，却被突然解雇，这从巅峰坠入深渊的打击是任何人也难以承受的。朋友的远离，妻儿的不满让他

下决心一定要东山再起。既然福特与他化友为敌，他就要把这个对手的角色扮演下去。

艾柯卡转而投奔克莱斯勒公司。经过一番努力，他领导的克莱斯勒公司在极短的时间内就抢占了福特公司的大部分市场，使得福特公司的利润大幅度下滑。这个时候，福特二世开始后悔当初的所作所为，可是已无法挽回了。

不给别人留余地，就等于伸手打别人耳光的同时，也在打自己的耳光。滋味好的食物，留三分给别人吃；路径狭窄处，留一步与别人行。只有这样，你才不会自招损害，才能使自己在生活中进退有路，上下自如。

每个人都要懂得在细微之处顾全别人的感受，都要在日常生活和工作中"给别人留余地"。懂得礼让，才能分享。如果你能给别人留有余地，别人一定会感谢你、协助你，这也就等于多给了自己一次成功的机会。

【绝对智慧】

不给别人留余地，就等于伸手打别人耳光的同时，也在打自己的耳光。

37. 不做金钱的奴隶

对于金钱不仅要取之有道，更要用之有度。科学而合理地使用金钱，才能够让它发挥出更大的价值。

你如果不做金钱的主人，便会成为金钱的奴隶。

最近一项以加拿大百万彩券得奖人为对象的追踪研究结果告诉我们，在毫无心理准备的情况下，巨大的财富带来什么样的结果。其中绝大多数的中奖者，在5年之内便把所获奖金挥霍一空。原因就在于他们没有培养成功的意识，不懂得怎样去处理意外之财。这就像农夫种田一样，如果他们种田毫无计划，随处播种，当然不可能有较为满意的收获。所以从现在起，你就应该为自己制订计划，开始合理投资。

有了钱之后，首先就要负起有钱的责任，其中之一就是要学会储蓄和

有目的的投资。美国哲学家兼诗人爱默生就把金钱看成是一项"管理"工作，或是对人的挑战。他认为，每一位有钱的人都有责任，用他所有的金钱为他人创造工作机会。

金钱本身并不会使我们快乐，只有在我们对其合理安排、正确使用后，才能使自己和他人从中受益，快乐无比。

【绝对智慧】

你如果不做金钱的主人，便会成为金钱的奴隶。

38. 大胆地说出你更高的要求

拥有积极心态的人，能够促使美好的事物发生。他们努力改善生活，增进技术，制造工作机会，协助他人获得成功。他们很容易与人和睦相处，担任领导角色，生活富裕，是其他人的好榜样。

消极的人则认为自己是二等公民，他们经常不尊重自己，甚至轻视自己。他们害怕面对每天日常生活的挑战，不愿帮助别人，因为他们认为他们的努力反正没有多大用处。

一个男子可能受到一个女子的吸引，希望和她约会。但他的"心理电视"却告诉他，她长得太漂亮了，他没有福气拥有。她的教育和家庭背景可能比他优秀太多，如果他遭到拒绝，又被他的朋友发现，他就会被朋友笑死。

一个看不起自己的女子可能希望跟一个男子约会，当她打开她的"心理电视"时，她看到令她泄气的心像：女人主动向男人约会，会被人取笑；她并不漂亮，他不会对她产生兴趣的；他担任一个重要的职位，她只不过是个秘书，而且他可能另有心上人了。

3年前，一家中等规模的电脑软件公司的老板曾这样叙述他的一段经历：

"我们需要一位行政助理。"他解释说，"我们在很多地方刊登广告征求人才，并且注明'薪水面议'，结果收到很多应征函。经过挑选与淘汰之后，最后只剩下两个人。这两人的年龄和经验十分相似，就书面材料上看来，这两个人——甲先生和乙先生，几乎就像一模一样的双胞胎。"

"最后我选了乙先生。"这位公司总裁说，"我已经说过，薪水'面议'。当我问甲先生，他希望得到什么样待遇时，他的声音立刻变了，并拢双腿，两眼也不敢和我正视。他以一种近乎低语的声音说出他希望的数目，这个数字和我们所想的大致相同。"

"在同一天里，我又和乙先生谈到薪水问题。我把向甲先生问的同一问题拿出来问他：'你希望的薪水是多少呢？'"

"乙先生两眼瞪着我，以坚定而直截了当的声音说出了一个比甲先生高出50%的数字。"

"我们确定乙先生有更高的、我们还没有发现的能力，也许那只是一个推测，但我们宁愿相信他。"总裁最后总结说。

【绝对智慧】

拥有积极心态的人，能够促使美好的事物发生。他们努力改善生活，增进技术，制造工作机会，协助他人获得成功。

39. 与积极上进的人做朋友

环境改造我们，决定我们的思维方式。

找出你自己本身固有的，而不是从别人那儿学来的某一习惯，如走路的姿态、咳嗽、端茶杯的方式以及对于音乐、文学、娱乐、衣食的爱好——所有这些都很大程度上取决于你的环境。

更重要的，你的思想、目标、态度和个性都是受环境影响的。

今天的你，包括你的个性和所处的地位，很大程度上是由你的生存环境决定的。将来的你，10年、20年以后的你几乎完全取决于你现在和未来的环境。

以后的年年月月你都会变化，但如何变化则取决于你周围的环境。

与消极的人长期交往会使我们的思想变得消极，和沾沾自喜的人太亲近会使我们养成一种自傲的习惯；相反，与积极思考的人做朋友能使我们站得高、看得远，和有远大抱负的人亲近能使我们胸怀大志。

选择那些积极上进的人做朋友，因为他们希望看到你成功，会给你的计划提出积极的建议。如果你没有这样，恰恰结交了那些低级趣味的小市民，渐渐地你自己也会成为他们中的一员了。

【绝对智慧】

选择那些积极上进的人做朋友，因为他们希望看到你成功，会给你的计划提出积极的建议。

40. 直面自己的耻辱

罗斯福在中年的时候做了参议员，在政坛上炙手可热。如日中天的他，却意外地患了脊髓灰质炎。开始时，他一点也不能动，必须坐在轮椅上，整天依赖别人把他抬上抬下。

在这突如其来的打击下，他差点心灰意冷，退隐乡园。

后来，他重振精神，直面自己的残疾，坚持一个人不屈不挠地锻练自理、自立的能力。

有一天他告诉家人说，他发明了一种上楼梯的方法，并愿意表演给大家看。原来，他是先用手臂的力量，把身体撑起来，挪到台阶上，然后再把腿拖上去，就这样一阶一阶艰难缓慢地爬上楼梯。

他的母亲阻止他说："你这样在地上拖来拖去的，给别人看见了多难看。"

罗斯福断然地说："我必需面对自己的耻辱。"

……

是的，我们必需直面自己的耻辱，因为那是一种明智。既然缺憾是不以人的主观意志为转移的客观存在，那么直面缺憾就要比掩耳盗铃、自欺欺人高明和睿智得多。

直面缺憾是一种勇气。没有勇气，回避缺憾的人就像玻璃；勇气十足，直面缺憾的人就像钢铁。缺憾把没有勇气、回避缺憾的人像玻璃一样地击碎；缺憾又把勇气十足直面缺憾的人像钢铁一般地锤炼。

直面缺憾是一种理性的选择。金无足赤，人无完人。上帝给谁的都不会太多，不会让谁永远没有缺憾；上帝给谁的也绝不会太少，不会亏待任何一个敢于直面缺憾自强不息的人。

【绝对智慧】

既然缺憾是不以人的主观意志为转移的客观存在，那么直面缺憾就要比掩耳盗铃、自欺欺人高明和睿智得多。

41. 成功偏爱"光脚"的人

很多时候，人们不是跌倒在自己的缺陷上，而是跌倒在自己的优势上。因为缺陷常常给人以提醒，而优势却常常使人得意忘形，从而失去理智。

在龟兔赛跑的故事中，与乌龟相比较具有绝对优势的兔子，输在哪里？兔子没有乌龟的坚韧与对目标的执著，没有乌龟的疯狂与单纯；兔子输在太过聪明和它巨大的优势上。

是啊，我们常常不是败在自己的劣势上，而是败在对自己的优势不自知之上。

一位在高校任教的朋友说："为什么智商高的，比不上智商低的？为什么读书多的，比不上读书少的？为什么成功特别偏爱'光脚的人'呢？"

这位高智商的朋友，也曾经带着对那些"智商"不高的下海经商成功人士的羡慕与不服走入商海，不料没有几个回合便败下阵来，还带着累累的伤痕。

那么，"光脚人"的优势究竟体现在何处？

相信从华人首富李嘉诚、世界首富比尔·盖茨身上你会有所感悟。在上世纪60年代香港楼市几近"崩盘"时，李嘉诚拿出全部资金收购楼盘。当时人们说他是"傻子"、"疯子"，但正因此举使他日后大获成功。世界首富比尔·盖茨宁愿放弃在哈佛大学的深造机会，中途辍学，搞起了当时无异于画饼充饥的电脑软件开发。没有人说他是明智的，但他后来的辉煌也正是建立在这种执著上。

事实证明，成功并不像人一样媚俗，嫌贫爱富，也不会计较人的智愚，它只钟情于挚爱它的人，有一股傻劲的人，不留退路的人。而这恰恰是"光脚人"或"光脚心态"所固有的优势，而那些自认为是高智商的人却没有获得巨大的成功，他们"输"就输在了"高智商"的优势上了。

【绝对智慧】

成功并不像人一样媚俗，嫌贫爱富，也不会计较人的日愚，它只钟情于挚爱它的人。人们不是跌倒在自己的缺陷上，而是跌倒在自己的优势上。因为缺陷常常给他们以提醒，而优势却常常使他们得意忘形，从而失去理智。

42. 不说硬话，不做软事

人的行为很容易受习惯的支配，有的人只要屈服过一次，就会一而再，再而三地屈服下去，成为受气包。其实不失时机地在人前稍显勇气，是不可忽略的处世之智。一旦有人挑战你的原则，就应果断地行动。

俗话说："吃柿子拣软的捏。"人们发火撒气也往往找那些软弱者。因为大家都清楚，这样做并不会招致什么值得忧虑的后果。在我们身边，随处可见这样的受气者，他们看起来软弱可欺，最终也必然为人所欺。一个人表现出来的懦弱，事实上助长和纵容了他人侵犯你的欲望。

我们要知道保持勇气的重要，不要过分抬高他人，对冲突不要心存畏惧。没有谁能超越人性，领导不过职位比别人高些，权威也只是一种地位带来的表面力量而已。

为了保障自己必要的权利，人是应该有一点锋芒的。虽然我们不必像刺猬那样全副武装、浑身带刺，但至少应该让那些凶猛的动物无从下口、知难而退。

【绝对智慧】

虽然我们不必像刺猬那样全副武装、浑身带刺，但至少应该让那些凶猛的动物无从下口、知难而退。

43. 心急吃不了热豆腐

事情往往就是这样，你越着急，你就越不会成功。因为急功近利会使你失去清醒的头脑，结果在你奋斗过程中，浮躁占据着你的思维，使你不能正确地制订方针、策略以稳步前进。

只有正确地认识自己，才不会盲目地让自己奔向一个超出自己能力范围的目标，而是踏踏实实地去做自己能够做的事情。

当目标确定，你就不能性急，而要一步一个脚印地来。心急是吃不了热豆腐的。

如果能把浮躁的心态稍稍收敛，使它变成一种渴望，一种对成功的渴望，那么，这种浮躁就是有用的，而你也必定能带着它走向成功。

当你控制了浮躁，你才会吃得起成功路上的苦，有耐心与毅力一步一个脚印地向前迈进，不会因为各种各样的诱惑而迷失方向。制定一个接一个的小目标，然后一个接一个地达到它，最后走向大目标。

【绝对智慧】

事情往往就是这样，你越着急，你就越不会成功。因为急功近利会使你失去清醒的头脑，结果在你奋斗过程中，浮躁占据着你的思维，使你不能正确地制订方针、策略以稳步前进。

44. 不要把决定权交给他人

遇到事情时，不要把决定的权力交给他人，多听听别人的意见是好的，最终为决定负责的还是你自己。

对长期的问题提出短期的解决之道，通常是不佳的决定。做出不佳决定的人，可能没有意识到长期目标，或者只因为短期目标看起来较容易达到，就选择了它。

花些时间来做决定是个好主意，你可以想清楚：如果你不等待你会得到什么？如果你等待会失去什么？这对你做出正确决定是有帮助的。

【绝对智慧】

对长期的问题提出短期的解决之道，通常是不佳的决定。

45. 有保留地赞美

许多到过美国的朋友谈起美国的风土人情时，往往觉得老外们随便乱用词汇的最高级，缺乏真诚感。你送他一支钢笔，他就大惊小怪地说："太好了，这是我见过的最好的钢笔！"你请他吃一顿中餐，他就兴奋地拥抱你，大声叫嚷："味道好极了，这是我吃过的最丰盛的一顿饭。"很明显，老外们把自己的赞美夸大到再也不能复加的程度，让中国朋友听起来觉得虚假，很是接受不了。

其实，真诚的赞美应该有所保留。这就好比一个气球，似乎是把它吹得越大越好，但越大越不保险，说不准随时有可能爆炸。与其让它爆炸，不如吹小点，让人感觉心里踏实。

领导称赞下属时，要有一是一，有二是二，把握住分寸，要有所保留。可以多用"比较级"，千万慎用"最高级"。

领导在表扬时，可以把批评和希望提出来，否则，被表扬者尾巴翘得老高，不利于进步，也不利于其他下属接受。

这种有所保留的赞美也可用于下级向领导"进谏"时，先称赞其成绩，再委婉指出其不足，既照顾了领导的面子，也使领导易于接受。

【绝对智慧】

其实，真诚的赞美应该有所保留。这就好比一个气球，似乎是把它吹得越大越好，但越大越不保险，说不准随时有可能爆炸。

46. 珍惜对手，就是珍惜自己

武林中当你打遍江湖无对手时，自己的功夫实际上也废了，因为你再没有用武之地，没有证明自己的机会。

对手是个重要的参照物，对手的存在证明你本人的价值。

多年来，可口可乐和百事可乐，麦当劳和肯德基，柯达和富士，微软和Sun……这些世界上最著名的公司，似乎一刻也没有停止过争斗。争斗的客观效果之一，就是把全世界的眼球都吸引到他们那里去了。不管快餐业还有多少个麦肯鸡、基肯麦，或者肯麦基，都只能在角落里发声，舞台的正中，永远只有两个主角，那就是麦当劳和肯德基，只有他们才配互为对手。

古人搏杀时，若英雄相遇，常常不忍加害，虽然各为其主，场面上打得热闹，内心其实是相互喜欢、敬仰的，这样的人我们视为真英雄。因为他们在对手身上看到自己的影子。同是英雄，也就有了理解的基础，有了相互尊重的前提。

珍惜对手就是珍惜自己，宽容对手就是自尊的表现。

一个真正相配的对手，是一种非常难得的资源，从某种意义上说，双方相辅相存，斗争最激烈的时候，也就是双方最辉煌的时候，一旦一方消亡，另一方也会走向衰退，除非他能脱胎换骨，或者找到新的对手。

那种对竞争对手动辄咬牙切齿，不惜背后使绊的人，只是一种街头混混的斗法，不可能有什么大出息。

【绝对智慧】

那种对竞争对手动辄咬牙切齿，不惜背后使绊的人，只是一种街头混混的斗法，不可能有什么大出息。

47. 每晚都进行自我反省

我们被人批评的时候，往往会不假思索地采取防卫姿态。听到别人谈论我们的缺点时，急于辩护并不能给我们带来什么好处。

在生活或工作中，我们与其等待敌人来攻击我们，倒不如自己先检查一下自己。在别人抓到我们的弱点之前，我们应该首先认清并克服这些弱点。

据说富兰克林每晚都进行自我反省。他发现自己有 13 项严重的错误。其中 3 项是：浪费时间、关心琐事及与人争论。睿智的富兰克林知道，不改正这些缺点是成不了大事的。所以，他一周订一个要改进的缺点作为目标，并每天记录成功的是哪一条。下一周，他再努力改进另一个坏习惯，他就这样一直与自己的缺点奋战，整整持续了两年，当然也受益匪浅。最后他成为一位受人爱戴、极具影响力的伟大人物。

著名法国作家拉劳士福古曾说："敌人对我们的看法，比我们自己的观点可能更接近真实情况。"

【绝对智慧】

在生活或工作中，我们与其等待敌人来攻击我们，倒不如自己先检查一下自己。在别人抓到我们的弱点之前，我们应该首先认清并克服这些弱点。

48. 有事没事常联系

中国人讽刺临事用人的做法，最简练的话就是"平时不烧香，临时抱佛脚"。如果平时不烧香，等到需要时才"抱佛脚"，尽管你很急迫，很要紧，下的功夫很大，人家也可能一口回绝你的请求。只有平时把关系搞好了，到需要时才会有求必应。

生活中有许多人抱着"有事有人，无事无人"的态度，把朋友当作受伤后的拐杖，复原后就扔掉。别人伸出求援的手，他会冷冷地推开；别人痛苦地呻吟，他还会有十足的理由，不肯帮助人。总是太看重自己丝丝缕缕的得失，这样的人最不受人欢迎。此类人大多会被抛弃，没人愿意再给他提供帮助。

有事之时找朋友，人皆有之；无事之时找朋友，我们可曾有过？现代人生活忙忙碌碌，没有时间进行感情联络，日子一长，许多原本牢靠的关系就会变得松懈，朋友之间逐渐淡漠，这是很可惜的。我们应珍惜人与人之间宝贵的缘分，即使再忙，也别忘了沟通感情。

【绝对智慧】

关系再好的人，如果连续超过6个月不联系，情感就会淡漠。

49. 不要指望感恩

你如果送你亲戚100万美元，他应该会感谢你吧？

安德鲁·卡耐基就资助过他的亲戚，不过，如果安德鲁·卡耐基能重新活过来，一定会很震惊地发现：这位亲戚正在诅咒他呢！为什么呢？因为卡耐基遗留了3亿美元的慈善基金——但他只继承了100万美元。

人间之事就是这样。人性就是人性——你也不用指望会有所改变。何

不干脆接受呢？

我们天天抱怨别人不懂得知恩图报，到底该怪谁？这是人性——还是我们忽略了人性？不要再指望别人感恩了。

如果我们偶尔得到别人的感激，是一件令人惊喜的事。如果没有，也不至于难过。

忘记感谢乃是人的天性，如果我们一直期望别人的感恩，多半是自寻烦恼。

【绝对智慧】

忘记感谢乃是人的天性，如果我们一直期望别人的感恩，多半是自寻烦恼。

50. 适当地收起你的个性

从根本上说，社会是消弭个性的。试想，我行我素，率性潇洒，人家怎么会痛快呢？对你的亲人、朋友或那些较宽容的人来说，也许他们还能接受你的这种个性和行为，但是对社会大众来说，你无疑是触犯众怒了。

在人群中过分张扬个性，等于你把自己暴露在众目睽睽之下，赤裸裸地毫无遮掩，这无异于把肉放在砧板上，让人家想怎么剁，就怎么剁，这不是愚蠢至极吗？

是的，这是一种十分愚蠢的行为。你把自己暴露在你毫不知晓的各色人等面前，你不知道他们是些什么人，你不知道他们在怎么想，你也不知道他们将怎样做，你毫无遮掩，将自己置身在他人的十面埋伏之中。很多人不知道这种凶险和厉害，青年人尤甚。他们爱我行我素，我讲我话，率性而为，极力标榜自己的个性，欲与他人不同，而且似乎生怕别人不知道他们那些很个性化的东西。这样，他们便把自己张扬成了诸如嬉皮士、卡通一代这样的人物，个人很过瘾，有时还能成为文化和艺术，不亦美哉！不过，并非全都如此得意，因个性十足而吃亏上当，遭人宰杀的比比皆是。

三国时的才子祢衡就是一例。

【绝对智慧】

在人群中过分张扬个性，等于你把自己暴露在众目睽睽之下，赤裸裸地毫无遮掩，这无异于把肉放在砧板上，让人家想怎么剁，就怎么剁，这不是愚蠢至极吗？

51. 不要试图搞垮你的上司

能升任到上司的职位往往都有或多或少的背景，或具有某种你的能力所无法左右的因素。举例来说，也许公司的首脑层中，就有你上司的亲戚，他就是你上司的守护神。

如果你一手策划告发上司的行动失败，届时要办理移交、卷铺盖走人的就变成你了。再说，假如你的计划成功，顺利逼走了上司，那么，从此以后，你在公司同仁眼中就变成了一位职业杀手，大家都对你敬鬼神而远之，没有人敢与你交往，也没有一位上司愿意接纳你。

话说到此，也许你还坚持不应该让那种愚蠢、刻薄的上司安坐其位，或帮助他晋升。也许你刻意想为他制造点麻烦，让他的事业受挫。

你当然可以这样做，但这也是你最差劲的选择。因为，就算你顺利地让他受挫，只要他仍保住职位，一定不会放过任何可以向你报复的机会。

古谚说："不要打倒国王，因为你打不倒他。"在公司中也是这样。如果策动逼迫上司离职，结果赶不走上司，反而会危及自身。即使你的计划成功，新任的上司很快就风闻你"辉煌的历史"，处处对你充满戒心，不敢委以大任，那就得不偿失了。

【绝对智慧】

让讨厌的上司离开的最好办法，就是让他晋升，最好你亲自帮助他，让他安全地离开。

52. 把冷板凳坐热

一个贸易公司的男职员，在刚进入公司时很受老板赏识，但不知怎的，在并没犯什么错误的状况下，他被"冷冻"了起来，整整一年，老板也不给他分派重要的工作，从形同主管的地位变成和普通员工差不多。他忍气吞声地过了一年，老板终于又召见他，给他升了官，加了薪，同事们都说他把冷板凳又坐热了。

能力再强、际遇再佳的人，也不可能是一辈子一帆风顺的，如果你是为人作嫁，便总会有坐冷板凳、不受到重用的时候。

不管你坐冷板凳的真正原因是什么，都要坚信你一定会把冷板凳重新坐热。这是训练自己耐性、磨炼自己心志的机会。冷板凳都坐过了，还有什么好怕的呢？此外，人们都习惯锦上添花，当你把冷板凳重新坐热时，你自然会得到很多赞美和掌声。如果坐不住冷板凳，那么你就被人看轻了——除非你毅然换了工作！可是不管到了哪里，坐冷板凳的心理准备总要是有的。

【绝对智慧】

能力再强、际遇再佳的人，也不可能是一辈子一帆风顺。

53. 不要为小事而烦恼

生命太短促了，不能再只顾小事。我们常常让自己因为一些小事情，一些应该不屑一顾和忘却了的小事情弄得非常心烦。我们活在这个世上仅有短短的几十年，而我们浪费了许多不可能再补回来的时间，去忧虑一些很快就会被所有的人淡忘了的小事。

在美国的科罗拉多州长山的山坡上，躺着一棵大树的残躯。自然学家告诉我们，它有400多年的历史。初发芽的时候，哥伦布刚在美洲登陆，当第一批移民到美国来的时候，它已经200多岁了。在它漫长的生命里，曾经被闪电击中过14次。400年来，无数的狂风暴雨侵袭过它，它都能战胜它们。但是最后，一小队甲虫攻击这棵树，使它倒在地上。那些甲虫从根部往里面咬，渐渐伤了树的元气，虽然它们很小，但却持续不断地攻击。这样一个森林里的巨人，岁月不曾使它枯萎，闪电不曾将它击倒，狂风暴雨没能伤害它，而一小队可以用大拇指跟食指就可以捏死的小甲虫却使它轰然倒地。

人不都像森林中的那棵身经百战的树木吗？也曾经历过生命中无数次狂风暴雨和闪电的打击，但都撑过来了。可是却会让我们的心被忧虑的小甲虫——那些烦心的小事所咬噬。

人们一般都能很勇敢地面对生活中那些大的危难，却常常被一些小事搞得疲惫不堪，而陷入烦恼之中，羁绊我们迈向成功的步伐。要使自己拥有一个成功的人生，我们必须学会解除忧虑与烦恼，记住：不要让自己因为一些应该丢开和忘记的小事烦恼。

【绝对智慧】

生命太短促了，不能再只顾小事。我们常常让自己因为一些小事情，一些应该不屑一顾和忘却的小事情弄得心烦意乱。

54. 在背后说别人的好话

说别人的好话时，当面说和背后说是不同的，效果也不会一样。你当面说，人家会以为你不过是奉承他，讨好他。当你的好话在背后说时，人家认为你是出于真诚的，是真心说他的好话，人家才会领你的情，并感激你。

在背后说别人的好话，能极大地表现你的"胸怀"和"诚实"，有事半功倍的效用。比如，你夸上司，说他公平，对你的帮助很大，而且从来

不抢功。以后，你的上司在"抢功"时，可能会有那么一点点顾忌，也会手下留情。

如果别人了解了你是一个很真诚的人时，对你的信赖就会日益增加。

在背后说别人的好话，会被人认为是发自内心、不带其他动机的行为。其好处除了能给更多的人以榜样的激励作用外，还能使被说者在听到别人"传播"过来的好话后，更感到这种赞扬的真实和诚意，从而在荣誉感得到满足的同时，增强上进心和对说好话者的信任。

【绝对智慧】

在背后说别人的好话，会被人认为是发自内心、不带其他动机的行为。

55. 想办法让人家离不开你

无论你的想法是什么，你必须为实现它干得比其他人更多——如果你把工作当成一种乐趣，那它就是一件比较容易的事。奖赏几乎都是给那些比别人干得多的人。你投入时间并不能保证你就会成功，但如果你不投入，结果就更可想而知了。

布隆伯格从被所罗门公司录用的那一刻起，他就认为自己是一个"所罗门"的人了。

布隆伯格说："我永远热爱我的工作并投入大量的时间，这有助于我的成功。我真的为那些不喜欢自己工作的人感到惋惜。他们在工作中挣扎，这么不快活，最终业绩很少，这样他们就更憎恶他们的职业。在这短短的一生中有太多令人愉快的事情去做，平日不早起就干不过来。"

布隆伯格每天上班，除了老板比利·所罗门，比其他人都早。如果比利要借个火儿或是谈体育比赛就找布隆伯格，因为只有布隆伯格在交易室，所以比利就跟他聊。

布隆伯格26岁时成了高级合伙人的好朋友。除了高级主管约翰·吉弗兰德，布隆伯格常是最晚下班的。如果约翰需要有人给大客户们打个工作电话，或是听他抱怨那些已经回家的人，只有布隆伯格在他身边。布隆伯格可以不花钱搭他的车回家，他可是公司里的二号人物。

布隆伯格认识到："使我自己无所不在并不是个苦差事——我喜欢这么做。当然了，跟那些掌权的人保持一种亲密的工作关系也不大可能有损我的事业。我从来不理解为什么其他人不这么做——使公司离不开他。"

伍迪·艾伦曾说过，80%的生活是仅仅在露面而已。

布隆伯格非常赞赏这句话。他说："你永远不可能完全控制你身在何处。你不能选择开始事业时的优势，你当然更不能选择你的基因智力水平。但是你却能控制自己工作的勤奋程度，我相信某地有某人可以不努力工作就聪明地取得成功并维持下去，但我从未遇见过他。你工作得越多，你做得就越好，就是这么简单。"

【绝对智慧】

奖赏几乎都是给那些比别人干得多的人。你投入时间并不能保证你就会成功，但如果你不投入，你就什么都得不到。

56. 心中有鬼，则人人是鬼

有个人养了一只狗和一只猫当宠物，每当他喂小狗的时候，小狗心里就想："主人这样爱护我，从来没有要我回报，这么一个大慈大悲的人，难道他是一个神仙吗？"可是当他喂小猫的时候，小猫心里也在想："这个人每天都给我美味的食物，对我百般殷勤，难道我是神明吗？"

同样的对待，猫和狗的想法却有这么大的悬殊，可见，世上的是非、善恶、好坏，不同的人有不同的想法，所谓一样米养百种人。

有的人贫无隔宿之粮，但是他安分守己；有的人，洋房汽车，丰衣足食，他还怨声载道。

世间事都在自己的一念之间。当我们以圣人之心看世间，一切人都是圣人；如果我们以盗贼之心看人，则所有人都是盗贼。因为想法不同，才

有天堂地狱之别。

因此，我们在帮助别人时，我们要了解被帮助的对象是什么样的人。而我们给予时，也必须把握好适度原则，如果给得太多，反倒会滋生更多的不满。

【绝对智慧】

我们在帮助别人时，一定要了解被帮助的对象是什么样的人。

57. 没有选择，选择将失去意义

在中国很多古代言情小说里，常常被作者描写的那些富家小姐，她们生长在高墙大院之中，大门不出，二门不迈，从小没见过外边的花花世界，也没见过除了父兄或男仆以外的其他男人。

在春暖花开的季节里，这位大家闺秀就会在后花园里赏花观景，打发时光，突然看到有位赶考的书生路过，或在那里摇头晃脑，口中念念有词"白日依山尽，黄河入海流……"也就是大家熟悉的公子哥，这种公子哥的身体肯定是很差的，智商也是很低的，用今天的通俗话来说，就是他的素质是很低的。但这位富家小姐从来没见过这样的读书人，所以她的眼睛一亮，立刻被他的容貌、谈吐所吸引，也就是大家常说的一见钟情。结果小姐以身相许，而结局却是很惨的。往往是公子哥两年不到就把这位佳人抛弃了，落得富家小姐在那里独守空房，暗自悲怜。

怪谁呢？

通常我们都责怪这位公子哥是负心汉，品德不好，但是却从没想过这位大家闺秀是否也应为这种结局负责呢？富家小姐与公子哥的结合既不是父母之命，也不是媒妁之言，而是她自主选择、自由决定的结果。那么这么一个低质量的决策，原因是什么呢？就在于大家闺秀选择的范围、空间很小，她在家门口、后花园里进行思维的。

管理上有一条至理的格言："当看上去只有一条路可走时，这条路往往是错误的。"毫无疑问，只有一种备选方案就无所谓择优，没有了择优，决策也就失去了意义。

【绝对智慧】

当看上去只有一条路可走时，这条路往往是错误的。

58. 赠人玫瑰，手留余香

"与人为善"，是说人不论到什么时候，都要以善的一面对待别人。

善待他人，多一点谅解、宽容和理解，少一点苛求与责难；多一点爱心，少一些冷漠。能够看见别人的优点，并能够欣赏它，赞美它，这是一种怎样的心境啊！能真心祝福别人的幸福也是一种美丽的善良。永远与人为善，我们才能让自己的心境始终保持在愉悦之中。这样的人，才会有健全的心理和健康的人生。

与人为善是做人的一种积极和有意义的行为。它可以为自己创造一个宽松和谐的人际环境，使自己有一个发展个性和创造力的自由天地，并享受到一种施惠与人的快乐，从而有助于个人的身心健康。与人为善可以给我们带来好心情，还可以给我们带来身体上的健康。

在很多时候，你怎么对待别人，别人就会怎么对待你。在你困难的时候，你的善行会衍生出另一种善行。

与人为善并不是为了得到回报，而是为了让自己活得更快乐。只要有一颗平常心就行了。你在工作和生活中，无非是想丰富你的生活，实现你的价值。而这所有的一切，归根结底，都来自于你是否善待他人。

与人为善是一壶洗涤灵魂的净水。与人为善绝不是一种简单的同情心，它是一种无形的相助，一种博大的爱，是一股矫正世俗的春风。道家的始祖老子说得好："上善如水"。

当然，与人为善的付出，不怀任何个人目的，不求任何回报。你所付出予人的，不必念念不忘，而你所收获于人的，应当铭记在心，这就是与

人为善的胸怀。

【绝对智慧】

在很多时候，你怎么对待别人，别人就会怎么对待你。在你困难的时候，你的善行会衍生出另一种善行。

59. 成功与失败之间，只有一道虚掩的门

一个下雪的夜里。

农村有户人家，半夜里有人敲门。主人好奇，这么晚了，又是大雪夜，会是谁呢？开了门，原来是一个迷了路的旅客。

主人赶紧把他迎进屋内，惊叹地说："哎呀！你真幸运，你刚刚走过的路，其实是一片沼地，上面只有一层薄冰。这里的人，从来都不敢走的。"

旅客听后感到一阵寒意：刚刚若是踏破薄冰，不就葬身沼泽之地了吗？

主人继续说道："前几天，同样是下着雪，一位邻居被一群野狼追袭，同样的地方，邻居知道那里是一片结着冰的沼泽地，所以不敢涉足过去。不幸的是，他就死在野狼的口里。"

因为不知道，所以勇敢，深不见底的沼泽地也敢跨越；因为知道，一尺深的水池却寸步难移。这种"知道"，是不是一种负担？

经验有时就是负担，因为它教会我们"不敢"。

其实，人们有很多时候不敢去尝试，在他们的心中很多经验告诉他们那是不可能的，所以他们放弃了本来属于他们的成功，尽管那只是需要一小步。

是啊，成功和失败之间就隔着一道虚掩的门，以小小的勇气去推开它，生活就会完全不一样。

【绝对智慧】

经验有时就是负担，因为它教会我们"不敢"。

60. 不要扮演"怀才不遇"者

大多数"怀才不遇"者，其实就是自我膨胀的庸才，因为他们本身无能，别人当然无法重用他们，这可不是嫉妒他们。但他们并没有认识到自己没用，反倒认为自己"怀才不遇"，没人识才，于是到处发牢骚，吐苦水。

不管是有才还是无才，"怀才不遇"者真是人见人怕。一听其谈话，他就会骂人，开口就是批评同事、主管、老板，然后吹嘘自己多行，多么能干。听者只好点头称是，要不然，他可能会骂到你的头上！

最后的结果就是，"怀才不遇"感越强的人，越会把自己孤立在一个越来越小的圈子里，最终无法与其他人的圈子相交。每个人都怕惹麻烦而不敢跟这种人打交道，人人视之为"怪物"敬而远之！众人如果将一个人的不良印象定了格，那除非遇到贵人大力提拔，否则将永远无出头之日。

【绝对智慧】

不管是有才还是无才，"怀才不遇"者都是人见人怕。

61. 一次只坐一把椅子

如果想同时坐两把椅子的人，也许连一把椅子也坐不成。

有人向世界歌坛的超级巨星卢卡诺·帕瓦罗蒂讨教成功的秘诀。他每次都提到自己问父亲的一句话。师范院校毕业之际，痴迷音乐并有相当音乐素养的帕瓦罗蒂问父亲："我是当老师呢，还是做歌唱家？"其父回答说："如果你想同时坐在两把椅子上，你可能会从椅子中间掉下去。生活要求你只能选一把椅子坐下去。"

帕瓦罗蒂选了一把椅子——做个歌唱家。经过7年的努力与失败，帕

瓦罗蒂才首次登台亮相。又过了7年，他终于登上了大都会歌剧院的舞台。

只选一把椅子，多么形象而切合实际的理念！这就是说，目标只能确定一个，这样才会凝聚起人生的全部合力，将其攻下。确定了目标，那就只能走一条道路，哪怕这条路崎岖不平，同行者寥寥无几。你只要"板凳坐得十年冷"，忍受孤独和寂寞将它走完，尤其在诱人的岔路口，你必须不改初衷，有心无旁骛的坚定信念和超然气度。

【绝对智慧】

人们难得有自知之明，因此往往不甘于固定在一把椅子上。

62. 能拿得起，更要放得下

作家尹萍曾经做过杂志主编，翻译出版过许多畅销书，她在40岁事业最巅峰的时候选择了当个自由人，重新思考人生的出路，后来她说："在其位的时候总觉得什么都不能舍，一旦真的舍了之后，才发现好像什么都可以舍。"

秦朝的李斯，曾经位居丞相之职，一人之下，万人之上，荣耀一时权倾朝野。虽然当他达到权力和地位顶峰之时，曾多次回忆起恩师"物忌太盛"的话，希望他回家乡过那种悠闲自得、无忧无虑的生活。但由于他贪恋权力，所以始终未能离开官场，最终被奸臣陷害，不但身首异处，而且殃及三族。李斯是在临死之时才幡然醒悟的，他在临刑前，拉着二儿子的手说："真想带着你哥哥和你，回一趟上蔡老家，再出城东门，牵着黄犬，逐猎狡兔，可惜，现在太晚了！"

事实上，全身而退是一种智慧和境界。为什么非要得到一切呢？活着就是老天最大的恩赐，健康就是财富，你对人生要求越少，你的人生就会越快乐。对于我们这些平凡人来说，能怀一颗平常善良之心，淡泊名利，对他人宽容，对生活不挑剔，不苛求，不怨恨，富不行无义，贫不起贪心，这就是一种人生的练达。

能够拿得起，更要能放得下。人生旅途上，要懂得追求，也要学会放弃，特别是在人生的节骨眼上举重若轻，拿得起，放得下，这样才能拥有成功而旷达的人生。

【绝对智慧】

事实上，全身而退是一种智慧和境界。为什么非要得到一切呢？活着就是老天最大的恩赐，健康就是财富，你对人生要求越少，你的人生就会越快乐。

63. 不要过于强悍

在战场上为了取胜，当然不可以示弱于人。但在特殊情况下公开展示自己的不足，有意暴露某些无关紧要的弱点，往往是一种有益的处世之道。

示弱可以减少乃至消除中伤或嫉妒。事业上的成功者，生活中的幸运儿，被人嫉妒是不可避免的。在一时还无法消灭这种潜在威胁之前，用适当的示弱方式可以将其负面作用减少到最低限度。

示弱能使处境不如自己的人得到心理平衡，有利于团结周围的人群。

要使示弱产生效果，必须善于选择示弱的内容。权势高的人在地位低的人面前，不妨展示自己的学历不够，经验不足，专业知识能力有待提高，有过种种坎坷，表明自己其实是个普通的人；成功者应多在一般人面前讲讲自己多次失败的经历，现实的烦恼，给人以"成功不易"的感觉；对经济条件差的人，可以适当诉诉自己的苦衷：诸如身体欠佳、子女不长进以及工作中诸多麻烦，让对方感到"有钱人也有一本难念的经"；某些专业拔尖的人，最好宣称自己对其他领域一窍不通，说说自己在日常生活中也曾出过洋相，受过窘等。至于那些完全因时乘势或抓住机遇侥幸获得名利的人，更应该不避讳地承认自己是"瞎猫碰到死耗子"。

示弱是强者在感情上安抚暂时在某些方面处于下风的弱者的一种有效手段。它能使你身边的"弱者"有所慰藉，心理上得到平衡，减少或消除

你前进道路上可能产生的破坏因素。把表面的风光让给别人，把沉甸甸的利益留给自己，何乐而不为呢？

【绝对智慧】

示弱是强者在感情上安抚弱者的一种有效手段。它能使你身边的"弱者"有所慰藉，心理上得到平衡，减少你前进道路上的障碍。

64. 痒要自己抓，好要别人夸

俗语云："痒要自己抓，好要别人夸"。对领导形象的最好宣传莫过于借他人之口，收己之惠。这要比领导自吹自擂要有效得多，更有说服力和真实感。况且，下级广泛的人际关系网还会把这些好名声扩展到更大的范围。

良好的上下级关系和社会名誉，会给领导带来意想不到的收获。声名远扬会使领导受到更上一级领导的重视，从而为其"加速"发展提供了一种契机。在我们的周围不乏其例。

相反，如果上下级关系恶化，臭名远扬，即使领导的"后台"再硬，终究触犯众怒，逃脱不了狼狈下台的命运，哪里还谈得上事业的发展呢？

【绝对智慧】

对领导形象的最好宣传莫过于借他人之口，收己之惠。这要比领导自吹自擂要有效得多，更有说服力和真实感。

65. 压低别人并不能抬高自己

想通过讽刺别人达到抬高自己的目的，是行不通的。因为在别人看来，你是高是低，不是看你把别人压得多低，把自己抬得多高，而是要看你的真才实学。光凭压低别人抬高自己的办法，最多只能骗人一时，一旦当你的真面目被人看穿时，别人会更加鄙视你。

有的领导甚至在同级没有什么过失和错误时也喜欢把别人讥讽一番。如果是偶尔一次，别人可能会认为你是在开玩笑，但是玩笑开个没完，别人就会对你心生厌恶，甚至反戈一击，让你吃点苦头。一个满嘴带刺的人，是不会有人喜欢的。

如果你认为自己真有本事，那就没必要通过讽刺别人的方法去抬高自己，因为你自身的实力人人都可以看到。你在别人心目中的地位是不言而喻的，又何必画蛇添足呢？

如果你认为自己能力欠佳，对自己没有信心，那也不能讽刺别人，抬高自己。你讽刺别人，就是在表明你比他强，他干不了的事你可以干，但是真的让你去做你又怎么办？你认为凭自己的能力能够胜任吗？一旦失败，岂不是在打自己的耳光？

讽刺别人抬高自己，这实在是愚蠢的做法，它除了能使你失去应有的威信外，对处理好同事的关系没有一点积极的意义。

【绝对智慧】

压低别人从而抬高自己，它根本的害处是使周围关系紧张，从而树敌太多、四面楚歌。

66. "理解万岁" 应该缓行

不理解，是人类前进的动力。特别是对司空见惯的事不理解，更能推动人类社会的前行。

牛顿看见苹果坠地，很不理解，他想，苹果熟透后，为什么不升到天上而是落到地上呢？在他之前，人类已经有不计其数的成员，怎么就没人对苹果向下不向上表示不理解呢？牛顿不理解了，于是诞生了伟大的万有引力定律，改变了我们的生活。

认为我们看见的所有事物或者学到的知识都是合理的，这种观念导致我们原地踏步滞留。在我们这个世界上，合理的事情远远少于不合理的事情。对于不合理的事情理解，是最大的不合理。理解万岁势必导致不合理的事情愈加不合理，当我们的生活环境大都由不合理的事物对我们形成包围圈时，我们将度日如年。

爱因斯坦说："因为我蔑视权威，我遭到了报应，我也成为了权威。"蔑视权威就是不理解权威。要想成为某个领域新的权威，就必须不理解上一位权威，蔑视他。这样你才获得了成为新权威的基本资格。

上学的过程应该是了解权威、不理解权威的过程，这样才能在你毕业后否定权威，加冕成为新的权威。如果上学变成了一个了解权威、理解权威、迷信权威的过程，这个学就上砸了。

【绝对智慧】

在我们这个世界上，合理的事情远远少于不合理的事情。对于不合理的事情理解，是最大的不合理。

67. 要么最棒，要么出局

19世纪中期，德国伟大的农学家列比格发现了植物生长过程中的短缺元素规律，即植物的生长过程中都需要一定的元素，而某一时期植物缺少的只是某一种，就是"短缺元素"，只要增加这种元素，植物就会有新一轮的生长；而不缺少的元素就是增加也没有用，反而有害。

如果你的工作很简单，或者你只能做很简单的工作，任何人都能够代替你的话，那么你的价值就是可有可无的，不但拿不到高薪，你在公司中的地位也岌岌可危了。

高薪员工往往是那些在公司中属于不可或缺的20%的骨干精英，这也就是说，我们要想成为一个企业里面薪水最高的员工，就必须成为公司里面表现最佳的员工、一个不可替代的员工。

在《财富》杂志做的一项调查中显示：失业的美国人中，绝大多数感到沮丧的不是自己失去了某个工作。美国的社会福利和失业保障工作做得非常好，失业者每个月拿到的钱并不比有工作的人少多少，真正让这些人感到恐惧的是：失业让他们感到自己一文不值。

如果你每天只为老板工作一个小时，但是老板没有你这一个小时的帮忙，他就会赚不到钱，而且又找不到什么替代方案的话，那么你这一个小时就会相当值钱。反之如果你的利用价值相当低，随便一个人或一套硬设备就可以将你取代，那么就算是你每天花十几个小时工作，老板还是会随时请你走人，因为你没有被利用的价值。

商业竞争乃至人生的竞争都遵循同样的法则——要么最棒，要么出局。

企业需要高性能的员工，我们自己也需要持续不断地自我成长，否则根本不可能在自己的专业领域上保持领先的地位。做不可替代的工作，成为不可替代的人，是不二之选。

【绝对智慧】

如果你的工作很简单，或者你只能做很简单的工作，任何人都能够代替你的话，那么你的价值就是可有可无的，不但拿不到高薪，你在公司中的地位也岌岌可危了。

68. 机会总是乔装成问题的样子

英国的麦克斯亚郡，曾有一个妇女向法院控告，说她丈夫迷恋足球已经到了无以复加、不能容忍的地步，严重影响了他们的夫妻关系。她要求生产足球的厂商——宇宙足球厂赔偿她精神损失费10万英镑。在我们看来，这一指控毫无道理。但在结果宣判之前，种种迹象表明，这位妇女的要求得到了大多数陪审团成员的支持。想到马上就要支付巨额的赔偿费，宇宙足球厂的老板很是忧虑。

这时，宇宙足球厂的公关顾问认为，对公司来说，问题的关键就是这

位妇女的控告让公司损失了大笔的钱，要是能通过这次控告重新赚回损失的钱，问题不就迎刃而解了吗？于是，他向公司建议：与其在法庭上与陪审团进行无谓的陈述，还不如利用这一离谱的案例，为公司大造声势，向人们证明宇宙厂生产的足球魅力之大。于是，他们与各媒体进行了沟通，让他们对这场官司进行大肆渲染。果然，这场官司经传媒的不断轰炸后，宇宙足球厂名声大振，产品销量一下子就翻了4倍。与损失10万英镑比起来，宇宙足球厂算是因小祸而得了大福。

很多时候我们不要被眼前的困难吓倒，如果你换一个角度去看问题，它也许就是一个绝好的机会。

【绝对智慧】

很多时候我们不要被眼前的困难吓倒，如果你换一个角度去看问题，它也许就是一个绝好的机会。

6.9. 可以失败，但决不投降

悲观的人没有坚定的信念，他们从来不知道成功的滋味。信念是一种无坚不摧的力量，当你坚信自己能成功时，你必定能获得成功。

英国劳埃德保险公司曾从拍卖市场买下一艘船，这艘船1894年下水，在太平洋上曾138次遭遇冰山，116次触礁，13次起火，207次被风暴扭断桅杆，然而——它从没有沉没过。

劳埃德保险公司基于它不可思议的经历及在保费方面带来的可观收益，最后决定把它从荷兰买回来捐给国家。现在这艘船就停泊在英国萨伦港国家船舶博物馆里。

不过，使这艘船名扬天下的却是一名来此观光的律师。当时，他刚打输了一场官司，委托人也于不久前自杀了。尽管这不是他第一次辩护失败，也不是他遇到的第一例自杀事件，然而，每当遇到这样的事情，他总有一种负罪感。他不知该怎样安慰这些在生意场上遭受了挫折的人。

当他在萨伦船舶博物馆看到这艘船时，忽然有一种想法：为什么不让他们来参观参观这艘船呢？于是，他就把这艘船的历史抄下来连同这艘船的照片一起挂在他的律师事务所里。每当商界的委托人请他辩护，无论输赢，他都建议他们去看看这艘船。

在大海上航行的船没有不经历大风大浪的，也没有不带伤痕的。如同一个人在社会上行走，哪有不遭受挫折的。如果他是一个悲观失望的人，没有百折不挠的坚强意志，这些就是他失败的真正原因所在。

【绝对智慧】

在大海上航行的船没有不经历大风大浪的，也没有不带伤痕的。没有百折不挠的坚强意志，迟早会垮掉的，这就是失败的真正原因所在。

70. 丢掉百无一用的书生气

一个名牌大学的高材生暑假去外婆家玩，看到外婆要去市场买东西，就让外婆给他买块"扇形锐角饼"，老太太以为是一种新玩意儿，没多问就上了街。结果她找遍了市场，都没有人知道什么叫"扇形锐角饼"。回家之后和宝贝外孙问了半天，才知道所谓的"扇形锐角饼"不过就是切成三角形的鸡蛋薄饼而已。

现实生活中，有很多这类迂腐的学究，他们书读得很多，却无法适应社会，因为他们读的是死书，因专注于某个深奥的领域而忘记了人生的真正目的。脱离现实生活，不懂人情世故，不了解世态炎凉，缺乏生活基本常识，甚至成为生活的低能儿。

这样的人闯荡世界，不论是从政还是经商都可能遭遇失败。也许少与人打交道，从事绘图设计、科研攻关等工作是他们较好的谋生手段，但他们经常不承认这一点，总是觉得是别人出了毛病，而不是他们自己迂腐。例如有位搞克隆科学研究的丈夫，有一次和妻子一起上街，过马路时妻子总是小心地左右看看有没有车，而他却不耐烦地说你不用看，只要你遵守

交通规则走路，汽车压了你是他的责任。这种说法太好笑了！什么时候，什么场合还在讲责任不责任的，人都死了，跟他讲责任又能怎么样？

王夫之曾写下这样两句诗："六经注我开生面，七尺从天乞活埋"，是说读古代经书，不要囿于古意不能自拔，应该活学活用。这两句诗对我们也很有启示，我们一定要丢掉无用的书生气，审时度势，这样才能成就一番事业。

【绝对智慧】

读书要懂得读进去，更要知道怎样走出来。

71. 保持三分饥饿感

有许多医学实验证明，要想延长寿命最好的办法，就是减少食物的摄取量。

从古到今各地流传着许多不饱食的谚语："少吃多滋味，多吃坏脾胃。""少吃香，多吃伤。""每餐七成饱，保你身体好。""要活九十九，每餐留一口。"

有人曾计算过，一个人的一生，若以平均 70 岁计算，每人要吃进 60～70 吨食物。这些食物都必须通过胃肠的消化、吸收才能够供给人体各个器官的正常活动所需的营养。所以，人们把胃肠比做人体的"营养加工厂"。人的胃肠和其他器官一样，工作是有一定规律的，它们的承受能力也是有一定限度的。如果违反了它的规律和承受能力，其功能就会受到影响。身体就必然要出毛病，严重还会危及生命。

唐朝大诗人杜甫在安史之乱平定之后，从四川坐船回老家时，突然洪水猛涨，被困在洞庭湖里。当地的父母官闻信后，送去酒肉，杜甫在饥饿中暴饮暴食，结果这位诗坛巨星就这样陨落了。

科学研究证明，经常饱食尤其是暴食，不仅会损伤胃肠功能，引致消化不良、胃炎和胰腺炎，并可使体内的脂肪过剩、血脂增高，导致动脉粥样硬化。而且过量进食后，胃肠血液增多，大脑供血被迫减少，长期下去就会引起记忆力下降，思维迟钝，使大脑早衰，智力减退。

如果你想身体好，就从现在开始，吃饭时细嚼慢咽，每顿只吃七成饱。

【绝对智慧】

人们把胃肠比做人体的"营养加工厂"。人的胃肠和其他器官一样，工作是有一定规律的，它们的承受能力也是有一定限度的。

72. 不要让个性误导了你

年轻人可能都认为个性很重要，他们最喜欢谈的就是张扬个性，他们最喜欢引用的格言就是：走自己的路，让别人去说吧！

我们的种种媒体，包括图书、杂志、电视等也都在宣扬个性的重要性。

我们可以看到许多名人都有非常突出的个性。不管他是一个科学家，还是一个艺术家或者军事家。爱因斯坦在日常生活中非常不拘小节，巴顿将军性格极其粗野，画家凡高是一个缺少理性，充满了艺术妄想的人。

名人因为有突出的成就，所以他们许多怪异的行为往往被社会广为宣传。有些人甚至产生这样的错觉：怪异的行为正是名人和天才人物的标志，是其成功的秘诀。我们只要分析一下，就会发现这种想法是十分荒谬的。

名人确实有突出的个性，但他们的这种个性往往表现在创造性的才华和能力之中。正是他们的成就和才华，他们的特殊个性才得到社会的认可。如果是一般的人，一个没有多少本领的人，他们的那些特殊的行为可能只会得到别人的嘲笑和不解，所以，只有有才能和名望的人才更适合拥有一些特殊的个性。

【绝对智慧】

个性对于成功者是优点，但对于平凡者来说，则是毛病。

73. "只找决策人"是成功的一个捷径

在处理问题的时候，如果可能，你应该尽量地影响决策的少数人。

有一位朋友是一个公司负责外联的部门主任。他做事有个秘诀，就是任何时候，他只找能够做出决策的少数人。在他看来，任何事从上向下推广比较容易，而从下向上影响比较难。曾有一位被北京市评为优秀保险员的女士也发表了同样的看法："我们只找决策人。"这可以说是做事和成功的一个捷径。

春秋战国时期，毛遂一个人仗剑说服了秦王，制止了一场战争。同样，二战时期，爱因斯坦只与罗斯福共进了一次晚餐，就把世界带进了一个核战争的时代。可见，影响金字塔顶端的少数人是我们改变世界最佳的方式。

【绝对智慧】

把有限的时间和精力用在刀刃上。

74. 最得意的时候，就要思图改变

一个父亲把苹果放在地毯中间，对几个孩子说："谁能不用工具，又不踩到地毯而取到苹果，就算赢！"当几个大孩子尽力伸手脚够苹果时，最小的孩子却把地毯卷起来拿到了苹果。在1992年美国大选中，布什说："我有丰富的经验！"而克林顿却说："我们要改变游戏规则。"我想，布什之所以会落败的一个重要原因，是输在墨守成规"向后看"，而不是"向前看"改变规则。经验丰富的确是成功的一个要素，但是一个人如果对他所拥有的经验过于迷信的话，就意味着他更愿意遵守某些固定的、已有的规则和观念，他的思想就会受制于许多的框框，阻碍他发挥自己的创造力。

在我们情况最好的时候，发展最快、最得意的时候，就要思图改变。一个人最可怕的心态就是习惯于某一种固定的旧模式，认为："我过去做得很好啊！为什么要改变？"他们丝毫没有察觉，其实，失败往往在此就已经埋下了伏笔。

台湾作家刘墉说："当你发现原来的计划和一般做法行不通时，不要去想那个计划花了多长时间，或者有多完美，因为不通就是不通，再完美也没有用。"

【绝对智慧】

当你发现原来的计划和一般做法行不通时，不要去想那个计划花了多长时间，或者有多完美，因为不通就是不通，再完美也没有用。

75. 向你的对手敬杯酒

对手是什么？最简单地说，你是一匹赛马，那么对手就是逐鹿场上的另一些赛马。如果没有他们的存在，也就无所谓你的胜出。所以说，在某种程度上，你的竞争对手，是你前进道路上不可缺少的一份子。

清朝康熙大帝在继位执政60周年之际，特举行"千叟宴"以示庆贺。在宴会上，康熙敬了三杯酒。第一杯敬孝庄皇太后，感谢孝庄辅佐他登上皇位，一统江山；第二杯酒敬众大臣和天下万民，感谢众臣齐心协力尽忠朝廷，万民府首农桑，天下昌盛；接下来，康熙端起第三杯酒说："这杯酒敬朕的敌人，吴三桂、郑经、葛尔丹，还有鳌拜。"宴会上的众大臣目瞪口呆。康熙接着说："是他们逼着朕建立了丰功伟绩。没有他们，就没有今天的朕。朕感谢他们！"

如果没有吴三桂这些敌人，康熙会有一番丰功伟绩吗？历史不能假设，但有一句话说得好，"一个人的身价高低，就看他的对手"。没有对手，你看不出自己的价值，显示不出你的能力。对手总会给你带来压力，逼迫你努力地投入到"斗争"中，并想办法成为胜利者。在同对手的对抗中，你

才能真正磨练自己。就这层意义而言，你的对手是你前进的推动力，是你成功的催化剂。

【绝对智慧】

生于忧患，死于安乐。如果你不想一生平庸，就微笑地迎接一切挑战吧。向你的对手敬杯酒，感谢他们给了你成就自己的机会。

76. 不要穿得比老板更漂亮

有些部属不懂得迎合上司，而是把老板的"锋芒"抢去，你的脸是露了，可是上司的脸色难看了。所以明智的部属，应懂得如何适时地把自己的功劳归于老板。虽然这样做会有委屈自己和逢迎拍马之嫌，但有什么办法呢？谁让你是部属而他是老板呢？做老板当然要光彩夺目，而部属相比之下自然就黯淡些。如果不是如此而是相反，那老板自然容不下你。

比如，你的穿着装扮比老板更胜一筹，把别人的目光都吸引到你这边而忽视了老板，你想老板心中会舒服吗？更有甚者，某些人眼光拙劣，把做部属的当作老板，却把老板当作随从，那老板肯定会把你打入冷宫。因为一般人心目中，老板应是穿得比部属名贵些、漂亮些。

特别是同性之间，做部属的穿着比老板还豪奢名贵，那老板必定很不舒服。尤其是女性上司，女性都对服饰特别看重，别人不经意间的赞扬或批评，都能引起其注意。如果你的老板很讲究服饰仪表，做部属的也要注重服饰的整洁得当，但不要抢了老板的风头；如果你的老板不太看重服饰，那你在穿着上"过得去"便行了。

【绝对智慧】

不要为别人误认你是老板而沾沾自喜，很快你就会发现：那一点点虚荣是得不偿失的。

77. 悲观沮丧的时候，不要做重要的决定

人在希望断绝、精神沮丧的时候，往往会智力分散，丧失自己原有的意志，失去再度努力的勇气，如同井底之蛙，做出一些愚蠢的错误决定。在不该言败的时候，轻言失败，甘愿放弃许许多多不该放弃的东西，如成功、爱情、友谊……甚至还有生命。

当一个人身体或心灵受到痛苦的折磨，特别沮丧的时候，便常常会变得意志不坚定，成为沮丧情感的奴隶，一切行动，都会被沮丧情感所左右。这时候，你将很难有精辟、正确的见解，更不会有正确的判断。

所以，在悲观沮丧的时候，你千万不要做出任何一件有关自己一生命运的决定。否则，你的决定极有可能贻误你的终生。

【绝对智慧】

特别沮丧的时候，便常常会变得意志不坚定，这时候，你将很难有精辟、正确的见解，更不会有正确的判断。

78. 只要玩得转，就要敢于大胆地打破规则

当威廉·麦克劳德还是个小人物的时候，有一次，他到《纽约时报》求职。他把申请送进去了，自己在人事部主任的办公室门外紧张地等待结果。

一会儿，一个职员走出门来，对他说："主任要看你的名片。"

威廉从来就没有准备过什么名片，有点不知所措，不由自主地扯了扯衣服，这个动作使他想起，口袋里恰好有一副扑克牌。于是他灵机一动，

从中抽出了一张黑桃A，说："给他这个。"

半小时后，他被录取了。

后来，威廉·麦克劳德成为了《纽约时报》的一名著名记者。

在变化的社会中，我们往往需要出奇才能制胜。出奇制胜者的最大特点，就是"不按规则出牌"。他们不拘泥于教条，想像力丰富，只要玩得转，就敢于大胆地打破规则，因此总是能收到出奇制胜的效果。所以我们千万不要墨守成规，要学会因地制宜，学会应对变化。别总认为自己是科班出身的专业人士，就一定能对付得了业余者。

首先，即使你很专业，但你的对手并不见得也是专业的，又或者，他是专业的，但他又不一定要按专业"出牌"。你要有灵活的应对措施，"敌变我也变"，切勿死守教条，"以不变应万变"。否则，你很可能会吃大亏。

其次，虽然你很专业，但你也得向业余的学习，必要时也须发挥出一点儿不按常理出牌的业余水平，这很可能让你更能出彩儿。

我们或许可以瞧不起业余的"土"，但土办法只要有效，就是好办法，就完全可以采用。什么叫灵活机动？这就是。况且，愚蠢的方法只要有效，就不是愚蠢的方法。

【绝对智慧】

在变化的社会中，我们往往需要出奇才能制胜。不拘泥于教条，想像力丰富，只要玩得转，就敢于大胆地打破规则，因此总是能收到出奇制胜的效果。

79. 挥霍无度的恶习使你一名不文

有一类人年轻时从来不存钱，到中年以后仍然是身无分文，万一丢掉了工作，又没有朋友再去帮助他，那么他就只好徘徊街头，没有着落。他要是偶然遇到一个朋友，就不断地诉苦，说自己的命运如何不济，希望那个朋友能借钱给他。

这样的人一旦失业稍久，就容易弄到饥肠辘辘、衣不遮体的地步。他所以落到这般田地，要吃这样的苦头，就是因为不肯在年轻力壮时储蓄一点钱。他似乎从来没有想到过，储蓄对他会有怎样的帮助，也从来不懂得许多人的幸福都是建立在"储蓄"这两个字之上的。

为什么有那么多人如今都过着勉强糊口的生活呢？因为这些人不懂得，以前少享受些、多过些清苦的日子。他们从来不知道去向那些白手起家的伟大人物学一学，也从来不懂得什么叫自我克制，无论口袋里有多少钱都要把它花得分文不剩。他们有时为了面子，即便债台高筑也在所不惜。

我们从来没有见过挥金如土的青年人最后竟能成就大业。挥霍无度的恶习恰恰显示出一个人没有大的抱负，甚至就是在自投失败的罗网。这样的人平时对于钱的出入收支从来漫不经心、不以为然，从来不曾想到要积蓄金钱。如果要成功，任何青年人都要牢记一点：对于钱的出入收支要养成一种节制、有计划的良好习惯。

【绝对智慧】

我们从来没有见过挥金如土的青年人最后竟能成就大业。挥霍无度的恶习恰恰显示出一个人没有大的抱负，甚至就是在自投失败的罗网。

80. 聪明的人绝不会四处出击

每一位渴望成功的人，尤其是那些处在创业阶段的奋进者，一定要时时处处防范自己，不要滥铺摊子、滥用精力、四处出击，而应当像锥子那样，钻其一点。让自己在某一方面显示出特长，这样才能赢取更大的成功。那些自以为多才多艺、精力超群的人，看起来样样懂，实际上样样都只通一点皮毛。这样，别人可以"一招鲜，吃遍天"，而你却无所适从，因此痛失获得成功的各种机会。

任何有所作为的人，都不会在所有领域里都有作为的。就算在某一领域里，也不是每一方面都有所建树。全知全能无非是天真的幻想。聪明的

人绝不会四处出击，样样都深入，门门争第一。你的每一种欲望都会跟你的另一些欲望发生冲突。如果你疲于应付，就会被折磨得不胜烦恼。长期东一榔头，西一棒子，你的精力就会被耗空，最终将一事无成。

除了极少数天赋极高的天才在不少领域都能所获极丰外，多数人，就算是才气过人的智者，也没有可能样样都精通。

从千百万个成功者的身上，我们能够发现一个共同的事实：他们几乎都是从自己的兴趣、特长起步，果断进行战略决策，明确自己的主攻目标，再"缩小包围圈"，向此目标步步逼近，最后一举成功。

那些在事业上有所作为的人无不是懂得限制自己的人，无不是在明确了目标后，根据自身的兴趣、特长和现实需要，在众多的选择中撷取其一，放弃其他，然后集中"优势兵力"，围追攻克某一领地。有些人在一生中，任何时候都非常清楚取舍的辩证关系，知道自己应该追求什么，应该舍弃什么，总是能够将自己的精力、才能集中于某个领域，并创出骄人的业绩。

【绝对智慧】

聪明的人绝不会四处出击，样样都深入，门门争第一。你的每一种欲望都会跟你的另一些欲望发生冲突。如果你疲于应付，就会被折磨得不胜烦恼。

81. 脑袋空空，口袋空空

头顶同样的蓝天，脚踏同样的大地，一样的政策、一样的条件，为什么富人月赚万元乃至数十万元，穷人却长期徘徊在温饱线上？

钱究竟从那里来？成功的奥秘在哪里？许多人百思不得其解。

钱来源于头脑，钱会往有头脑的人的口袋里钻，正所谓：脑袋空空口袋空空，脑袋富有口袋富有。穷人与富人的最大差别是脖子以上的部分。穷人长期走入赚钱的误区，穷人一想到赚钱，就说，工资太低了，明天再找个工资高的公司，要不就去干别的……他不会利用自己的才能去创造更多的财富，一心只想着怎么给别人打工。富人一想到赚钱就想到开工厂、开店铺、开公司，他们会为了怎样管理而绞尽脑汁，会为用什么样的人而左思右想，富人明白劳心者治人，劳力者治于人的道理。

穷人的想法不突破，就抓不住许多摆在面前的新机遇，仔细想一想，其实成功与失败、富有与贫穷只不过是一念之差。

【绝对智慧】

钱来源于头脑，钱会往有头脑的人的口袋里钻。正所谓：脑袋空空口袋空空，脑袋富有口袋富有，穷人与富人的最大差别是脖子以上的部分。

82. 优柔寡断是最危险的仇敌

华裔电脑名人王安博士，声称影响他一生的最大教训，发生在他 6 岁之时。

有一天，王安外出玩耍，路经一棵大树的时候，突然有什么东西掉在他的头上。他伸手一抓，原来是个鸟巢。他怕鸟粪弄脏了衣服，于是赶紧用手拨开。鸟巢掉在了地上，从里面滚出一只嗷嗷待哺的小麻雀。他很喜欢，决定把它带回去喂养，于是连鸟巢一起带回了家。

王安回到家，走到门口，忽然想起妈妈不允许他在家里养小动物。所以，他轻轻地把小麻雀放在门后，匆忙走进室内，请求妈妈的允许。在他的苦苦哀求下，妈妈破例答应了儿子的请求。王安兴奋地跑到门后，不料，小麻雀已经不见了。一只黑猫正在那里意犹未尽地擦拭着嘴巴。王安为此伤心了好久。

有些人一旦遇到棘手的事情，就一定要去和他人商量。这种优柔寡断的人，既不相信自己，也不会被别人所信赖。有些人优柔寡断简直到了无可救药的地步，他们不敢决定任何一件事情，怕承担应负的责任。他们之所以这样，是因为他们不知道事情的结果会怎样——究竟是好是坏，是吉是凶。他们常常对自己的决断产生怀疑，不敢相信他们自己能解决重要的

事情。因为犹豫不决，很多人错失了成功的大好机会。

所以，对成功来说，犹豫不决、优柔寡断是一个最危险的仇敌。在它还没有对你施加影响，破坏你的机会之前，你就应该立即把这样的敌人置于死地。不要再犹豫，不要在思前想后，马上做出决定，就在现在。要逼迫自己做出决策，不要在选择面前无所适从。

【绝对智慧】

只要是自己认为对的事情，绝不可优柔寡断，必须马上付诸行动。不能做决定的人，固然没有做错事的机会，但也失去了成功的可能。

83. 知道什么时候答应，什么时候拒绝

当你发现别人的一个要求会损害到你的利益时，你就应该勇敢地去拒绝。生命中最大的学问就是：知道什么时候该答应别人的要求，什么时候该拒绝别人的要求。

不要被你愚蠢的自尊冲昏头脑，也不要悲观地顾虑别人会怎么想。而心理学家们认为："不要"的意义远比"要"的意义深得多。当一个两岁的婴儿开始说"不要"的时候，就意味着他拥有自己的好恶和选择，已经是独立的个体了。只有让他在自由的环境中，孩子才能够健康地成长，这也说明，人的个性是不能够长期压抑的。

美国总统林肯在订婚之后，发现并不爱他的未婚妻。于是在婚礼前夕，他躲了起来。他不喜欢那个女孩，可他又不愿意做一个背信弃义的人，更害怕别人会说他欺骗感情，以至于迟迟不敢解除婚约。两年之后，他还是娶了那个女孩。后来的事实证明，他婚前的疑虑是对的。他的妻子挥霍无度，让他债台高筑，而且脾气火爆，动辄争吵不休。尽管这样，他还是因为害怕别人的议论而不敢提出离婚。

也许有的人会感到奇怪，一个总统怎么会害怕别人的议论呢？其实，每个人都害怕某种事物，也许这就是人性的弱点。而你要做的事情，就是

要打败这种让你产生心理恐惧的东西。

你必须做自己的主人，不要让外界的评价成为左右你行动的力量。当你的幸福要取决于某人头脑中的想法，希望从别人身上得到快乐，就好比一个乞丐向人乞讨，这是非常辛苦的。真实的自我，不是靠世俗的评价堆砌起来的。所以你应该勇敢地站起来，拒绝自己不想做的任何事情。

生活赋予了我们每一个人选择的权利，每个人都是平等的。你不应该看低任何人，这当然也包括你自己。

【绝对智慧】

当你的幸福要取决于某人头脑中的想法，希望从别人身上得到快乐，就好比一个乞丐向人乞讨，这是非常辛苦的。

84. 适时地做一个弱者

在人际交往中，看似愚笨的一方往往占到便宜，言语笨拙的往往胜过口齿伶俐的。试着偶尔去说：

"我不知道。"

"我不懂。"

"帮帮我。"

"我不清楚你的意思。"

将这些语句适当插入你的需求中。

试着回想在以往你与反应迟钝的人是如何交涉的吧，你那生动的比喻生效吗？面对低能儿，再精准的数据对他来说都等于零。显然你的才干在这种情况下完全失效。

每次向聋哑人回答问题时，人们总是提高音量，又说又比划的，为什么？你在急于替他们解决问题。

银行通知客户超过了分期付款的期限，贷款者用儿童般的声音答道："我们不懂。"这时，银行方面就会觉得客户并非故意拖欠而是因为不了解

规定，因此他们会给客户更多的解释来帮助他弄懂。如果客户还是不明白，银行便会向他提供建议，比如申请延期。这么一来，客户的目的就会轻而易举地达到了。

更有甚者，当向某人寻求帮助，在接受帮助的同时，对方还投入时间的资本，增加了对你有利的情况。

因为，人们为了虚荣和自尊的需要，往往对弱者表现出异乎寻常的大方，殊不知对手竟是一只不动声色的厚黑老虎。

有时，我们适时的也做一个弱者吧。

【绝对智慧】

人们为了虚荣和自尊的需要，往往对弱者表现出异乎寻常的大方。

85. 置之死地而后生

我的一个朋友在日本多年，回国后曾多次谈起中日两国的教育。他说日本的学校，每年都要组织一些野外活动，父母也很支持。但是中国的父母普遍反对孩子探险，一旦发生了意外伤害，则往往把学校告上法庭，许多学校因此而不敢组织孩子参加一些探险活动，于是青少年的生存能力越来越差，从而形成了强大而普遍的恶性循环——自我窒息的自杀模式。日本的父母则普遍支持孩子探险，发生意外自己负责，对起诉学校的中国现象不能理解。

他们甚至认为，一旦发生意外，是自己给集体添了麻烦，应当个人负责，严重伤害要靠保险来解决，而不是追究组织者的责任。

日本在教育上的严厉，的确值得我们中国的家长反省。一个让孩子置之死地而后生，一个让孩子置于蜜罐而后苦，或许这两种态度之间的差异，正是两个民族的真正差异，也是两个民族之间的真正较量。

鹰在鸡群里呆久了，便会变得和鸡没有两样，只有让它回到自己的世界里，它才能找回到本真的自己。

在生活中，我们很多的爱大多停留在浅表层：只是给予对方需要的。可是人归根到底是要靠自己的。中国有句话：置之死地而后生。有多少人能够为帮助对方"后生"而想办法"置之死地"呢？这是需要非凡的勇气的，要准备背一世的骂名，还要忍受看着对方"死而后生"的过程的情感煎熬。

比较起来，"对人好"要容易得多。

【绝对智慧】

鹰在鸡群里呆久了，便会变得和鸡没有两样，只有让它回到自己的世界里，它才能找回到本真的自己。

86. 自卑自贱是成功的大敌

有一次，一个士兵骑着马，送信给拿破仑。因为走得太快，在他没有到达目的地之前，他的马猛跌一跤一命呜呼了，这名士兵只得跑着去送信。拿破仑接到了信，看后立即写了封回信，交给那位士兵，并指着自己的高头大马说："你骑我的马，火速把回信送去。"士兵望着那匹装饰华美的雄壮的骏马，对拿破仑说："不，将军，我是一个平庸的士兵，实在不配骑你的马。"

拿破仑严肃地说："世上没有一样东西，是法国士兵所不配享有的。"

世界上有很多像法国士兵那样的人，他们认为自己的地位太低微，所有华美精致的物品都不配享有。这种自卑自贱的观念正是阻碍他们成为强者的最大原因。

有许多人这样想：自己不配拥有世界上最好的东西，至于声望和名誉，自己也不可能得到。他们认为自己注定了要贫穷、卑微地生活下去，而尊贵、富有、荣誉以及世界上所有的好东西，都是留给那些有佳运者的。

自卑自贱的心态只会阻碍你的前进，而只有自信才能战胜一切困难和挫折，最终使你成为一个强者。也许你是一个贫穷的农民，一个卑微的小

职员，甚至你还没有工作，你同样可以依靠自信和努力成为一个强者，享受幸福的生活。

【绝对智慧】

我们来到这个世界上，就是为了做一个强者，没有什么东西是我们所不应该得到的。

87. 嫁个有钱人

谁都想嫁个有钱人，嫁个有钱人是不错，但问题在于，在嫁个有钱人之前，你是否想过你今后要面对什么样的生活方式？你的个人素质允不允许你适应那个圈子？作为一个富足人家的女主人，你的品格、智慧、魅力在哪里？简单地说就是，你个人的底气够吗？没有一个做人的基本素质，即使你终于挤进一个原本不属于你的世界，最终也会被"踢"出来。

所以，男女谈婚论嫁时讲到的"门当户对"这句老话，不是没有道理。想想看，造房子时门窗都要按照要求规格来制做，否则房子早晚要塌，组建家庭同样如此。想要嫁给有钱人，你一定要习惯那个阶层的思想和生活方式。

嫁给有钱人并不是女人婚姻的最终目标，而是以这个目标为动力，在实现目标过程中，让自己变得高尚、美丽、智慧。至于婚姻本身，有钱也好，没钱也罢，没有爱情的婚姻绝没有幸福可言。俗话说，男怕入错行，女怕嫁错郎。女人的幸福不能靠男人的赐予，女人的不幸也不能全是男人的错。嫁个有钱人不是错，但若你除了年轻、漂亮之外，不具备其他任何素质条件，还是三思而后行吧。

【绝对智慧】

男女谈婚论嫁时讲到的"门当户对"这句老话，不是没有道理。没有一个做人的基本素质，即使你终于挤进一个原本不属于你的世界，最终也会被"踢"出来。

88. 丢掉人生的"鸡肋"

很多人不敢创业,他们总是担心创业失败,同时又失去了现在的稳定收入,落得个俗话所说的"偷鸡不成反倒失把米"。

所谓的稳定收入是很多人行动的障碍。犹如人生的鸡肋,说到底还是反映出缺乏自信。对绝大多数人来说,靠薪水永远只能满足生活的基本要求。老板之所以雇你,不是要让你发大财的,也不是要和你共同富裕的,如果他挖不出你的剩余价值,就会一脚踢开你。

所以最终,要创造自己的幸福,还得靠你自己。

舍不得孩子套不住狼,舍不得鸡肋也是干不成大事的。当然,孩子舍出去了,也并非一定套得住狼,失手的事完全可能发生;舍去了鸡肋也许最终并没有干成大事,甚至真的连光骨头都没得啃了,这也有可能。不过只要你相信人的能力是在实践中锻炼出来的,多一些经历,无论如何总是好事,至少对提高个人素质有用,那么你就会觉得,你在走着,在向目标接近,总比原地踏步好。

【绝对智慧】

舍不得孩子套不住狼,舍不得鸡肋也是干不成大事的。

89. 不要只为薪水而工作

一个以薪水为个人奋斗目标的人,是永远无法走出平庸的生活模式的,也从来不会有真正的成就感。虽然工资应该成为工作目的之一,但是从工作中能真正获得的更多的东西,却不是装在信封中的钞票。

如果你忠于自我的话,就会发现金钱只不过是许多种报酬中的一种。试着请教那些事业有成的人士,他们在没有优厚的金钱的回报下,是否还

继续从事自己的工作？大部分人的回答都是："绝对是！我不会有丝毫改变，因为我热爱自己的工作。"

想要攀上成功之阶，最明智的做法就是选择一件即使酬劳不多，也愿意做下去的工作。当你热爱自己所从事的工作时，金钱就会尾随而至，你也将成为人们竞相聘请的对象，并且获得更丰厚的酬劳。

不要只为薪水而工作。工作固然是为了生计，但是比生计更可贵的，就是在工作中充分发掘自己的潜能，发挥自己的才干。如果工作仅仅是为了面包，那么生命的价值也未免太低了。不要麻痹自己，告诉自己工作就是为了赚钱——人应该有比薪水更高的目标。

【绝对智慧】

人应该有比薪水更高的目标。

90. 确定你是对的，然后勇往直前

狄奥尼西斯·拉多纳博士生于1793年，曾任伦敦大学天文学教授。他的高见是："在铁轨上高速旅行根本不可能，乘客将不能呼吸，甚至将窒息而死。"

1786年，莫扎特的歌剧《费加罗的婚礼》初演，落幕后，拿波里国王费迪南德四世坦率地发表了感想："莫扎特，你这个作品太吵了，音符用得太多了。"

国王不懂音乐，我们可以不苛责，但是美国波士顿的音乐评论家菲力普·海尔，于1873年表示："贝多芬的第七交响乐，要是不设法删减，早晚会被淘汰。"

法国小说家莫泊桑，曾被人批评为："这个作家的愚蠢，在他的眼睛上表露无遗。那双眼珠，有一半陷入上眼皮，如在看天，又像狗在小便。他注视你时，你会为了那愚蠢与无知，打他一百记耳光仍觉得吃亏。"

英国作家王尔德，也以似通不通的修辞技巧，批评萧伯纳说："他没有

敌人，但是他的朋友都深深地恨他。"

思想家卢梭 54 岁那年，即 1766 年，被人讽刺为："卢梭有一点像哲学家，正如猴子有点像人类。"

每一个人，无论是贩夫走卒还是英雄人物，总有遭人批评的时刻。事实上，越是成功的人，受到的批评就越多。只有那些什么都不做的人，才不会受到别人的批评。真正的勇气就是秉持自己的信念，不管别人怎么说。

戴维·克罗克特有一句很简单的座右铭："确定你是对的，然后勇往直前。"

【绝对智慧】

越是成功的人，受到的批评就越多。只有那些什么都不做的人，才不会受到别人的批评。

91. 不要为迎合他人而活着

环顾我们周围，不难发现，要想使每个人都对自己满意，是不大可能的。我们不可能顾及到每一个人。如果有 50% 的人对你感到满意，这就算一件令人高兴的事情了。只要看看西方的大选就够了：即使获胜者的选票占多数，但也还有 40% 之多的人投了反对票。因此，对一般人来讲，不管你什么时候提出什么意见，都会有 50% 的人可能提出反对意见，这是一件十分正常的事情。

当你认识到这一点之后，你就应该从另一个角度来看待他人的反对意见了。当别人对你的话提出异议时，你也不会因此而感到不安，或者为了赢得他人的赞许而改变自己的观点。你应该意识到他只是与你意见不一致的 50% 中的一个人。只要认识到你的每一个决定总会遇到反对意见，那么你就可以摆脱情绪低落的困扰。

因此，如果你知道会有人反对你的意见，你就不会自寻烦恼，同时也就不会再将别人对你的某种观点或某种情感的否定视为对你整个人的否定。

当然，如果你坚信自己是正确的，就更不应该因为别人的看法而改变自己的决定，你就是你自己，没有必要为了迎合别人而活着。

美国总统林肯，在他上任后不久，有一次将6个幕僚召集在一起开会。林肯提出了一个重要法案，而幕僚们的看法并不统一，于是7个人便激烈地争论起来。林肯在仔细地听取其他6个人的意见后，仍感到自己是正确的。在最后决策的时候，6个幕僚一致反对林肯的意见，但林肯仍坚持己见，他说："虽然只有我一个人赞成，但我仍要宣布，这个法案通过了。"

表面上看，林肯这种忽视多数人意见的做法似乎过于独断专行。其实，林肯已经仔细地了解了其他6个人的看法并经过深思熟虑，认定自己的方案最为合理。而其他6个人持反对意见，只是一种条件反射，有的人甚至是人云亦云，根本就没有认真考虑过这个方案。既然如此，自然应该力排众议，不应妥协。因为，所谓讨论，无非就是从各种不同的意见中选择出一个最合理的。既然自己是对的，那还有什么犹豫的呢？

【绝对智慧】

要想使每个人都满意，结果只能是每个人都不满意。

92. 过犹不及

和朋友相处，随心所欲，无拘无束，还美其名曰"坦诚"。须知，朋友相处也应有分寸。

俄国寓言作家克雷洛夫写过一篇著名寓言《杰米扬的汤》。文中讲的是有位擅做鲜鱼汤的杰米扬，为了款待老友福卡，做了一锅香美可口的鱼汤，一盆接着一盆地敬劝老友多喝，直喝得老福卡大汗如注，叫苦不迭。可是杰米扬还是一个劲儿地劝："喝得痛快！好，再来一盆吧。"结果是尽管福卡很爱喝汤，也不得不赶紧拿起帽子、腰带和手杖，用足全力跑回家去。从此再也不敢登杰米扬的家门了。

事情做过了头，好事也会变成坏事。

《杰米扬的汤》生动形象地揭示了这条辩证法。我们处理人际关系，应当时刻记住这个道理。比如坦诚、热情、谦逊、活泼、谨慎等等，无疑都是待人之道的必不可缺的品格。然而，这里同样也有一个"度"的问题，即要注意掌握分寸，尽量做到恰到好处，否则便极易失度，从而影响人际交往。

【绝对智慧】

什么事情都有一个度。过度的热情，不但会让人因无法接受而逃走，还会让人怀疑你背后的真意。

93. 装成忙碌的样子

每个人都认为自己很重要。但是，只有当人们感到迫切需要你的时候，你才真正变成很重要。为达到这个目的，你应该设法提高自己的知名度。首先你要吃透一个习俗：那些忙碌兴旺的人物，都被看成是人们最迫切需要的人。

利用这个习俗，你可以找到提高知名度的有效办法。那就是，你可以为自己制造一种兴旺忙碌的形象，使别人知道你的顾客很多，或你的崇拜者很多……总之，任何你所想要的美好事物，都给人留下一种"已经有了很多"的印象。

人们都喜欢跟那些兴旺的人打交道，你越兴旺跟你打交道的人越多，跟你打交道的人越多，你就越兴旺。一旦人们知道你是他们迫切需要的人时，你的事业也就跟着繁荣兴旺起来了。如此良性循环下去，你目前的繁荣兴旺就会引来更大的繁荣兴旺，促使你的事业永远昌盛不衰。

【绝对智慧】

人们都喜欢跟那些兴旺的人打交道，你越兴旺跟你打交道的人越多，跟你打交道的人越多，你就越兴旺。

94. 冒险越大，荣耀越多

一次，有人问一个农夫是不是种了麦子。农夫回答说："没有，我担心天不下雨。"那个人又问："那你种棉花了吗？"农夫说："没有，我担心虫子吃了棉花。"

于是，那个人接着问："那你种了什么？"农夫说："什么也没种，我要确保安全。"

一个不冒任何风险的人，什么也不做，就像这个农夫一样，到头来，什么也没有得到。他们逃避了痛苦和悲伤，但他们也失去了学习、改变、感受和成长的机会。他们被自己消极的态度捆绑着，是丧失了自由的奴隶。

人生中，风险几乎无处不在，无时不有。乐于迎战风险的人，才有战胜风险、夺取成功的希望。贪恋蜷缩在温室中、保护伞下，并非明智的选择。俗话说："冒险越大，荣耀越多。"妄想处于一个没有风险的世界，只能是天下奇谈。

你若失去了财产，你只失去了一点儿；你若失去了荣誉，你就丢掉了许多；你若失掉了勇敢，你就失掉了一切！

【绝对智慧】

俗话说："冒险越大，荣耀越多。"妄想处于一个没有风险的世界，只能是天下奇谈。

95. 强大、有力量是一切取胜者的法则

我们经常听到身边的人说："我为什么总找不到漂亮的女人呢？"因为你没有力量，你没有强大到足够吸引她们。还有的女孩为失恋而痛苦，为被男人抛弃而伤心。你不要埋怨别人，要埋怨就埋怨自己，你为什么

不够强大呢？如果你能强大过他，那就只有你抛弃他，而没有他抛弃你的份儿。

强大、有力量是一切获胜者的法则，弱者总是悲惨的，总是要被别人摆布的。我们讨厌我们的上司，我们瞧不起他们，但是讨厌他们还得巴结他们，因为他们有权力，他们比我们在这点上强大。达尔文指出，动物世界，弱肉强食。实际上人的世界也到处是竞争，总是优胜劣汰，这是一个属于强者的世界。

古语有云："将相本无种，男儿当自强。"人生是没有定论的，大家都在生命本能的冲动下互相撞击，当然是力大者胜。

"成则为侯，败者为寇"。不要埋怨，不要哭哭啼啼，这是小家子气。你的一切不如意，你的一切不满，都是因为你不够有力量，将怨气、将不满深埋在心里，让它们转化为获取力量的动力。

【绝对智慧】

强大、有力量是一切获胜者的法则，弱者总是悲惨的，总是要被别人摆布的。

96. 拘泥于小节就会忽视大局

处理事情的时候，一味地强调细枝末节，以偏盖全，就会抓不住要害问题。没有重点，头绪杂乱，就会因不知道从哪里下手而做不成任何事情。因此，无论是用人还是做事，都应该注重主要方面，不要因为一点儿小事而妨碍了事业的发展。须知金无足赤，人无完人。我们要用的是一个人的才能，而不是他的过失，那为什么还总把眼光盯在他的过失上呢？忍小节，就是不去纠缠于小节、小问题，要宽恕待人，用人之长。

很多男人常常会埋怨陪伴女人买东西，既费时间，又很劳累。她们不是对花色不满意，就是对式样百般挑剔，或者觉得虽然式样勉强说得过去，可惜质料实在不行。由于各种因素而犹豫不决，结果常常空手而归。其实，

这些毛病并非只有女人才有，一般人在为人处事的时候，也常会拘泥于小节而忽视大局。

我们看问题应该把眼光放在较大的目标上。一个没有做成生意的售货员对经理说："买卖没做成，但我和那位客人吵嘴赢了。"在销售中，重要的是做成生意，而不是分辨谁对谁错。

也就是说，我们宁愿失去一场战斗而赢得整个战争，也不愿因赢得一场战斗而失去整个战争。

【绝对智慧】

生活中，重要的是我们要知道自己想要的是什么。真的，不是所有的人都知道这么简单的道理。

97. 无论什么时候，都不要显得比别人聪明

不论你用什么方法指责别人，你可以用一个眼神、一种说话的声调、一个手势，就像话语那样明显地告诉别人——他错了，你以为他会同意你吗？绝对不会！因为这样直接打击了他的智慧、判断力和自尊心。这只会使他反击，决不会使他改变主意。即使你搬出所有柏拉图或康德式的逻辑，也改变不了他的意见，因为你伤害了他的感情。

你永远不要这样说话："好！我要证明给你看！"这话大错特错！这等于是说："我比你聪明。我要告诉你一些道理，使你改变看法。"

那是一种刺激人的挑战，会引起争端，使对方远在你开始之前，就准备迎战了。

即使在最融洽的情况下，要改变别人的主意都不容易，那又为什么要使它更不容易呢？为什么要使困难再加一层呢？如果你要证明什么，就要讲究方法，要使别人对你的证明感兴趣，使对方在无意中接受你的证明。

也就是说，必须用若无实有的方式教导别人，提醒他不知道的好像是他忘

记的。

正如英国 19 世纪政治家查士德·斐尔爵士对他的儿子所说的："要比别人聪明——如果可能的话，却不要告诉人家你比他聪明。"

在耶稣出生的 2000 年前，埃及阿克图国王曾给予他儿子一个精明的忠告——这项忠告在我们今天仍极为重要。4000 年前的一天下午，阿克图国王在酒宴中说：

"谦虚一点，它可以使你有求必得。"

【绝对智慧】

必须用若无实有的方式教导别人，提醒他不知道的好像是他忘记的。

98. 坐在舒适软垫上的人容易睡去

我们在遇到困难时，总希望别人能来帮我们一把，让我们渡过难关，这是人之常情。但是有些人总是存在极深的依赖心理——他们总是期待着别人的帮助。这是人们经常持有的一个最大谬见，以为他们永远会从别人不断的帮助中获益。

依靠自己的力量解决问题，是每一个志存高远者的目标，而依赖他人是懒惰和懦弱的表现。坐在健身房里让别人替我们练习，我们是永远无法增强自己肌肉的力量的。没有什么比依靠他人的习惯更能破坏独立自主能力的了。如果你依靠他人，你将永远坚强不起来，也不会有独创力。要么抛开身边的"拐杖"独立自主，要么埋葬雄心壮志，一辈子庸庸碌碌做个普通人。

爱默生说："坐在舒适软垫上的人容易睡去。"依靠他人，觉得总是会有人为我们做任何事，所以不必努力，这种想法会渐渐磨灭你的雄心壮志。事到临头，你想的不是怎么解决它，而是如何依靠别人。一个身强体壮、背阔腰圆，重达 150 磅的年轻人竟然两手插在口袋里等着帮助，这无疑是世上最令人恶心的一幕。

你有没有想过,你认识的人中有多少人只是在等待?其中很多人不知道等的是什么,但他们在等某些东西。他们隐约觉得,总会有什么东西降临,或是会有些好运气,或是会有什么机会发生,或是会有某个人帮他们,让他们轻而易举地成功。

但是我们从没听说哪个等待帮助、等着别人拉自己一把、等着别的钱财或是等着运气降临的人能够真正成就大事。放弃依靠别人的想法,依靠自己,才能赢得最后的胜利。自立是打开成功之门的钥匙,自立也是力量的源泉。

【绝对智慧】

依靠自己的力量解决问题,是每一个志存高远者的行为,而依赖他人是懒惰和懦弱的表现。坐在健身房里让别人替我们练习,我们是永远无法增强自己肌肉的力量的。

99. 先下手为强

随着社会竞争的加剧,采取的竞争手段也越来越丰富了。在各种做事风格的人中,常常存在一些爱向上级打"小报告"的人。

打"小报告"这种卑劣的手段,一旦被运用于双方的竞争之中,那么无疑,这将对人与人之间的关系、上下级关系以及工作效率和工作氛围都产生非常恶劣的影响。如果你不幸成为打"小报告"者的袭击对象,那你在工作中将处于极其被动的地位,一旦上司听信了他们的话,那你很可能会因此而失去美好的前途。

你要想在工作中免受打"小报告"者们的陷害,要想减少竞争中的阻碍,就必须掌握具体的应对打"小报告"的方法。

在应对打"小报告"的同事时,先发制人是一种处理"小报告"的有效方法。

为什么要先发制人呢?因为一般而言,那些爱打"小报告"、告"黑状"的人，为了使自己编造的"小报告"发挥陷害他人的功效，总是要研究人们的心理。日常生活和工作中普遍存在这样一条规律，即：从总体来说，人们往往对第一印象比较深刻，一旦形成，常常会积淀为一种思维上的定势。

这种思维定势对人们的影响很大，打"小报告"的人正是利用人们的这种思维定势攻击他人。可以说你周围的那些爱打"小报告"说闲话的人，抓住人们的思维和心理上的这一特点，想方设法地做到捷足先登、先发制人。而被伤害的人往往疏于防范，棋输后手，大多处于被动的不利地位，有些人甚至连辩解的机会都得不到，不明不白地被人坑了一次。

当然，我们抢先是为了有效地防范和反击打"小报告"说闲话的人，而不是抢先告别人的黑状。先行一步防范打"小报告"者的攻击，就是我们所说的"抢占先机"。

【绝对智慧】

从总体来说，人们往往对第一印象比较深刻，一旦形成，常常会积淀为一种思维上的定势。

100. 结交各种类型的朋友

每一个人都应该明白这点，自己永远生活在社会之中、同事之间、朋友之间，只有"同舟共济"才能共同生存，也只有尊重和帮助别人，才能赢得别人的尊重和帮助。明白了这一点，我们在与朋友交往过程中，在办事过程中，就必须以求大同存小异为原则。因为在现实生活中，朋友之间所处的环境不同，在经历、教育程度、道德修养、性格等方面也不尽相同，必然存在一定的差异。这种差异，不应该成为友谊的障碍。友谊的长久维持应该是适应差异的结果，应该承认自己和朋友在对待事物方面的差异，并适应这种差异。

孟尝君能够逃出牢笼，大难不死，靠的并不是什么谋士大将，而是所

谓的"鸡鸣狗盗"之徒。每个人都有独特的优点。所以，在交朋友时，一定不能太单一，不要完全局限于自己的同行或具有共同爱好与兴趣的人中间。最关键的是要能做到优势互补，如果能用你的优势去弥补他人的劣势，那就能够以此换取他人以他们的优势来弥补你的劣势。如此一来，你的社会关系网也会变得更牢固、更有益。

【绝对智慧】

在交朋友时，一定不能太单一，不要完全局限于自己的同行或具有共同爱好与兴趣的人中间。

101. 粉饰选择

有所选择的人很难相信自己受到操控或欺瞒。简单点说，如果你可以让鸟自己飞进鸟笼，它会啼叫得更动听。

但是这种选择你要做得很像——很像是他自己做出来的，而不是你在诱导他。这是基辛格最爱用的伎俩。在担任尼克松总统的国务卿时，基辛格认为自己的资讯比上司充足，他认为自己在绝大多数情况下可以做出最佳决策。但是，如果他自作主张制定政策，就会冒犯甚至惹恼这位以缺乏安全感而闻名的总统。

因此，针对每一件需要做出的决策，基辛格会提出三四项选择，但是在表现形式上，他所偏好的，却不是他真正想说的那一个方案。一次又一次，尼克松都上钩了，他从不怀疑自己会受到基辛格的操控。

对付缺乏安全感的上司，粉饰选择不失为一条绝妙的策略。

但是想做得天衣无缝，真的有点难。

【绝对智慧】

如果你可以让鸟自己飞进鸟笼，它会啼叫得更动听。

102. 不要成为众矢之的

蓝领与白领不同的地方之一是：蓝领向上流动性不大，升迁的机会不多，因此，蓝领工人打的是正规战术，集体讨价还价。

而白领阶层则大有个人拼搏的机会，获得升迁是单打独斗的结果。

因而白领之间不但没有蓝领的同志感情，而且往往还互相猜忌，尔虞我诈。这种状况，有如深入敌后、孤军作战的游击队。一方面要友好竞争，一方面要在众人的竞争中保存自己。在势孤力弱的情况下，就要夹紧尾巴，千万不要露出要搏、要向上爬的样子，以免成为众矢之的。

俗话说："不招人忌是庸才。"但在一个小圈子里，招人忌便是蠢才。在积极做事的时候，最好摆出一副"只问耕耘，不问收获"的超然态度。

【绝对智慧】

在势孤力弱的情况下，就要夹紧尾巴，千万不要露出要搏、要向上爬的样子，以免成为众矢之的。

103. 永远拒绝炫耀，不管你是否有资本

德国有这样一句谚语："最纯粹的快乐，是我们从别人的麻烦中所得到的快乐。"这话虽然听起来似乎有些残酷，但仔细琢磨一下也不无道理。很多人甚至包括我们自己在内，从别人的麻烦中得到的快乐，极可能比从自己的胜利中得到的快乐大得多。也许，这正是人性本身的劣根性，然而却是难以克服。

因此，我们对自己的成就要轻描淡写。我们必须学会谦虚，这样的话我们才能永远受到欢迎。要知道，从彻头彻尾的本质上讲，谁都不比谁更优越，百年之后，今天的一切也许就被忘得一干二净了。生命如白驹过隙，

不要在别人面前大谈我们的成就和不凡。

戴尔·卡耐基曾有过一番相当精辟的论述："你有什么可以炫耀的呢？你知道是什么东西使你没有变成白痴的吗？其实不是什么大不了的东西，只不过是你甲状腺中的碘罢了，价值才5分钱。如果医生割开你颈部的甲状腺，取出一点点的碘，你就变成一个白痴了。"

【绝对智慧】

从彻头彻尾的本质上讲，谁都不比谁更优越，百年之后，今天的一切也许就被忘得一干二净了。生命如白驹过隙，不要在别人面前大谈我们的成就和不凡。

104. 永远不要回头看

海尔集团首席执行官张瑞敏在一次中层干部会上提出这么一个问题：石头怎样才能在水上漂起来？反馈回来的答案五花八门，有人说把石头掏空，张先生摇摇头；有人说把它放在木板上，张先生说："没有木板。"有人说石头是假的，张先生强调"石头是真的"……最后，有人站起来回答说："速度！"

张瑞敏脸上露出满意的笑容："正确！《孙子兵法》上说：'激水之疾，至于漂石者，势也'。速度决定了石头能否漂起来。"

这让我想到了跳远、跳高、飞机、火箭、石头……速度改变了一切。打水漂的经验告诉我们，石头在水面跳跃，是因为我们给石头一个方向，同时赋予它足够的速度。

人生也是如此，没有人为你等待，没有机会为你停留，只有与时间赛跑，才有可能会赢。美国最负盛名的棒球手佩奇说："永远不要回头看，有些人可能会趁机超过你。"那个可爱的阿甘抱得美人归后，有人问他爱情心得是什么，他说："我跑得比别人快！"

早起的鸟儿有虫吃，赶在别人前头，不要停下来，这是竞争者的状态，也是胜利者的状态。如果成功也有捷径的话，那就是赋予它足够的速度。

【绝对智慧】

永远不要回头看，有些人可能会趁机超过你。

105. 不要把工作只作为糊口的一个工具

无论何时何地，你千万不可不尊重自己的工作，不可把自己的衣食住行的供给者，视为不能避免的劳碌、视若苦工而敷衍了事、憎厌至极。

要知道，这些错误而又可怕的想法，是摧毁思想、阻碍前进的仇敌。它会压抑你智慧的火花，让你内在的潜能很难得到发挥，更会使你白白丧失成功的机会。

我们得努力工作才能把握住工作给我们带来的一切。任何一位推销经理都会告诉你，每一个"不"的回答都使你愈来愈近"是"的目标。"黎明之前总是黑暗"，这句话说的是一个真实的道理。只要你努力工作，发挥你的技巧才能，成功的一天终会到来。

有些人之所以未能成功，就是因为他们的大脑里灌满了这种可怜的想法，对自己的工作播种下"冷漠"的种子，不认真对待，吝于在工作上使出全力，结果将工作做得粗陋不堪。

如此一来，无论你从事多么高尚的工作，充其量也只是你糊口的一个工具。

【绝对智慧】

你千万不可不尊重自己的工作。那些错误而又可怕的想法，是摧毁思想、阻碍前进的仇敌。它会压抑你智慧的火花，让你内在的潜能很难得到发挥，更会使你白白丧失成功的机会。

成就卓越人生的处世法则

THE RULE OF EXCELLENCE IN LIFE

106. 永远坐在前排

有一位心理学家指出:"人的天性里有一种倾向:如果将自己想像成什么样子,就真会成为什么样子。"也就是说,如果你是一个充满信心的人,你有信心克服困难,有信心处理问题,有信心获得成功,那么,你身上的一切能力都会为你的信心去努力,你也就有可能成为你希望成为的那样;反之,如果你缺乏信心,总认为自己没有能力去做这一切,那么,你的一切能力也就会随之沉寂,自然你也就成为一个没有能力的人。

增强自信心可以从小事做起。比如,穿着整洁得体。从理论上说,我们应当注重一个人的内在而不是外表。但是大多数人都是以你的服饰来衡量你,因为你的外表是给人的第一印象,而且这种印象会持续下去,在许多方面影响别人对你的看法。必要、得体的穿着,不但会使别人特别看重你,而且你也会因此觉得自己真的很重要。一个人意识到自己穿着很得体,举止自然而然就会表现得从容优雅。衣着的这种作用甚至是宗教也无法做到的。相反,一个人如果觉得自己在衣着上稍显逊色,那么言谈举止就会显得拘束。

同时,增强自信心还要勇于表现自我。许多人在各种形式的集会或活动中,喜欢挑后面的座位。其中的原因,多数都是希望自己不要太"显眼",而他们怕受人注目的原因就是缺乏信心。但是,有关成功的一切都是显眼的。

每个人的心中都隐伏着一头雄狮。自信能给你勇气,使你敢于向任何困难挑战。

【绝对智慧】

人的天性里有一种倾向:如果将自己想像成什么样子,就真会成为什么样子。

107. 对谣言进行冷处理

当你偶然发现昔日与你交往甚密的同事竟然在你背后四处散播谣言，诋毁你的人品，这时候，你可能很想和他大吵一通，揭露他的谎言，让其他同事认清他的真面目。可你有没有想过，因为大家是同事关系，你若摆出绝交的态度，以后还怎么共事？你们同一个办公室，你总不想成天看见一副冷若冰霜或是怒目而视的面孔吧！那样把整个办公室的气氛都给弄僵了，大家自然把责任都推到了你的身上。更何况，上司最不喜欢下属因私事交恶而影响工作了！

所以，你要冷静面对，千万别说过火的话。例如："你凭什么在背后说我的坏话"、"你这个小人"等等诸如此类的话，这样对谁都不利。

对这样的同事，你只要暗中与他疏远就行了。"路遥知马力，日久见人心。"时间长了，谁是什么样的人，大家自然是再清楚不过了，他给你造的谣自然也就不攻自破了。到时候，被孤立的是他，而不是你。

【绝对智慧】

当面对质只能让大家撕破脸，除了增加一个仇敌之外，你什么也得不到。

108. 习惯决定命运

人是很容易被感动的，而感动一个人靠的未必都是慷慨的施舍、巨大的投入。往往一句热情的问候，一个温馨的微笑，就足以唤醒一颗冷漠的心。

20世纪30年代，德国的一个小镇上，有一个犹太传教士，每天早晨总是按时到一条幽静的小路上散步。不论见到谁，他总会热情地打一声招呼：

早安!

小镇上有一个叫米勒的年轻人,对传教士每天早晨的问候,反应很冷淡,甚至连头都不点一下。然而,面对米勒的冷漠,传教士未曾改变他的热情,每天早晨依然和这个年轻人打招呼。几年以后,德国纳粹党上台执政。传教士和镇上的犹太人,都被纳粹党集中起来,送往集中营。下了火车,列队前行的时候,有一个手拿指挥棒的军官,在队列前挥舞着指挥棒,叫道:"左、右。"指向左边的将被处死,指向右边的则有生还的希望。当点到传教士的名字时,他无望地抬起头来,看到那个军官也在注视着他。传教士不由自主脱口而出:"早安,米勒先生!"

米勒虽然依旧板着一副冷酷的面孔,但仍禁不住说了一声:"早安。"声音低得只有他们两人才能听得到。然后,米勒果断地将指挥棒往右边一指。

【绝对智慧】

一个好的习惯,会让你一生都保持好的运气。

109. 要功高但不要震主

功高震主而善终,自古都是不易之事。曾国藩便是其中的一个代表人物。

曾国藩出身农家,一直不忘勤俭之家风,即使身居高官,也从不奢侈。他做官几十年,"不敢稍染官宦气习,饮食起居,尚守寒素家风"。他对于衣食住行的态度是"极俭也可,略丰也可,太丰则吾不敢也"。

他在吃的方面很简单,穿戴方面也不讲究。曾国藩爱喝茶,但也很节省,他经常请人带钱回家,让家人替他在家乡买些便宜又好的茶叶捎到军营。

对于居家长久之计,曾国藩说:"盛时常作衰时想,上场当念下场时。富贵人家,不可不牢记此二语也。"

曾国藩在写给弟弟的家书中指出："家道的长久，不是凭借一时的官爵，而是依靠长远的家规；不是依靠一两个人的突然发迹，而是凭借众人的全力支持。我如果有福，将来辞官回家，一定与弟弟竭力维持。老亲旧眷，贫贱族党，不可怠慢。对待贫穷的人，与对待富者一般。当兴盛之时，预作衰时之想。如果这样，我们的家族自然会有深固的基础。"正因为如此，当曾国藩攻下天京，平定了太平天国运动之后，其权势也迅速膨胀，使清廷感到潜在的威胁时，曾国藩也意识到功高震主，免死狗烹的隐忧。于是自削兵权，收敛羽翼，以消除清廷的疑忌，最终得以善终。可见，曾国藩在成功时，仍能有如此冷静的头脑，的确是非一般人所能为。

【绝对智慧】

盛时常作衰时想，上场当念下场时。富贵人家，不可不牢记此二语也。

110. 思考才能致富

犹太人认为，知识固然重要，但是，如果没有胆识和魄力的话，你的知识就不能发挥出最大的作用。犹太人还认为，赚钱是天经地义、最自然不过的事，如果能赚到的钱不赚，那简直就是对钱犯了罪，要遭到上帝惩罚。犹太商人赚钱强调以智取胜。他们认为，金钱和智慧两者中，智慧比金钱重要，因为智慧是能赚到钱的知识，也就是说，能赚钱方为智慧。这样一来，金钱成了智慧的尺度。智慧只有化入金钱中，才是活的智慧；钱只有化入智慧之后，才是活的钱。活的钱和活的智慧是很难分别的。

亨利·福特说："思考是世上最艰苦的工作，所以很少有人愿意从事它。你的头脑是你最有用的资产，但如果使用不当，它会是你最大的负债。"

世界著名的成功学大师拿破仑·希尔曾著有《思考致富》一书。为什么是"思考"致富，而不是"努力工作"致富？成功的人士强调，最努力工作的人最终绝不会富有。如果你想变富，你需要"思考"，独立思考而不

是盲从他人。富人最大的一项资产就是他们的思考方式与别人不同。如果你做别人做的事,你最终只会拥有别人拥有的东西。而对大部分人来说,他们拥有的是多年的辛苦工作,高额的税收和终生的债务。

致富有捷径吗?成功学大师拿破仑·希尔回答是肯定的。

捷径的定义是,比一般的途径更直接且更快完成某件事情的途径。走捷径的人一定要知道自己的目的地。他必须坚持下去,不论中途遇到何种障碍,都不能放弃,否则永远到达不了目的地。致富的捷径只有简单的一句话:"用积极的态度去追求财富。"

【绝对智慧】

如果你想变富,你需要"思考",独立思考而不是盲从他人。如果你做别人做的事,你最终只会拥有别人拥有的东西。

111. 适当说些善意的谎言

一般人都认为,说谎是一种与道德背离的行为。但人与人之间的相处,偶尔还是需要些善意的谎言。

撇开道德的标准,谎言就是一种智慧。的确,说谎也是一种技巧。但美丽的谎言出于善良和真诚,它无悖于道德。善意的谎言不是以利己为目的,在某种条件下说出的"谎言",包含了真诚,散发出温暖的光辉,能让说谎者与被"骗"者共享欢愉。说实话有时比说谎言更伤人,我们要学会在适当的时候说些谎言。很多时候,真诚的谎言比什么都有力量。

真诚是人人必备的美德,它不排除善意的谎言,只要你掌握一定的原则,你所制造的谎言会比你的真诚更能赢得别人的心。

【绝对智慧】

撇开道德的标准,谎言就是一种智慧。

112. 既引人注目，又不贬低别人

约翰·洛克有一句名言："礼仪不良有两种：第一种是忸怩羞怯，第二种是行为不检点和轻慢。要避免这两种情形，只有好好遵守下面这条规则，就是不要看不起自己，也不要看不起别人。"

在社交中不会展示自己，引人注目，是很难有满意收获的。善于交际的人，总是尽量把自己的长处呈现于人们面前，如伶俐的口才、渊博的知识、温文尔雅的举止，直至巧妙的化妆、典雅的服饰，都能给人一个良好的印象。

但若清高自负，贬低别人，会使社交变得没有意义。如用旁若无人的高谈阔论、矫饰的表情、夸张的动作来表现自己，就会使人产生反感。以下种种也都是贬低别人的行为举止：对某位女性在社交场合中独占鳌头，为众人瞩目，流露出不屑一顾的样子；对有人言谈举止不大得体，或是有人服饰不美，就显出自己的优越感，对人投以鄙视的目光等等。

【绝对智慧】

礼仪不良有两种：第一种是忸怩羞怯，第二种是行为不检点和轻慢。

113. 熟悉的地方没有风景

美国《幸福》杂志曾经在"征答栏"中征答一个问题：假如让你重新选择，你会做什么？

军界要人说他要到乡村开一家杂货铺；一位女部长说她要到一个风景优美的地方经营一家小旅馆；一位市长说自己最大的愿望是改行当摄影师；一位劳动部长说要当一位饮料公司的经理。而商人们的回答更让人大跌眼镜，有的想变成女人，有的甚至想变成一棵树，而老百姓恰恰相反，想当

总统、想当商人、想变成有钱人。

这个征答结果出现了荒谬性，那就是世界上没有一份好工作，因为所有人都希望换一种活法。

熟悉的地方是没有风景的，这不错。但奇怪的是，那么多人竟然没有从工作中得到自己的快乐。他们想像中的快乐不在身边，而在别人那里。

人的生命很短，每个人都没有重新选择的时间和机会，很多时候，你只能做你自己。我们虽然无法选择工作、境遇，但是每个人都可以选择对待工作、境遇的态度。

【绝对智慧】

每个人想像中的快乐都不在身边，而在别人那里。

114. 最大的敌人，就是你自己

佩奇·皮特本来应该是个不幸的人，但他却成功了。

5岁时皮特便失去了97%的视力。虽然将近失明，但他拒绝进入残疾人学校，并争取到了在公立学校的就读机会。他参加棒球队时，担任第一垒，凭着垒球在草地上呼啸的声音设法捕捉住球；他踢美式足球时，担任二线拦截；他读大学和研究院时，经常请同学们念书给他听；当他成为大学教授后，又赢得了顶级优秀教授的美誉。

一天，在课堂上，一名学生不假思索地问皮特教授，什么是最糟糕的伤残，失明还是失聪，缺手还是缺腿，抑或其他？当时，空气中弥漫着一片凝滞且不祥的肃穆。之后，皮特勃然大怒，说："这些都不是！了无生气、不负责任、欠缺野心和渴求，这才是真正的伤残。在这一课，若我不曾教你什么，但能让你明白与生命密切相关的某些东西，这一课将会是莫大的成功！"

没有人可以挑战皮特。他经常向学生怒吼："你在这里并不是要学习平庸，而是学习如何卓越！"

皮特是对的。我们所面对的真正敌人——给我们最大打击的，往往不是失明或失聪等伤残，而是了无生气、不负责任、欠缺野心和渴求。

也许你跟自小失明的皮特一样是伤残人士，也许你因伤残而自怜，失败时常常迅速地原谅自己，并为自己制造种种借口，将责任归咎于身体的伤残，说自己是环境的受害者……除非你发现最大的敌人原来是自己，否则你的生命将一败涂地。

【绝对智慧】

给我们最大打击的，往往不是失明或失聪等伤残，而是了无生气、不负责任、欠缺野心和渴求。

115. 执迷不悟才是最可怕的

法国文艺复兴时期的作家拉伯雷，说过这样一段话："人生在世，各自的肩上扛着一个褡子：前面装的是别人的过错和丑事，所以经常摆在自己眼前，看得清清楚楚；背后装的是自己的过错和丑事，所以自己从来看不见，也不理会。"拉伯雷的话，一针见血地指出了世人的一个通病。反省一下我们自己，是不是也是如此呢？

"人非圣贤，孰能无过？"只有死人才不会犯错误。由于我们的认识能力所限，由于我们性格上的弱点，我们时不时会做些傻事、蠢事、错事。有的过失可能较轻，有的可能带来严重的后果。犯了错，并不可怕，只要认识到错误坚决改正，从错误中吸取教训，坏事就会变成好事。

但如果讳疾忌医，执迷不悟，那就会在错误的路上越走越远。这才是真正可怕的。

【绝对智慧】

犯了错，并不可怕，但如果讳疾忌医，执迷不悟，那就会在错误的路上越走越远。这才是真正可怕的。

116. 这个世界上，你是唯一的你

说到负责，在这个世界上，我们最应该负责的就是我们自己。所以我们首先要做的就是：不断地关心自己、热爱自己。如果一个人连自己都觉得不顺眼，甚至轻视自己，那么别人又怎么会爱你呢？不要和别人进行无谓的比较，任凭别人怎么评价都无关紧要，因为任何人都取代不了你，在这个世界上，只有一个你。

也许，你对自己的一些生理状况并不满意。如果这些生理状况是你身上能够改变的部分，你可以改变它们，比如，胃口不太好或头发的颜色等。至于那些你不喜欢却又不能改变的部分，比如，腿太短、眼睛太小、身材不标准等等，你一定要换一种角度去看待这些问题：你不过是受现代社会审美观的影响，与各种报纸、杂志或媒体上看到的一些俊男美女跟自己进行比较而产生的心理作用。事实上，这样的人毕竟是少数，他们也许是为了自己的职业而不得不化妆才产生出的理想效果。

许多人对自己的身体不够满意，去做各类整容手术。用某种材料垫起高高的胸部、用药水除掉自己的体毛、装上长长的假指甲等。有一个很年轻的女孩子，想当一名歌手，可是她总是担心自己的嘴大，唱起歌来太难看。于是，她从不敢在正式的场合里大声唱歌。有一次，她在朋友的聚会上被要求唱一首歌，她简直难过得要死，可又推不掉朋友的热情，只好当众唱了一首。由于担心自己的大嘴巴过于难看，她常常抿着嘴。唱完后，一个在座的人告诉她，她的嘴巴很有特色，唱得也很好，只是要放开去唱。

女孩子听了以后心里很激动，于是主动要求再唱一首。这一次她放开了自己的歌喉，不再顾忌自己略显大些的嘴巴，最终她赢得了全场的喝彩。正是那张可爱而又性感的嘴巴，使这个女孩子成了如今享誉全世界的黑人女歌手，她就是——惠特妮·休斯顿。

要知道，世界上没有和你一模一样的人。每个人都有自己的特点，当你能够正视自己的身体，接受自己全部的优点和缺点时，你会因为自己与别人的身体不同而感到真正的快乐。

【绝对智慧】

如果一个人连自己都觉得不顺眼，甚至轻视自己，那么别人又怎么会爱你呢？

117. 害怕出丑，让我们失去许多机会

聪明人绝不会出丑，出丑的人必然是笨蛋，这似乎是公理。然而，现实生活并非如此。聪明的人有时看起来像一个大傻瓜，他们当众出丑，却若无其事，也不理睬别人的嘲笑。然而，他们就这样走向了成功。

罗茜读书时网球打得不好，所以老是害怕打输，不敢与人对垒，至今她的网球技术仍然很蹩脚。罗茜有一个同班同学，她的网球比罗茜打得还差，但她不怕被人打下场，越输越打，后来成了令人羡慕的网球手，成了大学网球代表队队员。

聪明是令人羡慕的，出丑总使人感到难堪。但是聪明是无数次出丑中练就的，不敢出丑，就很难有所收获。

那些勇敢地去干他们想干的事的人是值得赞赏的，即使有时在众人面前出丑，他们还是洒脱地说："哦，这没什么！"就是这么一类人，他们还没学会反手球和正手球，就勇敢地走上网球场；他们还没学会基本舞步，就走下舞池寻找舞伴；他们甚至没有学会屈膝或控制滑板，就走上了滑道。

生活中有些人由于不愿成为初学者，所以总是拒绝学习新东西。他们因为害怕"出丑"，而宁愿放弃自己的机会，限制自己的乐趣，禁锢自己的生活。

若想要改变一下自己的生活位置总要冒出丑的风险。除非你决心在一个地方、一个水平上"钉死"了。不要担心出丑，否则你就会毫无出息，而且更重要的是你同样不会心绪平静、生活舒畅，你会受到囿于静止的生

活而又时时渴望变化的愿望的痛苦煎熬。

由于我们害怕出丑，我们也许会失去许多机会，收获的只有长久的后悔。我们应该记住法国的一句俗语："一个从不出丑的人，并不是一个他自己想像的聪明人。"

【绝对智慧】

生活中有些人由于不愿成为初学者，所以总是拒绝学习新东西。他们因为害怕"出丑"，而宁愿放弃自己的机会，限制自己的乐趣，禁锢自己的生活。

118. 不要随意放纵自己

生活中充满了数不清的随意性，更要命的是，没有人会替你去管理你的生命。在学校时有老师管着，让你按时交作业；上班有领导管着，会检查你的考勤与工作进展。自己的日常生活与生命的重大安排呢？从决策到执行到监督落实，全靠你自己。

给自己定出计划以及纪律，并严格要求自己。看似委屈了自己，强迫自己放弃很多生活的乐趣，不能够随意、潇洒地生活。其实大家都明白：眼前的这种严格自律，正是你养成良好习惯，克服种种惰性，从而享受高质量生活的前提。

不要随意放纵自己，不要轻易向各种诱惑低头，坚持自己的方向与计划，管理好自己的人生。否则，你很可能随波逐流，贪图眼前的一点点安逸享受，而损失掉生命中真正的财富。

【绝对智慧】

你要管理好自己的人生，否则，你很可能随波逐流，贪图眼前的一点点安逸享受，而损失掉生命中真正的财富。

119. 得意而不可忘形

"得意忘形"是一句成语，出自《晋书·阮籍传》。因为阮籍平时放荡不羁，因此书中写道："当其得意，忽忘形骸。"后来，人们将其简化为"得意忘形"，比喻那些因为欢乐而失去理智，或是因为高兴而失去常态的人。

3000年前，希腊与特洛伊之间展开了一场长达10年之久的战争——特洛伊战争，双方互有胜负。在战争的第十年，希腊人想出了一条绝妙的计策。他们假装撤退，并在城外留下了一个木马。特洛伊人见希腊军队突然就消失得无影无踪，还以为是上天给他们帮了忙，并送给他们一个礼物——精美的木马。特洛伊人非常高兴，欣然地将这个上帝赐予的礼物接进城去。

夜晚降临了，特洛伊城内举行了盛大的狂欢。也许这胜利来得太不容易了，也许人们对胜利的期待太久了，总之特洛伊人忘记了一切，疯狂地投入到狂欢之中。狂欢过后，特洛伊城陷入了一片寂静之中。

当特洛伊人正沉醉于美梦中的时候，藏匿在木马中的希腊勇士悄悄地走了出来，与城外的人里应外合，攻占了特洛伊城。

究竟是谁攻破了特洛伊城？是希腊人还是特洛伊人自己？当然是特洛伊人自己。如果当时特洛伊人没有被胜利冲昏头脑，没有那么得意忘形，就不会被希腊人征服。

我们不难发现，沉浸在得意事中而忘形的人常常会因一时的兴奋而失去理智，看不清眼前的形势和未来的趋势，这样势必会使他不再像以前那样努力，更不会像以前那样稳重。相反他们会因为胜利而放松警惕，疏于防范，其结果很可能是因胜利而导致失败。

【绝对智慧】

沉浸在得意事中而忘形的人常常会因一时的兴奋而失去理智，看不清眼前的形势和未来的趋势。

成就卓越人生的处世法则

THE RULE OF EXCELLENCE IN LIFE

120. 慎做"先驱者"

人们常常热衷于做先驱,其实"先驱"是个悲剧性的词汇,所有的先驱,几乎都没有好结果。

先驱也意味着先知先觉。风起于青萍之末,先驱就闻到了风云的气息,他天生雄心勃勃,热血随时准备沸腾,他的敏感与激情,使他不能坐视潮流的变化,他相信自己已经看清了时代的走向,于是挽起裤脚,纵身一跳。

这一跳就再难回头。虽然他是正确的、先进的,甚至是伟大的,但是潮流还没形成气候,他只能孤军奋战,与虽然落后却依然强大的旧势力搏斗。他是如此渺小,如此艰难,最后的结局很可能是:终点还很遥远,他已经无力挣扎,倒在半路上了。

这时后面跟上来一个人,奄奄一息的先驱,顺手就把旗帜交给了来人,这人也就顺理成章地接过来,沿着先驱已经探明的方向,踏着先驱已经开辟的道路,一路奋勇向前,结果他到达了胜利的彼岸。

成功者并不一定是最先觉醒的,不一定是某个伟大创意的发明者,他只需要把别人的创意发扬光大,就足以成就自己的辉煌。成功者不一定是巨人,但他是站在巨人肩上的人。

【绝对智慧】

成功者并不一定是最先觉醒的,不一定是某个伟大创意的发明者,他只需要把别人的创意发扬光大,就足以成就自己的辉煌。

121. 不要轻易作出判断

在面临引诱时,要提高警惕,善于辨别到底是诱饵还是真诚的礼物。对于别人提供的信息也要多方查证核实,不要轻易作出任何判断,而惟一肯定正确无误的判断就是不要轻易判断。

19世纪不可一世的商界大亨德鲁是掌控股票市场的大师。在他希望买进或卖出股票，操控行情上涨或下跌时，他很少采取直接的手段。他的策略之一是匆匆忙忙跑进华尔街附近一家只有会员才能进入的俱乐部，表现出要急于赶去股票交易所的样子，然后掏出随身携带的红色丝巾手帕擦拭额头上的汗水。

这时会有一张纸从手帕中掉出来，他假装没有察觉。那些很想得知股票市场行情的俱乐部会员们兴奋不已，等德鲁一离开，他们就会扑过去争夺纸片，然后将上面记载的股票内幕消息传开。会员们会陆陆续续购买或抛售股票，而这一切正是德鲁设置圈套的目的所在。

有成熟的判断力就不会轻信别人。世界上的谎言像空气一样无处不在，只是你没有发现罢了。既然这样，就不要轻易作出判断，否则你将会陷入窘迫的境地，而且一旦如此就很难再有翻身的机会。

那些谨慎的人不会轻易作出判断，他们会在冷静地观察之后再给出自己一个结论。

【绝对智慧】

有成熟的判断力就不会轻信别人。世界上的谎言像空气一样无处不在，只是你没有发现罢了。

122. 人都喜欢被辅佐，不喜欢被超越

天空中满是繁星，却只能有一个太阳，但是，无论怎样，星星绝对不可能压住太阳的光辉。

如果你比上司聪慧，就要表现出比他笨的样子，让他看起来比你聪明干练。你可以故作天真，让自己表面上看起来更需要他的经验，有时还可以故意犯一些无足轻重的错误，这样才有机会寻求他给你的宽容和袒护。

如果你的点子比上司更富创意，那么就尽可能让大家都知道这些全是

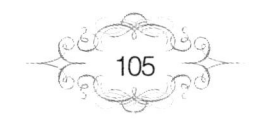

上司的主意，而你的建议只不过起了补充的作用；如果你的机智胜过上司，那么就假装自己受到了愚弄，不要和上司相提并论。必要时，调动你的幽默感，找出方法让人以为上司才是散播欢笑、鼓舞士气的人，而不是你；如果你天生就有好人缘、慷慨大度，小心不要成为遮蔽上司光华的那片乌云。上司必须看起来是每个人围着打转的太阳，散发着权力的光辉，是众人注目的核心。

掩饰长处也许会让其他人抢尽风头，但这样总比给自己带来危险而成为牺牲品要好得多。如果你能让上司在其他人眼里更加光芒四射，那么你肯定能够迅速获得提升。

所有人都喜欢被辅佐，却不喜欢被超越。如果你想向某人提出忠告，应该表现出你只是在提醒他，那是他本来就知道不过偶然忘掉了，而不是要靠你解释才能明白的东西。

【绝对智慧】

如果你想向某人提出忠告，应该表现出你只是在提醒他，那是他本来就知道的，不过偶然忘掉了，而不是要靠你解释才能明白的东西。

123. 真正的玩家总是不动声色的

在通常情况下，人会借助朴实的外表，不动声色地施展自己的诡计，也正是在这种情况下，计谋才最容易施展，不容易败露。

世界历史上许多有权势的人物都能把这种方法运用得收放自如。在谈判桌上，基辛格常常用他枯燥的声音、麻木的表情，以及毫无意义的描述让对手感到厌倦。当对手变得困乏和丧失注意力时，基辛格会突然以一系列不客气的条件击倒对方，从而取得谈判的胜利。

在扑克牌游戏中，真正的玩家总是不动声色的，这样对手就无法揣摩他的心思和他手中的牌。美国前总统罗斯福在政治游戏中就是这样的一个玩家，他的脸部表情没有人能够看懂，因为他的脸上经常都没有表情。有人形容他"从来没有一张脸能够如此不动声色"。

高明的骗子不会靠花言巧语行骗，他们经常把自己打扮得十分朴拙，让别人以为他们这样的人是不会骗人的，于是人们就会放松对他们的防范而陷入他们的圈套。他们明白：越是花言巧语就越容易引起怀疑，相反，朴实的言行则更容易捕获人心，当然也更容易使行骗得手。

【绝对智慧】

高明的骗子不会靠花言巧语行骗，他们经常把自己打扮得十分朴拙，让别人以为他们这样的人是不会骗人的，于是人们就会放松对他们的防范而陷入他们的圈套。

124. 只有经济独立，才有真正的自由

如果你没有养成储蓄的习惯，那么从赚钱这个角度上来说，你就不可能受到机遇的青睐。这听上去虽然让人感到有些残酷，但却是不争的事实。

有一点不妨再重复一遍——其实它应该被反复强调——几乎所有的财富，无论大小，最初都始于储蓄的习惯！

把这个基本原则牢牢地记在你的脑子里，这样你就可以踏上取得经济独立的光明大道了！

一个人因为缺乏足够的意识，没有养成储蓄的习惯，结果多年来一直无法逃脱辛苦劳作的命运，看到这样的情景真是令人难过。可是今天，在这个世界上，有成千上万人正在过着这样的一种生活。

生命中最伟大的东西就是自由！没有一定程度的经济独立，人们就不可能拥有真正的自由。

被迫停留在某一个地方、长时间地从事某一个自己并不喜欢的职业，终生不得解脱，这是一件多么可怕的事情！在某种程度上，这和被关进监狱没有什么两样，因为个人的行动总是受到限制，没有多大的选择余地。其实，这还不如蹲监狱，蹲监狱的人还可以不用为基本的温饱担忧呢！

要想逃脱这种毕生没有自由的生活煎熬，只有一条出路，那就是养成储蓄的习惯，然后不惜一切代价去保持这样的习惯，除此之外没有更好的出路。

【绝对智慧】

生命中最伟大的东西就是自由！没有一定程度的经济独立，人们就不可能拥有真正的自由。

125. 笼络人心不在钱

人不单单有物质需求，还有精神需求，这就是人与动物的区别。所以从古到今，凡大政治家或事业上的成功者无不把精神奖励当作激励属下的重要手段，相应的也就产生了奖牌、奖状之类的有别于物质的东西。如蒋介石的"中正剑"，其价值并不在剑的本身，而是它给人带来的荣誉。于是乎，有多少将官为了那把剑，而为蒋介石效生死之命。

唐肃宗曾问功臣李泌："将来天下平定，你打算要什么封赏？"

李泌说："只要能枕在陛下的大腿上睡一觉就心满意足了。"肃宗听后大笑。后来，肃宗驾临保定，李泌像往常一样，为肃宗打点好行宫，因久等肃宗不到，就先躺在自己的床上睡着了。等他醒来睁眼一看，自己居然枕在肃宗的大腿上。李泌大吃一惊，连忙跪地谢罪，肃宗搀住李泌笑问道："现在爱卿的愿望已经实现了，天下何时才得平定？"原来，肃宗到来时，见李泌正在酣睡，就悄悄爬上床，把李泌的头轻轻放在自己的大腿上。

肃宗以一条大腿付出片刻之劳，令功臣感激涕零，效生死之劳，那简直太值得了。

【绝对智慧】

金钱只能解决最根本的生存问题，要想真正的笼络人心，就要以情感人。

126. 帮助别人往上爬的人会爬得更高

在家庭事务中，在夫妻关系中，在父母与子女关系中，"合作"这个词扮演了一个极为重要的角色。如果妻子与丈夫并肩"作战"，就能很快地达到目标（如梦想的房子、车子等）。如果父母支持、理解子女的志愿，并从行动上予以大力支持或配合，子女们成功就快。没有合作，就没有幸福美满的家庭。没有合作，一个家庭就不能适应急变的社会。科学家曾在试验中发现，成群的雁队以"V"字型飞行，比一只雁单独飞行能多飞10%的路程。

"帮助别人往上爬的人会爬得更高。"这句格言的意思是：合作可以加速你的成功。如果没有其他人的协助与合作，任何人都无法取得持久性的成功。当两个或两个以上的人联合起来，建立在和谐与谅解的精神基础上之后，这一联盟中的每一个人，将因此倍增成就他们自己的能力。

领导与员工之间保持完美的合作精神，可以使企业生机盎然，可以做到上下一致，加速成功。因缺乏合作的精神而失败的企业，要比因其他原因而倒闭的企业多得多。

【绝对智慧】

如果没有其他人的协助与合作，任何人都无法取得持久性的成功。

127. 多言不如多知

一个冷静的倾听者，不但到处受人欢迎，而且会逐渐知道许多事情；一个喋喋不休者，像一只漏水的船，每一个乘客都希望赶快逃离它。同时，多说招怨，瞎说惹祸。正所谓言多必失，多言多败。只有沉默，才不至于被出卖。

有人说言语是一种卑贱的东西，一个说话极随便的人，一定没有责任

心。话多不如话少，多言不如多知。即使千言万语，也不及一个事实留下的印象那么深刻。多言是虚浮的象征，因为口头慷慨的人，行动一定吝啬。保持适当的缄默，别人将以为你是一位哲学家。

一个人话说得少且说得好，便可被视为绅士。因此，在我们的人生中，有两种优点是不可缺少的，那就是沉默与优雅的谈吐。如果我们不会机智的谈吐，又不会适时沉默，是很大的缺憾，是不幸的。我们常因话说得太多而后悔，所以当你对某事无深刻的了解的时候，最好还是保持沉默吧。

【绝对智慧】

在我们的人生中，有两种优点是不可缺少的，那就是沉默与优雅的谈吐。如果我们不会机智的谈吐，就适时地沉默吧。

128. 责任胜于一切

"二战"时美国的一个空军大队长，在一次与日本战机的火拼中，他驾驶的战机已是千疮百孔，同时他也身负重伤。但是一种神奇的责任意识让他将一摇三坠的战机安全降落于后方机场，并且走下飞机，按照军人所有的纪律要求，在向地面指挥履行了必要的礼仪程序之后，伏地死去。在场的医务人员发现他的整个身躯早已凉透，瞳孔早已扩散。医生断定他实际在两个小时前就已经死了。那么是什么让他能够"虽死犹生"呢？就是强烈的责任意识。

责任，就是对自我"角色"的认知，面对父母，我们要负起赡养的责任；面对子女，我们要负起抚育的责任；面对工作，我们要负起忠于职守的责任；面对不平，我们要负起仗义执言的责任；面对歹徒，我们要负起见义勇为的责任；面对入侵，我们要负起保卫国家的责任……随着时光流逝、角色变换，责任的内容也在不断地变化，但无论怎样变化，责任都是不可逃避的。

做好一个人，就得时时刻刻、一举一动都要意识到自己的责任。责任心强弱，也体现着一种人生的态度。

缺乏责任心，就会得过且过，苟且偷安，做一天和尚撞一天钟。那样只能使自己走向消极、堕落。只有负责任地活着，才是积极的人生、有意义的人生、有价值的人生。

【绝对智慧】

做好一个人，就得时时刻刻、一举一动都能意识到自己的责任。

129. 开除自己，才能成功

把自己从相对安逸的环境中开除，再开除自己身上的缺点，那么，你离成功就会越来越近。不管怎么说，开除自己，就是给自己施加压力的同时，也为自己提供了更多的发展空间与机遇。

有一个人，在不到10年的时间里，竟多次开除自己。第一次是在1993年，也就是他大学毕业后两年，离开了工作单位——宁波电信局。第二次开除自己是在外企，缘于他想创办一家网络服务公司，最终，他创办网络公司并一举成名。也许，你已经猜出来了，他就是搜狐公司总裁张朝阳。用张朝阳自己的话说就是："开除自己，才能成功。"

当"知足常乐"成为一些人的生活信条的时候，"开除自己"，就显得很有震撼力。确实，安于现状，也能暂时得到一些世俗的幸福，但随之而来的，可能是懒散与麻木。甚至可以这样说，开除自己，是对智力与勇气的激发。

一个哲理小品文中说，把青蛙放在锅里，然后加上满满的一锅水，用小火慢慢地加热，青蛙会渐渐地被煮死；而若把青蛙突然放进热水里，出于求生的本能，它会立刻就地跳出来。一个原地踏步、不思进取的人，和在锅里被慢慢加热蒸煮的青蛙，又有何本质的区别？

【绝对智慧】

开除自己，就是给自己施加压力的同时，也为自己提供了更多的发展空间与机遇。

130. 远离派系之争

在一个单位里,通常两位主要上级有着较深的矛盾,都程度不同地存在着想在自己周围拉一帮人的现象。个别素质不高的上级,为达到自己的目的,还可能会在你面前说别人的"不是",指责挑剔,评头论足,有的为讨好拉拢下属,甚至可能在下属面前说些丧失原则的话。

遇到这种情况,只能洗耳恭听、守口如瓶,恪守"三不":一不多嘴多舌,不添油加醋,不介入矛盾,不参战;二不当传话筒,这边说说,那边讲讲,通风报信,两面讨好;三不在下属中嘀嘀咕咕,乱发议论,信口雌黄。

当某一上级领导主动征求你的意见或要求你表态时,要对事不对人,只谈自己的看法,不要涉及上级间的是是非非,更不能挑拨离间,无原则地吹捧和投靠。总之,要超然矛盾之外,方能明哲保身。

【绝对智慧】

要超然矛盾之外,方能明哲保身。

131. 亲兄弟明算账

友情的基础是兴趣爱好上的一致,还有事业、理想上的共同追求,经济上的互助则是友情的派生物。把友情建立在金钱的基础上,就好比把大楼修在沙滩上,这种友情是不牢靠的。如果在朋友交往中,在经济上长期不分你我,有饭大家吃,有钱大家花,那么,必然会带来许多恶果。

在朋友间,借钱是一个很敏感的问题。作为借钱的一方,在开口前要想到,能否想出别的办法,向银行贷款什么的;对方的实力如何,借钱给自己是否有难处;自己的偿还能力怎么样,可以向对方承诺多长时间内一定还清。

而借钱出去的一方，一旦朋友开了口，碍于面子又不好拒绝。这时，你就应该想好了：首先这个朋友是不是有信用，再好的朋友也应该有道德约束，品质不好的人本身就不值得你为借不借钱给他而发愁；然后是自己的实力，是否真有这样一笔闲钱，还是要从自己的开支中省出，如果是省出来的钱借给别人，就要问问自己愿不愿意，还要顾及家人的感受；还有，考虑对方的还钱能力是无可厚非的，自己辛辛苦苦挣来的钱当然要花在刀刃上，有去无回的借钱是绝对不能忍受的。

如果朋友已经犯过一次这样的错误，绝对不要再给他第二次骗你的机会，借钱不还的人终归是没有信用、不值得一交的朋友。

【绝对智慧】

把友情建立在金钱的基础上，就好比把大楼修在沙滩上，这种友情是不牢靠的。

132. 意志坚定，但不要固执

愚蠢的人都很固执，固执的人都是愚蠢的人。这样的人会坚持自己错误的观点。

其实，即使你真的是正确的，也不妨作一些让步。你的正确是无法掩盖的，人们最终会承认你，并且会称赞你的大度。

你固执己见所坚持的是无理而不是真理。有的人脑袋像铁一样顽固，倔强得不可救药。固执的人如果还想入非非，那就是愚蠢透顶了。意志要坚定，但做判断时却不要如此。

【绝对智慧】

你的正确是无法掩盖的，人们最终会承认你，并且会称赞你的大度。

133. 让人需要而不是感激

在欧洲中世纪时期，一位雇佣兵首领拯救了一座城池，城内善良的百姓千方百计地想要报答他，可是用哪种方式呢？

金钱似乎显得轻微，多少金钱才足够奖励捍卫一个城市自由的人的功绩呢？有人想让这名雇佣兵首领担任城市的主人，但又有人反驳说，这也不足以报答他。最终人们采用了他们一致认为最完美的方式："让我们吊死他，然后把他封为我们的守护圣人吧！"

这就是雇佣兵首领得到的回报。

真正聪明的人宁愿让人们需要，而不是让人们感激。有节制的需求心理比世俗的感谢更有价值。因为有所求，便能铭心不忘，而感谢之词最终将在时间的流逝中淡漠。

【绝对智慧】

真正聪明的人宁愿让人们需要，而不是让人们感激。因为有所求，便能铭心不忘，而感谢之词最终将在时间的流逝中淡漠。

134. 不吃免费的午餐

几年前，美国加州的蒙特雷镇发生了一次鹈鹕危机。蒙特雷是鹈鹕的天堂，可那一年鹈鹕的数量却骤然减少，生物学家担心出现了禽鸟瘟疫，环境学家认为海水污染已超过极限……一时间人心惶惶。

科学家们最后发现，原因是镇上新建的钓饵加工厂。以往，蒙特雷的渔民在海边收拾鱼虾时，总是把鱼内脏扔给鹈鹕吃，久而久之，鹈鹕变得又肥又懒，完全依赖渔民的施舍过活。后来蒙特雷镇建起了一座加工厂，从渔民那里收购鱼内脏，作为原料生产钓饵。自从鱼内脏有了商业价值，鹈鹕们的免费午餐就没了。

但过惯了饭来张口的日子，鹈鹕仍然日复一日等在渔船附近，盼望食物能从天而降。不用说，救命的鱼内脏没有降临，它们变得又瘦又弱，很多都饿死了。世世代代靠别人养活的蒙特雷鹈鹕已经丧失了捕鱼的本能！

亿万富翁雷·克洛克是麦当劳的创始人，在一次接受采访中，主持人问起他的成功秘诀时，克洛克说："我从不吃免费的午餐！"

【绝对智慧】

不要让自己依赖别人，以至于丧失了生存的能力。

135. 烧冷灶，拜冷庙

当你遇到某种困难，想找某人帮你解决时，却突然想起来，你已经有很长时间没有和人家联系了，现在有求于人家就去找，会不会太唐突了？这就叫"平时不烧香，临时抱佛脚"，效果自然大打折扣。

精明的处世者都有长远的眼光，早做准备，未雨绸缪，懂得烧冷灶拜冷庙，这样在急时找人帮助也比较容易。

首先，要在平时把关系网建好。最好是伏脉千里，能把十年后的关系都搞定。许多人可能有这样的体会，一个单位提拔某人当领导时，很可能会出乎所有人的意料。事后才得知，原来人家早在数年前就与某某上层人物交情匪浅，所以才能不显山不露水地"一步登天"。

善于放长线、钓大鱼的人，看到大鱼上钩之后，总是不急着收线扬竿。因为这样做，到头来不仅可能抓不到鱼，还有可能把钓竿弄断。此时，他们会按捺住心头的喜悦，不慌不忙地轻轻收几下线，慢慢地把鱼拉近岸边；一旦大鱼挣扎，便又放松钓线，让鱼游窜几下，然后再慢慢收线。如此有收有放，待到大鱼筋疲力尽，无力挣扎时，才将它拉近岸边，用网兜儿拽上岸来。

利用关系也同此理，如果平时不烧香，等到需要时才"临时抱佛脚"，尽管可能你追得很紧，下得功夫很大，人家也完全有可能一口回绝你。孙子兵法讲"造势"，关系的建立，在某种程度上说就是一种"造势"。平时关系网建好了，到需要时才会信手拈来为你所用。

【绝对智慧】

精明的处世者都有长远的眼光，早做准备，未雨绸缪，懂得烧冷灶拜冷庙，这样在急时找人帮助也比较容易。

136. 与比自己强的人共事

奥格威在一次董事会上，事先在每位与会者面前放了一个玩具娃娃。那是有名的玩具——俄罗斯套娃。

"大家都打开看看吧，这里面就代表着你们自己！"奥格威说。

董事们很吃惊，疑惑地打开了玩具，发现里面还有一个小一号的玩具娃娃；打开它，里面还有一个更小的，接下来还是如此。当他们打开最后一层时，发现娃娃身上有张纸条，那是奥格威写的留言："你要是永远都只任用比自己水平差的人，那么我们的公司将沦为侏儒；你要是敢于起用比自己水平高的人，我们就会成长为巨人公司！"这就是有名的"套娃定律"，也是"奥格威法则"。

现实中，我们常常可以看到这样一种现象：一些管理者确有爱才之心，但是有一个上限，就是所用之人不能超过自己，一旦发现所用之才在某些方面比自己高明，特别是当他与自己的意见不一致，而事实证明自己错了的时候，嫉妒之心便油然而生。能力强的下属往往恃才傲物，让上司大伤脑筋。同时，能人又往往锋芒毕露，令上司对自身的安全产生危机感。

其实这些担心是不必要的。任用强过自己的人，是一种健康心态的表现，而且，与比自己强的人共事，也是提高自身能力的一条捷径。

评价一个经理人的表现，不仅要看他个人本身的才能，还要看他的下属是否精英辈出。公司应将经理人能否带领优秀的下属发挥出最佳的团队精神作为评价经理人管理能力的重要标准。管理者不可能是全才，下属在某一方面超过自己也是很正常的事。实践证明，一个管理者任用比自己强的人愈多，其事业成功的概率也就愈大。

【绝对智慧】

任用强过自己的人，是一种健康心态的表现，而且，与比自己强的人共事，也是提高自身能力的一条捷径。

137. 物以类聚，人以群分

人们常说"物以类聚，人以群分"，意思是什么样的人就和什么样的人在一起，是因为他们价值观相近。一般来说，性情耿直的人就和投机取巧的人合不来，喜欢酒色财气的人也绝不会跟自律甚严的人成为好友。所以，观察一个人的交际情况，大概就可以知道这个人的性情了。

除了交友情况，也可以打听他在家里的情形，看他对待父母如何，对待兄弟姐妹如何，对待邻居如何。如果你得到的是负面的答案，那么你必须小心了，因为对待至亲都不好，他怎可能对你好呢？若对你好，绝对是另有所图。

如果他已结婚生子，那么也可看他如何对待妻子孩子，对待妻子孩子如果不好，这种人也必须提防。若你观察的是女性，也可看她对待先生孩子的态度，这其中的道理都是一样的。

【绝对智慧】

看清楚一个人的周围，看看他的朋友，他的亲人，就会对他有一个大致的了解。

138. 别跟猪打架

当别人指责或攻击我们时，大多数的人都会方寸大乱、手足无措。其实，我们所做的任何一件事，绝不可能令所有的人都感到满意。

无论每个人的主观意愿是什么，遭受到他人的反对意见总是在所难免。对于任何一件事，每个人都可能会有与他人不同甚至是完全对立的见解，当你遇到反对意见时，你可以发展新的思想，提高自我价值。但是千万不要因屈服于别人的见解或情绪压力而放弃自我，也不要为此而打乱自己的计划安排，忙于应付这些无休止的指责，因为无论你怎样做，还是会有人反对你。所以，你成功的事实才是唯一对你有利的证明。

克林顿在担任美国总统期间曾这样说过："如果要我读一遍针对我的指责，并逐一做出相应的辩解，那我还不如辞职算了。我凭借自己的知识和能力尽力工作，如果事实证明我是正确的，那些反对意见就会不攻自破；但如果事实证明我是错的，那么即使有10个天使说我是正确的也无济于事。"

有些无事生非的人只是习惯性地找茬儿生事，如果你受他们的影响或分散精力去反击，只会如同艾伯拉姆斯将军所说的："别跟猪打架，不然到时你弄得一身泥，而它们却乐得很呢！"

【绝对智慧】

我们所做的任何一件事，绝不可能令所有的人都感到满意。

139. 不要当面不说，背后乱说

人非圣贤，孰能无过？有了过失，最好自己能够及时发现，然后加以改正；其次是通过别人的规劝，认识到自己做错了，一样可以收到改过的效果。但对于规劝者来说，要把心态摆正，不要存有别的私心杂念。

汉代伏波将军马援，在当时因为战功卓著而位高权重，但他给侄子的信中却告诫说："我希望你们听到人家的过失，如同听到父母的名字一样，耳朵可以听，但嘴上不能说。喜欢议论人家长短，妄评政事法令的是非，这是我最厌恶的，宁愿死了也不愿子孙后代有这样的行为！"

《日录里言》中也说："事后论人，局外论人，是学者大病。事后论人，每将智人说得极愚；局外论人，每将难事说得极易，二者皆从不忠不恕生出。"

背后议论他人之过，尤为恶劣。人活在世上，应该一生坦坦荡荡，做一个正直的人，有什么话不能拿到当面来说呢？如果心中没有私心杂念，一心想着帮助别人改正过错，那么他就会当面给别人指出来。不但不会遭到打击和报复，而且还可能得到别人的尊敬。

反之，那些当面不说，背后乱说的人，出于某种目的，只想在背地里挑拨是非，非要把事情闹大才好，一点也没有帮助别人的意思。这样，既使他自己有了过失，也不会听取别人的忠告，只能是一错再错，最后到了不可收拾的境地。

【绝对智慧】

人活在世上，应该一生坦坦荡荡，做一个正直的人，有什么话不能拿到当面来说呢？

140. 成大事者不谋于众

不会独立思考的人，就是没有独立人格的人，甚至是没有独立灵魂的人。

很多人无视你的存在，总是要你往这边走、往那儿去的；他们最常挂在嘴边的是："你应当……""你不应该……"一般人碰到这类的要求，通常都很难回绝，尤其是如果提出要求的人是你最亲密的伙伴，"不"字就更

难开口了。时日一久，这种关系便定了型。

不要忘了，我们有权决定生活中该做些什么事，不应由别人来代做决定，更不能让别人来左右我们的意志，让自己成为傀儡。况且，他人并不见得比我们更了解情况，也不会比我们聪明到哪里去，所以，他们所提出的这类"理所当然"的事就很可能不是我们的最佳抉择。你的最佳抉择还是应该由自己进行深入分析、思考之后，所做的独立判断来取舍。

从现在起，做你自己，不要让别人的"理所当然"来控制了你。

"成大事者不谋于众"这一原则通俗地说，就是谋求特别重大的事情，不必与人商量。因为谋求非常重大事情的人，自己必定有非同一般的眼光、心胸与气度，自己看准了，去做就是了，如果去和别人商量，反倒麻烦。首先，如果别人见识浅薄，心胸狭小，才智平庸，必定不理解你的想法。七嘴八舌，会动摇你的意志，也会破坏你的信心和情绪。第二是人多心杂，还会出现走漏风声、葬送机会的可能。

【绝对智慧】

自己看准了，去做就是了，如果去和别人商量，反倒麻烦。

141. 站在对方的角度思考

假如你想说服别人，让他有所行动，就必须让他了解你的主张到底能带给他什么利益。你应该告诉他，这个主张和你没有关联而是与他息息相关，它能够直接或间接地带来某些利益，或者是替他解决某些问题。不这样做，便很难诱发别人对你的主张采取任何行动。

除非你表示这件事能使他获得利益，否则，尽管你有充沛的热忱，尽管你已经浅显易懂地向他表达，他还是不会接受你的。

被认为最懂得说服别人技巧的曾任美国总统的亚伯拉罕·林肯，在100年前就曾经说过："当我和别人谈判时，我用2/3的时间考虑对方的主张，以及他可能将要提出来反驳我的理由，剩下的1/3的时间，才考虑自己的主张。"

杰克逊走进在费莱尔的一位著名鼻喉专家的诊室，在那位大夫还没有看杰克逊的扁桃腺之前，他便问杰克逊的职业是什么。他对杰克逊的扁桃腺的大小不感兴趣，他关注的是杰克逊的钱袋大小。他最关心的不是他能否帮病人解除痛苦，他最关心的是能从患者那儿得到多少钱。结果是他什么也没有得到，杰克逊生气地走出了他的诊室，蔑视他缺乏人性。

任何人都最关心自己的利益。所以，你要多多考虑对方立场，把问题的焦点放在"对方的利益"上。否则，纵使你懂得许多说服别人的技巧，你也不可能奏效。

【绝对智慧】

能设身处地地为人着想的人，能了解他人心理活动的人，永远不必担心自己没有前途。

142. 不要为小事忧愁

这是一名美国青年罗勃·摩尔讲述的故事：

1945年3月，我在中南半岛附近约84米深的海下潜水艇里，学到了一生中最重要的一课。

当时我们从雷达上发现了一支日本舰队朝我们开来，我们发射了几枚鱼雷，但没有击中其中任何一艘军舰。这个时候，日军发现了我们，一艘布雷舰径直向我们开来。3分钟后，天崩地裂——6枚深水炸弹在潜水艇四周炸开，把我们直压到海底约84米深的地方。深水炸弹不停地投下，整整持续了15个小时。其中，有十几枚炸弹就在我们15米左右的地方爆炸。真危险呀！倘若再近一点的话，潜艇就会被炸出一个洞来。

我们奉命躺在自己的床上，保持镇定。我吓得不知如何呼吸，我不停地对自己说："这下死定了……"潜水艇内的温度高达摄氏40度。可我却怕得全身发冷，一阵阵冒虚汗。15个小时后，攻击停止了，显然是那艘布

雷舰用光了所有的炸弹后开走了。

这15个小时，我感觉好像有1500万年。我过去的生活一一浮现在眼前，那些曾经让我烦忧过的无聊小事更是记得特别清晰——没钱买房子，没钱买汽车，没钱给妻子买好衣服，还有为了点芝麻小事和妻子吵架，还为额头上一个小疤发过愁……

可是，这些令人发愁的事，在深水炸弹威胁生命时，却显得那么荒谬、渺小。我对自己发誓，如果我还有机会再看到太阳和星星的话，我永远不会再为这些小事忧愁了！

【绝对智慧】

人生有很多有意义的事情等着我们去做，不要为无所谓的小事浪费我们的情感。

143. 上帝没有轻看卑微

一位父亲带着儿子去参观梵高故居，在看过那张小床及裂了口的皮鞋之后，儿子问父亲："梵高不是一位百万富翁吗？"父亲答："梵高是连妻子都没娶上的穷人。"第二年，这位父亲带儿子去丹麦，在安徒生的故居前，儿子又困惑地问："爸爸，安徒生不是生活在皇宫里吗？"父亲答："安徒生是鞋匠的儿子，他就生活在这栋阁楼里。"

这位父亲是一个水手，他每年往来于大西洋各个港口之间，他的儿子叫伊东布拉格，是美国历史上第一位获普利策奖的黑人记者。

20年后，伊东布拉格在回忆童年时说："那时我们家很穷，父母都靠出苦力为生。有很长一段时间，我一直认为像我们这样地位卑微的黑人是不可能有什么出息的。好在父亲让我知道了梵高和安徒生，这两个人使我明白，上帝没有轻看卑微。"

法国著名的心理学家伊尔·索尔芒，在调查了全世界的18个贫困的国家后得出结论是：人类最大的敌人不是灾祸，不是瘟疫，不是令人憎恨的战争，人类最大的敌人就是自己。

自己的懦弱，自己的虚荣，自己的恐惧，自己都不相信自己的时候，你就什么都完了！

【绝对智慧】

人类最大的敌人不是灾祸，不是瘟疫，不是令人憎恨的战争，人类最大的敌人就是自己。

144. 入乡随俗，不做另类

《塔木德》上说："众人着衣时莫要裸身，众人裸身时莫要着衣；众人就座时莫要站立，众人站立时莫要坐下；众人哭时莫要笑，众人笑时莫要哭。"犹太人懂得，在生活中"入乡随俗"是非常必要的。如果你穿着与对方同样的服饰，表现出与对方类似的举止，就会让他觉得你和他的思想与地位是相似的，自然也就会对你产生好感。

温森特曾在博里纳日做过一段时间的牧师。博里纳日是个产煤的矿区，在这个地区，几乎所有的男人都下矿井。他们在不断发生事故的危险中干活儿，但工资却低得难以糊口。他们住的是破烂的棚屋，他们的妻子儿女几乎一年到头都在里面忍受着寒冷、热病和饥饿的煎熬。

这里的人都是"煤黑子"，肥皂在博里纳日人的心目中简直是一种不可企及的奢侈品。温森特被临时任命为该地的福音教士时，他找了峡谷的最下头的一所挺大的房子，并和村民一起拿麻袋去装了很多煤渣，在房子里烧起了炉子，以免房子里太寒冷。

温森特登上讲坛，他的讲道是那样诚挚而又充满了信心，竟使得这些博里纳日的人脸上的忧郁神情渐渐消退了，从他此次布道所受的欢迎来看，博里纳日的人们对他的态度已经没有任何保留了，他们终于相信了他。

是什么原因引起这样的变化呢？

温森特百思不得其解，最后他回到自己的住处，准备用从布鲁塞尔带

成就卓越人生的处世法则

THE RULE OF EXCELLENCE IN LIFE

来的肥皂洗脸时，脑海中突然闪过一个念头。他跑到镜子前面端详着自己，看见前额的皱纹里、眼皮上、面颊两边和圆圆的大下巴上，都沾着黑煤灰。

"当然！"他大声说，"这就是他们对我认可的原因所在，我终于成了他们的自己人了！"他把手在水里涮了涮，脸连碰都没碰就睡了。留在博里纳日的日子里，他每天都往脸上涂煤灰，从而使自己看上去和其他人没有两样。

【绝对智慧】

太惹眼的目标总会成为众矢之的。如果你穿着与对方同样的服饰，表现出与对方类似的举止，就会让他觉得你和他的思想与地位是相似的，自然也就会对你产生好感。

145. 一心一意地干自己认定的事情

许多年以前，一只狐狸与一只兔子，在酒吧里喝着名字叫"酷"的酒。话题转向它们共同的敌人——猎犬。狐狸吹嘘说它一点也不害怕那些猎犬，因为它有许多脱逃的方法。它说假如猎犬出现，它可以躲到阁楼里藏身，直到危机解除；它可以像闪电般跑出屋外，猎犬无法逮住它；它可以把身体潜进河里，直到猎犬失去了它的踪迹为止；它可以兜圈子，将猎犬弄得团团转，然后它可以爬到树上看着它们。是的，它的方法有很多，也有高度的信心。

这时的兔子，由于相当胆小并且不好意思地承认，假如猎犬来了它只知道一件事，就是像只"受惊吓的兔子"般的逃跑。

正当兔子说话时，它们听到了猎犬的吠声。兔子如它自己所说的翘起屁股，飞快地逃跑了。狐狸迟疑着，不知该到阁楼里藏身、或像闪电般跑出屋外、或把身体潜进河里、或是兜圈子把猎犬弄得团团转然后爬到树上。当它在考虑该使用哪一种方法时，猎犬已经冲到面前并咬住了它。

就像有的人有很多双鞋子一样，他每次出门前总要考虑今天穿哪双，哪双更好看更流行，所以他很晚才出门；而有人只有一双鞋子，他每次出门前不用考虑穿哪双，所以他很早就出门了。

太阳光的温度再高，也不能将地球表面上的物体点燃。然而，用放大镜把光线聚在一个点上，物体就会燃烧起来。一心一意地干自己认定的事情，不要分神，不要像小猫钓鱼一样，否则什么事也干不成。

【绝对智慧】

一心一意地干自己认定的事情，不要分神，不要像小猫钓鱼一样，否则什么事也干不成。

146. 大多数人都以貌取人

一个穿着得体的人给人的印象就良好，等于在告诉大家：这是一个重要的人物，聪明、成功、可靠。大家可以尊敬、仰慕、信赖他。

衣冠不整、蓬头垢面让人联想到失败者的形象。而完美无缺的修饰和宜人的体味，能使你在任何团体中的形象大大提高。有些人从来没有真正养成过一个良好的自我保养的习惯，这可能是由于不修边幅的学生时代留下的后遗症，或者父母的影响不好，或者他们对自己的重视不够造成的。

一个人的牙齿、皮肤、头发、指甲的状况和你的仪态，都一一表明你的自尊程度。

一个衣冠不整、邋邋遢遢的人和一个装束典雅、整洁利落的人，在其他条件差不多的情况下，同去办一样分量的事情，恐怕前者很可能受到冷落，而后者更容易得到善待。特别是到一个陌生的地方办事，怎样给别人留下一个美好的印象十分重要。世上早有"人靠衣装马靠鞍"之说，一个人若有一套好的衣服配着，仿佛把自己的身份提高了一个档次，而且在心理上和气势上增强了办事的信心。

在日常生活中，我们常常说不要以貌取人。但是经验告诉我们，人们很难不以貌取人。从审美的角度出发，爱美之心人皆有之，对美的认识，

很多时候是从第一印象中产生的,而人的外在形象恰好承载了这一"特殊"任务。

美国的心理学者雷诺·毕克曼做了以下有趣的实验:

在纽约机场和中央火车站的电话亭里,在任何人都可以看到的地方,放了10分钱,等到一有人进入电话亭,约2分钟后敲门说:"对不起我在这里放了10分钱,不知道你有没有看到?"结果退还硬币的比率,询问者服装整齐时占77%,而询问者衣着较寒酸时则占38%。

进入电话亭里的人在被服装整齐的人询问时,可能会察觉服装整齐的人可能跟自己说了很重要的话;而面对衣着寒酸的人,因为在不想接触的念头下,不去理会对方的问题,所以根本没有听清楚他说的话就开口回答"不",企图赶走对方。

【绝对智慧】

我们常常说不要以貌取人。但是经验告诉我们,人们很难不以貌取人。

147. 不要把自己想得太重要

生活中常常碰到的许多事,比如:说了什么不得体的话,被他人误会了什么,遇到了什么尴尬的事,等等。大可不必耿耿于怀,更不必揪住所有人做解释,因为事情一旦过去,没有人还有耐心去理会曾经的一句闲话,一个小的过失和疏忽。你可以问问自己,别人的一次失误或尴尬,真的会总在你的心头挥之不去,让你时时惦念吗?你对别人的衣食住行真的就是那么关心,甚至超过关心自己吗?

人生中有那么多事,每个人自己的事都处理不完,没有多少人还会去关心与自己不太相关的事情。只要你不对别人造成什么伤害,只要不是损害了别人的什么利益,没有什么人会对你的失误或尴尬太在意的。也许第二天太阳升起的时候,别人什么事都没有了,只有自己还念念不忘。记得陶渊明写过这样的话:"亲戚或余悲,他人亦已歌。死去何所道?托体同山阿。"想想也是，在你还沉浸在悲伤之中时，别人早已踏歌而去了。所以你要明白，在别人的心中，你没有那么重要。

千万不要做一个自己没有实力却怪别人没眼光的人。如果你现在正在什么地方受了冷落，不要怨气冲天，你应该记住，你是个普通人，没有人会太在意你。

【绝对智慧】

"亲戚或余悲，他人亦已歌。死去何所道？托体同山阿。"在你还沉浸在悲伤之中时，别人早已踏歌而去了。所以你要明白，在别人的心中，你没有那么重要。

148. 得寸可以进尺

俗话说得好："得寸可以进尺"。当我们要说服别人时，利用此法常常也很奏效。

如何能获得别人肯定的回答，你也可尝试运用此种技巧。你要先使对方不断地在小事上回答"是"，这样在你最后向他需要做一个更大决定时，他才不会拒绝你。

不知道你是否听过小男孩和糖果的故事，这个故事真值得玩味。故事是这样的：

有位小男孩非常喜欢吃糖果，这天正好是星期日，他的父亲坐在沙发上看报纸，他很想叫父亲带他去买糖吃。可是他知道如果直接和父亲说，父亲不仅不会答应，还可能会责骂他。于是他想出了另一种方法，首先他对父亲撒娇说：

"爸爸！你帮我把脚踏车推到门口好不好？"因为从客厅到门很近，他的父亲于是答应帮他。当脚踏车被推到门口时，小男孩又说：

"爸爸！外面天气真好，你再帮我推到院门外好不好？"因为院门外距离房门口也不远，于是父亲就帮他把车推到马路上。然后小男孩就跳上车，

当他坐上车子时，他对父亲说：

"爸爸！你能不能再帮我把车推到马路的转角呢？然后再顺便去帮你买香烟好不好？"这实在是一个很好的主意。因为商店距离马路的转角已不远，小男孩的父亲也就答应帮他把车推到马路的转角，并且顺便到商店买烟。当他们到了商店，父亲准备掏钱时，这个小男孩终于有了机会，于是便对父亲说：

"爸爸！，你也帮我买糖好不好？"

【绝对智慧】

越是艰难的事情，越不能一蹴而就。

149. 警觉突然而来的热情

如果你和某人只是普通朋友，虽然也一起吃过饭，但还谈不上交情；如果你和某人曾是好友，但有一段时间未联络，感情似乎已经淡了……

如果这样的人突然对你热情起来，那么你应该有所警觉，因为这种行为表示他可能对你有所图。之所以用"可能"二字，是为了对这样的行为保持一份客观，避免以小人之心度君子之腹，误解对方的好意。因为人是有感情的动物，他有可能在一夜之间，因为你的言行而对你产生无法抑制的好感，就像男女相互吸引那样。不过这种情形不会太多，而你也要尽量避免这种联想，碰到突然升高热度的友情，只有冷静待之，保持距离，才不会被烫到。

要分析这种"友情"是否含有"企图"并不难，首先是看看自己目前的状况——是否握有资源，例如有权有势。如果是，那么这个人有可能对你有企图，想通过你得到一些好处；如果你无权也无势，但是有钱，那么这个人也有可能会向你借钱，甚至骗钱；如果你无权无势又无钱，没什么好让别人求的，那么这突然升高热度的友情基本上没有危险——但也有可能"项庄舞剑，意在沛公"，是想利用你这个人来帮他做些事，例如有些人就被骗去当劳力，或是重点在你的亲戚、朋友、家人，而你只是他过河的踏脚石。

面对这突然升高热度的友情，你要冷静地观看他到底在玩什么把戏，并且做好防御，避免措手不及。一般来说，对方若对你有所图，都会在一段时间之后就"图穷而匕首现"，显现了真面目，他不会跟你长时间耗下去的。

【绝对智慧】

碰到突然升高热度的友情，只有冷静待之，保持距离，才不会被烫到。

150. 办事不能一根筋

机智灵活，变中取胜，只有这样的人，才能遇险不惊，取得最后的胜利。

刘邦在平定英布的叛乱中受伤，又加上年老，回到长安就一病不起。这时，北方的燕王卢绾又反叛，刘邦便让樊哙挂相印领兵出征。

樊哙离开长安后，与樊哙素有嫌隙的人就乘机说他的坏话。刘邦听信了这些谣言，大骂说："樊哙匹夫见我有病，竟然希望我死掉！"便马上命令陈平用驿车把周勃送到樊哙军中，前去接替樊哙的主将职务，陈平则要取回樊哙的首级。

在路上，两个人商议说："樊哙是皇上的老部下，战功赫赫，关系众多，又是吕后的妹妹吕媭的丈夫，皇上对他素来倚重。这次皇上生病，容易动怒，听信了谗言，这才要杀他，恐怕将来会后悔的。皇上一后悔，恐怕要拿我们出气，即使皇上不怪我们，吕后也不会放过我们。再者，万一皇上近日驾崩，那可就更麻烦了。我们不能亲手杀樊哙，不如把他装在囚车里，送回长安，让皇上亲自处置。"二人计议一定，在樊哙军的外围，设了一个祭坛，用皇上的符节把樊哙召来。宣读完了诏书，就把樊哙的双手捆了起来，装进囚车，由陈平负责押回。

在回长安的途中，陈平听到刘邦驾崩的消息后，就先乘车赶回，向吕后汇报这件事。吕后当然不会因未执行"皇命"而怪罪陈平，反而对陈平大加赞许。陈平正是靠着这套"圆转处世"的手法，才在吕后专权而掀起的血雨腥风中"任凭风吹浪打，我自岿然不动"。

我们在职场也应如此，上司也是人，是人都有感情用事的时候，都有冲动的时候，一旦过后他后悔了，那么上司也许不一定会责怪你，但是内心起码会对你反感，认为你没有用，不能阻止他犯错误。况且，有时情形还更加错综复杂，就好像陈平的处境一样，这些错综复杂的关系更加要求我们办事不能一条筋——只知道忠忠实实地执行上司的命令。应先拍胸脯将上司的任务接受下来，但在内心一定要权衡利弊计较得失，选择对自己而不是对上司最有利的方式来办，那样才能保护自己。

【绝对智慧】

机智灵活，变中取胜，只有这样的人，才能遇险不惊，取得最后的胜利。

151. 永远让人觉得你有利用价值

苏秦是战国人，从小立志做个纵横家。在学成后开始周游列国，向各国君主推销自己的政治主张，却没有一个国君愿意采纳，于是只好返回家中。由于他在外面长时间奔波，又无建树，因此衣衫褴褛，面容憔悴，妻子连看他一眼都懒得看，到嫂子那里讨碗稀饭也被奚落一番。这令他大受刺激，于是他头悬梁，锥刺骨，埋头苦读，研究君王心理，稍有成就之后，再次重出江湖，终被赏识，官至六国宰相。

衣锦还乡后，妻子和嫂子跑到郊外迎接他。为表尊敬，嫂子还趴在地上。苏秦问她："何前踞而后恭也？"（你以前对我很傲慢，现在怎么如此谦恭呢？）嫂子则说了一句千古大实话："为季子位高而金多也！"（苏秦在家排行第三，所以称"季子"。说老三你现在不一样了，因为你身居高官并且金银多多啊!)

古时就有"人情薄如纸"一说,你穷困时,人家绕着你走;你发达时,人家捧着你走。苏秦的老婆和嫂子都是这样,更别说其他人了。有社会学理论认为,人与人能形成良好关系,甚至交朋友,就是因为彼此有"利用"的价值,这里的利用不仅是指物质上的实惠,还有情感上的需要。只不过人情冷暖表现在物质上更明显而已。

【绝对智慧】

有社会学理论认为,人与人能形成良好关系,甚至交朋友,就是因为彼此有"利用"的价值,这里的利用不仅是指物质上的实惠,还有情感上的需要。

152. 只坐椅子的一半

假如你正在很认真地向一个人解说某件事的时候,对方却将自己的身体靠在沙发上,并且还把上半身深深地陷入沙发中,你会有什么感受?如果对方是上司那还没话说,如果是同事,你可能就会向他说:"你能不能认真地听我说?"为什么呢?因为身体深深地陷入沙发的姿势,在别人的眼中,看起来就是一种不认真的态度。特别是连上半身也深深地陷入沙发中,给人的印象将会更为恶劣。

相反地,若仅坐椅面的一半听人说话,例如只利用椅面的前1/3部分来坐,给人的印象会更好。尤其是采用这种坐姿时,身体的上半身会自然地向前倾,可让对方感受到你在聚精会神的倾听,因此会给他留下做事积极的印象!好好利用这一效果,可以有效地表现自我,给对方留下好印象。

【绝对智慧】

把身体深深地陷入沙发的姿势,在别人的眼中,看起来就是一种不认真的态度。

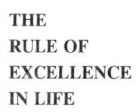

153. 要想不被人替代，你得有一手绝活

在英国一个《10秒钟惊险镜头》的栏目征集作品里，有一个名叫《卧倒》的作品荣获一等奖。毫不夸张地说，这个10秒钟的镜头，让所有看到的英国人足足肃静了10分钟。

在一个小火车站，一个扳道工正去为一列徐徐而来的火车扳动道岔。此时，相反的方向也有一列火车呼啸而来，他若不及时扳动道岔，两列火车必然相撞，后果可想而知。此时，他无意中回头一看，发现自己的儿子正在铁轨上玩耍，呼啸而来的火车就在那条轨道上。抢救儿子或避免灾难——他可以选择的时间太少了。父亲忽然想到儿子在与自己做游戏时，做得最出色的就是"卧倒"。于是，他冲着儿子大喊："卧倒！"同时冲上去扳动了道岔。一眨眼的工夫，飞驰而来的火车进入了预定的轨道，而另一列火车也呼啸而过。火车上的旅客丝毫不知道，他们刚刚与死神擦肩而过，他们更不知道，一个小生命就卧倒在他们身下的轨道中间，火车从他的身上驶过而他却毫发未损。

表面上看，似乎并没有什么新意。可是就在记者的进一步采访中，人们得知扳道工只是一个极其普通的人，而他的儿子则是一个弱智儿童。扳道工告诉记者，他曾一遍又一遍地告诫儿子："你长大后能干的工作太少了，你必须有一样是出色的。"儿子听不懂父亲的话，依旧傻乎乎的，但在性命攸关的一秒，他却"卧倒"了，因为这是他在跟父亲玩打仗游戏时，惟一听懂并做得最出色的动作。

这个故事很简单，却寓意深刻。也许我们有些人刚刚步入社会，走上工作岗位，显得有些稚嫩，不够老练，但是，我们必须有一样是出色的，否则，我们很难在竞争中生存、发展并且成熟起来。

要想不被人替代，你得有一手绝活，你一定要发现自己哪方面最闪光。其实，与其广泛涉猎，不如专注于某一事，尽力地把它做到无可挑剔。只是蜻蜓点水般拥有多种技能的人往往不如拥有一项专长的人受青睐，后者比技能虽多但无专长的人更容易获得成功。

【绝对智慧】

我们必须有一样是出色的，否则，我们很难在竞争中生存、发展并且成熟起来。

154. 交浅不言深

逢人只说三分话，不仅是自己的事情不能乱说，别人的事情也要少说。

每个人都有自己的隐私，也都有保护自己隐私的强烈意识。假如你无意中说了他的隐私，基于言者无心，听者有意的观点，他会认为你是有意为之，便恨你入骨。所以说话时最好能权衡再三，不要信口开河，避免涉及别人的隐私话题。

老于世故的人，的确只说三分话，你一定认为他们是狡猾，是不诚实。其实说话须看对方是什么人，对方不是可以尽言的人，你说三分话，已不为少。孔子曰："不得其人而言，谓之失言。"对方倘不是深交相知的人，你也畅所欲言，以快一时，对方的反应是如何呢？

你说的话，如果是属于自己的事，对方愿意听吗？彼此关系平平，你与之深谈，显出你没有修养，你不是他的诤友，与他深谈，忠言逆耳，显出你的冒昧；你说的话，如果是属于社会问题，对方的立场如何你没有明白，对方的主张如何你也没有明白，你便高谈阔论，轻言更易招祸呢！所以逢人只说三分话，不是不可说，而是不必说，与"事无不可对人言"并没有冲突。

【绝对智慧】

逢人只说三分话，其实说话须看对方是什么人。对方不是可以尽言的人，你说三分话，就已经多了。

155. 要想成功，先让别人注意到你

在战争中，恺撒大帝总是意气风发、身先士卒。他的骑术不逊于任何一位士兵，他的勇气和耐力更是无人能比，这都是他引以为荣的。他常常以最勇猛的姿态冲向战场，士兵目睹他在激战正酣的战场上英勇战斗，这对士兵来说是一种很好的激励。

恺撒永远让自己处于正中央的位置，不论何时何地。他是权力的象征和典范，士兵都会以他为榜样。在罗马所有的军团中，恺撒的军队永远是最奋不顾身而且忠心耿耿的，他的士兵以及参加过他举办的盛会的平民百姓，都认同他的主张，对他个人的崇拜更是达到了痴迷的地步。

有的人尽管优秀，但总难以出人头地，因为他不能获得别人的关注。成功在一定程度上需要得到别人的认可。所以，应该在适当的时候表现自己，让别人的眼睛注意到你。方法有很多，不管采用哪一种，只要能获得他人的注意力就是绝好的方法。

【绝对智慧】

成功在一定程度上需要得到别人的认可。所以，应该在适当的时候表现自己，让别人的眼睛注意到你。

156. 不要毁了他人的进取心

有一个人在45岁的时候，突然想去学习跳舞，他请过两个老师。

"所请的第一位教师，也许她告诉我的是真话，她说的全部都对，我必须将一切忘掉，重新开始。但那使我灰心，我没有动力继续，所以我辞了她。"

"第二位教师或许是说谎，但我喜欢她。她冷淡地说我的跳舞姿势或许有点旧式，但基本功是不错的。并且使我确信我不必花费很多时间就可以学会几种新的舞步。第一位教师因为着重我的错误而使我灰心，这位新教师正好相反，她不断地称赞我所做得对的事，很少提及我的错误。'你有天生的韵律感觉，'她肯定地对我说，'你真是天生的一位跳舞专家。'现在，我经常告诉自己，我以往总是，将来也只是一个四等的跳舞者，但在我内心的深处，我仍喜欢想或许她是真意。确实，我付钱使她说那话。那么为什么前一位教师则要将话说穿呢？"

"无论如何，我知道，如果没有她告诉我有天生的韵律感，我就很难有什么进步。她那样鼓励了我，给了我希望，并使我不断进步！"

你要是跟你孩子、伴侣、雇员说他或她对某件事显得很笨，很没有天分，那你就做错了，这等于毁了他所有要求进步的心。

但如果你用相反的方法，宽宏地鼓励他，使事情看起来很容易做到，让他知道，你对他做这件事的能力有信心，他的才能只是还没有发挥出来。这样他就会见到黎明，以求自我超越。

【绝对智慧】

你要是跟你孩子、伴侣、雇员说他或她对某件事显得很笨，很没有天分，那你就做错了，这等于毁了他所有要求进步的心。

157. 不吃独食

有一个著名的实验：给两个人 100 元，由甲决定自己拿多少，乙决定自己是否接受甲的分配方案。如果乙接受甲的分配方案，则双方按照方案各拿各的钱；若乙不同意甲的提议，则两个人都一无所获。

如果按照利益最大化的选择甲自己拿 99 元，给乙 1 元，而且告诉乙应该接受这个提议，毕竟得到 1 块钱比没有钱要好。但现实的情况是，这样的提议往往要遭到乙的反对，而使两个人什么也得不到。甲这样的提议是把档次拉得太大，它使乙非常气愤而加以反对，宁可自己得不到这 1 元钱，

也不让甲得到那99元。因为乙觉得这种分配方案虽然能够给自己带来1块钱的好处，但不公平程度太高，所以宁可不要这1块钱，也不让甲"吃独食"。乙这样做不仅考虑了利益问题，还着重考虑了公平问题。

在这个实验中，双方都能够得到钱而且都很高兴的分配方案，是甲提出来两人平分，这是最公平的分配。但大多数人的方案都在70：30和60：40之间，很少有人提出99：1的方案。这说明作为甲的一方，除了考虑自己的福利增加问题之外，也还得慎重考虑公平问题，也就是权衡对方能够接受的不公平程度。

因此，要真正地实现自己的利益最大化，仅有利己是不够的，还必须利他。也就是说你想得到利益，必须付出。为别人付出看起来不能使自己的利益"最大化"，但这种不能最大化，是在显示公平的条件下不能最大化。在兼顾公平的情况下，虽然不能实现自己利益理论上的最大化，但比起显失公平条件下自己利益的最终损失，自己的利益还是能有所增加。所以，要爱自己，还要爱别人。

【绝对智慧】

要真正地实现自己的利益最大化，仅有利己是不够的，还必须利他。

158. 奖赏不能搞一步到位

封官是奖赏有功之人的一项常用的手段，但是封官不能一次封得太大。封官不只不能一步到位，而且最好永远不要到位。官做大了，立功进取的意志便懈怠了；一旦官做到了头，不但立功进取的意志消失了，而且还可能滋生野心。从历史上看，那些官职到了头的人，如王莽、曹操、司马昭等人，最后都变成了篡权者。

所以，要给人好处，就要给得"恰到好处"，也就是说：不轻给、不滥给、不吝给！

所谓"不轻给"就是不轻易给对方，要让对方为这"好处"吃一些苦头，花一些心力，让他在"付出"之后才"得到"，这样子他才会珍惜这"得来不易"的好处。

如果你因为身上有太多"好处"而随便给人，或想以"好处"来讨别人喜欢，那么不但他不会珍惜这些"好处"，那么对你也不会有任何感激之心。反而还会嫌少、嫌不够好，甚至一再向你要好处，你如不给或给得不如前次好、不如前次多，对方便要怪你、恨你，比你不给他好处还要怨得深、恨得厉害哩！

【绝对智慧】

官做大了，立功进取的意志便懈怠了；一旦官做到了头，不但立功进取的意志消失了，而且还可能滋生野心。

159. 就是要给人家面子

中国人常说："人争一口气，佛争一炉香。"因此，与人相处，不能"不给面子"，不能"扯破脸皮，"更不能"颜面扫地"。显而易见，"面子"是国人交往中不可回避的"重中之重"。

古代战争中，每位将士被俘以后，最常说的一句话就是"士可杀不可辱"。其意思最明确不过：你可以杀了我，但不要侮辱我。如果你侮辱我，我活着就会很没面子，还不如死去。中国人由古至今，都一致认为，为了面子而选择死亡的行为是最为高贵的，它比什么都值钱！

被韩信打败后的项羽，跑到乌江，原本是可以乘坐渔船逃回江东的，但他放弃了。因为他觉得"无颜回见江东父老"，只好选择自刎。他的死成全了他的面子，成全了一代枭雄的气节，但代价是自己的"皇帝生涯"就此结束，也彻底输掉了江山。

中国人是很在乎面子的，如果一件事让他在实利上吃了亏，但却有面子，那么他大抵是会接受的；如果丢了面子，即使得了实利的好处，他也会很不高兴的。

人是具有社会属性的，需要得到别人的认可，需要得到尊重，这是一种本能的心理需求。而中国由于传统上是一个农业社会，是一个"熟人社会"，熟人之间做事有时候"抹不开面子"，于是，面子便成了维持社会秩序稳定的一个非常重要的因素。故而，即使再卑微的人，也一样是有人格和尊严的。因此，要尊重人家的人格和尊严，用俗话来说，就是要给人家面子。中国人的面子有很多层面的内容，被人看得起叫有面子；替人说和成功了叫有面子；做事做成了同样是有面子，甚至被官府抓了很快被放出来也是有面子。

面子，是一种不容忽视的潜在力量。人脉全靠面子筑就，关系网全靠面子编织。给人家面子，给得越多，人脉就越广，关系网就越大；不给人家面子，人脉会萎缩，关系网就会被撕破。

因此，只要能给人面子，就一定要给人面子。

【绝对智慧】

中国人是很在乎面子的，如果一件事让他在实利上吃了亏，但却有面子，那么他大抵是会接受的；如果丢了面子，即使得了实利的好处，他也会很不高兴的。

160. 做人要靠真本事

想让别人重视你，最好的方法就是用真本领武装自己。得到别人的肯定，要靠自己的实力去体现。

几乎每个人都希望得到别人的肯定，都想在工作和生活中受到他人的重视。然而，要想得到肯定和重视是有条件的，关键条件就是你有没有实力。也就是说，你必须先具备别人重视你的资本和理由，别人才会肯定和重视你。

当然，很多时候，有些人没有得到提拔，并不是因为没有本领与实力，而是因为在关键时刻不敢去露一手，或者没有抓住露一手的机会。这些人由于胆量不够，自信心不足，或者认为是分外之事而不去插手，从而坐失良机，白白浪费了自己的才华和表现自己的机会。

因此，要在关键时刻脱颖而出，就应该让自己具备绝对的实力，同时，还需要抓住表现的机会。很多时候，当你具备了实力才能时，看准了时机就表现出来，看对了路线就立刻行动，千万不要太过顾忌。

我们经常会遇到一些在资历、才干、经验、能力等各方面都比我们高出一筹的人，在这种情况下，有些人往往会因此而自卑，觉得自己技不如人，感叹生不逢时。这导致即使自己的能力才干都具备充分了，但还是不敢表现出来，难以在关键时刻露一手。可以想像，连自己都不相信自己，又谈何让别人重视你呢？

【绝对智慧】

要想得到肯定和重视是有条件的，关键条件就是你有没有实力。也就是说，你必须先具备别人重视你的资本和理由，别人才会肯定和重视你。

161. 可以有野心，但不要外露

示弱其实也是一种生存的智慧。有时求胜反不如求败，所谓"强在弱中取，进在退中求"，要想"高人一等"，先学会"低人一等"才行。低调，是一种态度、一种风范、更是成功的一种境界，一种思想和一种哲学。

人人都想出人头地，功成名就。但是，在办公室里过分显露自己对事业或职位的野心，无疑是对同事和上司的公然挑衅，不仅同事会对你提高戒心，就是老板也担心你是不是暗中觊觎他的高位，对你百般提防、找借口把你调走。

人可以有野心但不可以外露，事事强出头、求表现，反而会招致外界的异样眼光。也许你会疑惑不解，难道表现积极有错吗？当然，积极没有错，有时它还是一种值得鼓励的工作态度，但这个表现要拿捏有度，最好的方式是称职地做好分内之事，保持卓越的表现，尽量维持低姿态。若积

极越了边界，抢了别人的工作，会让别人觉得在公司的地位受到威胁。看不过去或心眼较小的人，甚至会暗中扯你后腿、耍些小动作阻挠你的正常工作。

"树大招风"。对于树来讲，要坚持在暴风雨中屹立不倒，就要尽可能地把根扎入地下土壤的深处。而对于置身当今竞争日趋激烈的职场人士来讲，更应懂得自身职业素养，练就一身过硬本领，这实在是一桩非常重要的事情。俗话说："人怕出名猪怕壮。"一个人名气过大虽然能带来很多好处，但烦恼也不少。不要锋芒太露过于抢眼，保持低调，才能避免招来共愤，才能避免成为别人进攻的靶子。如果你不过分显示自己，别人也就无法捕捉你的虚实。

【绝对智慧】

要想"高人一等"，先学会"低人一等"。"人怕出名猪怕壮"。一个人名气过大虽然能带来很多好处，但烦恼也不少。

162. 只知一味前进的人，迟早要走向衰亡

1863年，普鲁士只是松散的德意志联邦中的一个城邦，而德意志联邦本身就受制于奥地利。

俾斯麦就任普鲁士首相后不久，就开始实施统一德国的计划，以此摆脱奥地利的制约。他首先向弱小的丹麦宣战，收回本属于普鲁士的荷尔斯坦。在战局确定后，他毫不畏缩地发动了对奥地利的战争，并取得了胜利。其他人都想乘胜追击，进军维也纳，然而俾斯麦却主张和奥地利签署和约。在他的强烈要求下，主战派终于退让了。普鲁士成了德意志的主宰，俾斯麦也成为新德意志同盟的盟主。

达到了自己的目标，俾斯麦就不再发动战争了。他头脑清醒，知道适可而止的道理。他紧紧地控制着权力，阻止了其他人发动新的战争。

大多数人不懂得适可而止的原因其实很简单：他们没有一个具体的目标，面对胜利的诱惑不能控制自己。在胜利中只知一味前进的人，迟早要走向衰亡。明慎的人常常能够统揽全局，事情一开始，他们就预见到了结局。

明智的人信奉这样一句话：在事物抛弃你之前先抛弃它们，不要等到千夫所指的时候，才想到退让。明智的人知道什么时候该让一匹赛马退役，他们不会让它在比赛中倒下，成为众人的笑柄；他们会在美人红颜逝去前，把镜子摔掉。

【绝对智慧】

明智的人信奉这样一句话：在事物抛弃你之前，先抛弃它们。不要等到千夫所指的时候，才想到退让。

163. 利益是友谊最稳固的基石

要赢得对方的心，最有效的方法就是尽量以最简单的方式，向他阐明你的行动如何让他受惠。自我利益是最强烈的动机，伟大的主张或许会掳获人心，然而一旦最初的激动平息后，利益就成为惟一的旗帜，利益是最稳固的基石。晓之以利能诱发他人的合作动机，最终促使交易的完成。

如果你必须向盟友寻求帮助，不要惹人厌烦地提醒他你曾经给予他的帮助和恩惠，否则他一定会找到借口不予理睬。相反，指出你的请求和合作对他有利的地方，而且夸张和强调这点，一旦他看见自己的利益就会给予热诚的回报。

【绝对智慧】

如果你必须向人寻求帮助，不要惹人厌烦地提醒他你曾经给予他的帮助，否则他一定会找到借口不予理睬。相反，指出你的请求对他有利的地方，而且夸张和强调这点，一旦他看见自己的利益就会给予热诚的回报。

164. 做人要有底线

《史记·许衡传》中有这样一个故事：许衡一日外出，因天气炎热，口渴难忍。路边正好有一棵梨树，行人纷纷去摘，惟独许衡不为所动。有人便问："何不摘梨以解渴？"他回答道："不是自己的梨，岂能乱摘？"那人笑其迂腐："世道这样乱，管他是谁的梨。"许衡正色道："梨虽无主，我心有主。"

"我心有主"，意味着一个人能够坚持自己的主见，恪守自己的操行，排除外界的干扰和诱惑，不为外物所役，不被名利所困，以求做到"一念之间即遏之，一动之妄即改之。""我心有主"，不人云亦云，不随波逐流，坚守精神家园，自然能够成就一番事业。

"梨虽无主，我心有主"，这是一种准则、一种修养、一种情操、一种境界、一种精神。

无论世界如何的变迁，环境的如何改变，我们都要善于明辨是非，善于抵御各种各样的诱惑，不同流合污，不盲目相从，坚守自己道德的底线。

【绝对智慧】

无论何时何地何事，让别人的恶劣行为影响不了你做人的准则。

165. 让心灵保持独有的空间

在寒冷的冬夜，两只刺猬想拥抱在一起取暖御寒，它们试着相拥而又被对方的刺刺痛不得不分开，经过几次的调整，它们发现只有不近不远的距离才最可靠，才能既可感受彼此的温暖，又不至于让对方的刺刺到。

距离是友情的弹簧。保持适度的距离并适度拉伸和压缩，都会使之保持永久的弹性美。

有距离才有吸引，心灵才能保持独有的空间，这是对友谊的尊重和理解。这种尊重和理解以人格的独立为前提，因此交往中的任何一方都不能过分信赖对方对你的理解程度，不要毫无顾忌地裸露自己的心灵秘密。友情需要含蓄，需要保持一分意味深长的朦胧，尤其是异性朋友之间更不应该"完全透明"。

人是奇怪的动物，未靠近时总想靠近，未得到时总想得到。而当他真正得到或靠近时，却又很快就感觉索然无味。友情与爱情在这一点上极其相似，距离远了，感觉不知心为谁属，距离近了又容易因一件小事而闹得分道扬镳。只有做到不近不远既能相互照应，彼此又保持独立的心灵空间，这当为最佳状态。

朋友之间往往生存环境不同，接受的教育不同，各自的人生经历不同等，因此价值取向，人生态度不管怎么接近，也无法找到"两片完全相同的树叶"。之所以成为朋友，更多的是因为气质、学识、品行等共同点所吸引，甚至有时是某种偶然因素，导致你与他便成了朋友。这种情况下，独立的心灵空间显得尤为重要。

【绝对智慧】

距离是友情的弹簧。保持适度的距离并适度拉伸和压缩，都会使之保持永久的弹性美。有距离才有吸引，心灵才能保持独有的空间，这是对友谊的尊重和理解。

166. 不要开有暗示性的玩笑

还有哪句话会比"用肉体思考就是死亡"更接近真理呢？如果一个人的思想上充满肉欲，那么身体一定会受它的支配，并通过行动来满足自己的欲望。

没有什么会比思想的不纯洁和动物般的纵欲，更能破坏人的体能和活力的基础。

美国南北战争时的一个夜晚，一位来到北方阵营的官员开玩笑地说："我要告诉你们，这里没有女人，是吗？"

格兰特将军，将视线从他正在读的文件上移开，直直地盯着那位官员，语速很慢地说："是没有女人，但是这里有很多绅士般的小伙子。"

乔治·查尔德说："格兰特将军性格的伟大之处就在于他的正直，我从没听过他说过任何动机不良的话，没开过任何有暗示性的笑话。他的话很正经很有礼貌，都可以在有女士的场合中说。如果有新人被提拔上来，只要格兰特将军发现这个人道德不好，品质有问题，他都不会任命，无论面对的压力将有多大。"

有一次，当格兰特将军组织一个美国军人的晚宴时，谈话话题逐渐转移到一个充满争议的风流韵事上，格兰特将军忽然起身然后说："各位，请原谅，我先告辞。"

如果一个男人有着清晰的头脑，不乱讲话，如果一个女人的思维中没有一点邪念，这将是他们的光荣。

【绝对智慧】

如果一个男人有着清晰的头脑，不乱讲话，如果一个女人的思维中没有一点邪念，这将是他们的光荣。

167. 先做小事，先赚小钱

一根火柴的价值不到一毛钱，一栋房子价值可值数百万元。但是，一根火柴却可以摧毁一栋房子，可见微不足道的潜在破坏力一旦爆发，其攻坚灭顶的力量是没有什么东西可以阻挡的。

如果你准备叠一百万张骨牌，恐怕要费时一个月，但要推倒骨牌，却只需十几秒钟；要累积成功的事业，恐怕要耗时数十载，但要倒闭，却只需一个错误决策；要培养被尊重的人格，可能需经过长时间的自我完善，但要人格"破产"，却只需要做错一件事。

由此可见，小事并非不重要，如果你要取得成功，就一定不能忽略了身边的小事，尤其是可能对你的事业产生影响的小事。

无数事实也表明，成功的人并不是一走上社会就取得骄人的成绩的，很多大企业家都是从伙计做起的，很多政治家也都是从小职员做起的。所以，在成功的路上，"先做小事，先赚小钱"绝对没错，你决不能拿"机遇"去赌博，因为"机遇"总是躲在暗处，每时每刻都在考验你的心智，它什么时候才肯光顾到你的身上，不是你能够准确预测到的。

千万不要自以为是地认为你是个超凡脱俗的人，就不屑于从小事做起，你应该知道，如果连小事情都做不好，连小钱都不愿意赚或赚不来的人，是不会有人相信你能够做成大事、赚大钱的。如果你一直都抱着这种只想"做大事、赚大钱"的心态去投资做生意，那么，失败的可能性也非常大。

【绝对智慧】

如果连小事情都做不好，连小钱都不愿意赚或赚不来的人，是不会有人相信你能够做成大事、赚大钱的。

168. 你不可能样样精通

孔子曾说过："夔有一足。"有人理解为孔子说夔只有一只脚。其实孔子的意思是：夔有一技之长，足够了。夔的一技之长是什么呢？就是精通音乐。

的确，一个人若有一技之长就足以托身。如果技艺很多，却没有一样拿得出手的东西，就很难脱颖而出。

一个人能力再大，天资再高，也不可能做到事事都通、样样都精，不可能成为每个方面的专家。

因此，一个人应当选定一门全力以赴。一个医生如果内科、外科、儿科、妇产科、骨科、皮肤科、耳鼻喉科都能开药方，样样都行，又样样不精，其医疗效果可能就不显著；一个演员，如果生旦净末丑样样都能扮演，

但是没有一个角色被叫好，这也不能算好演员；一个从事研究工作的人，如果既搞哲学，又搞经济学，还搞文史，想做文史哲一把捞的通才，那就可能事与愿违，样样都只有半桶水。

一个人的精力和时间有限，能精通一样就不简单了。贪多务得，必然是消耗多，成就少，事倍功半，成为稀松平常的万金油。正如胡适所说："广泛博览，而一无所长的人，其实也是一种废物。"

【绝对智慧】

广泛博览，而一无所长的人，其实也是一种废物。

169. 说得越多，失误越多

1825 年，沙皇尼古拉一世平定了一场叛乱，将其中一名叛乱首领李列耶夫判处死刑。

行刑的那一天，李列耶夫绞架的绳索莫名其妙地断了。在那个年代，这样的情况按惯例被认为是天意赦免。李列耶夫站起身来，确信自己安全了，就喊道："俄国人连制造绳索也不会，还能做什么大事呢？"

尼古拉一世本来已经签署了赦免令，但听到他说的这些话后就改变了决定。沙皇说："让我们用事实来证明一切吧。"于是他收回了赦免令。第二天，李列耶夫再度被推上绞刑架，这一次绳索没有断。

一定要控制说话的冲动。说出去的话就像泼出去的水，一旦说出口就无法收回。时刻控制自己的言语，讥讽别人的话千万不要说，否则，付出的代价会远远超过得到的满足。

因此，你应该明白，如果想用语言慑服别人，说得越多，就越显得平庸，越不能掌控大局。而你说得越多，就越有可能说出令你后悔的蠢话。

【绝对智慧】

一定要控制说话的冲动。说出去的话就像泼出去的水，一旦说出口就无法收回。而你说得越多，就越有可能说出令你后悔终生的蠢话。

170. 不加掩饰的才华是危险的

人们很难承受己不如人的感觉，这是因为大多数人的自我意识膨胀挡住了理智的目光。他们往往不承认自己的嫉妒，因此，嫉妒心虽然常常以一种隐蔽的形式存在，但它会用各种方式表现出来。

罗利爵士是英国女王伊丽莎白宫廷中最出色的人才之一。他才华出众，写作的诗篇被视为那个时代最优美的作品。他不仅富有冒险精神，而且俊俏潇洒、英气勃勃。他散发的个人魅力令所有的大臣都黯然失色，因此他成为女王的宠臣。然而，不管他走到哪里，人们都与他为难。终于有一天，他失去恩宠，被刽子手砍了头。

天赋才华与魅力激起的嫉妒是嫉妒中最糟糕的一种。罗利以为充分发挥自己的天赋，并且将它展现出来，就能赢得他人的敬仰，结果大错特错。因此，天生完美的人不妨偶尔展现一两项短处，在嫉妒生根之前予以化解。

对待嫉妒要防患于未然，要有充分的心理准备，谨防嫉妒的最好方法是避免引起嫉妒，比嫉妒产生后再除掉它要容易得多。

【绝对智慧】

天生完美的人不妨偶尔展现一两项短处，在嫉妒生根之前予以化解。

171. 把朋友分等级

把朋友分类是必要的。首先，每个人的精力都是有限的，必然和一些朋友亲近一些，和另一些朋友略远一些。其次，每个人性情不同，有的人能为朋友两肋插刀，有的人只有在不损害自己利益前提下为朋友着想，更有的人会为了自身利益插朋友两刀。再次，朋友不仅是精神交往的伙伴，许多时候有朋友好办事。因此在不同的时间，不同地点，人们重视那些对

自己最有用的朋友。

某地有个很成功的商人，朋友无数，三教九流都有。他曾逢人就自夸，说朋友之多，天下第一。后来有人问他："你朋友这么多，你都同等对待吗？"

他沉思了一下说："当然不可能同等对待，要分等级的！"他说虽然自己交朋友都是诚心的，但别人来和他做朋友却不一定都是诚心的。在他的朋友中，人格高尚的朋友固然很多，但想从他身上获取一些利益，心存二意的朋友也不少。"对方是不够诚恳的朋友，我总不能也对他推心置腹吧！"这位商人说，"那只能害了自己。"

所以，在不得罪"朋友"的情况下，他把朋友分了"等级"，有"刎颈之交级"、"推心置腹级"、"酒肉朋友级"、"嘻嘻哈哈级"、"保持距离级"等。他根据这些等级来决定和对方来往的亲密度。

"我过去就是因为把人人都当作好朋友，受到了不少伤害。不仅有物质上的伤害，还有心灵上的伤害。所以今天才会把朋友分等级。"他颇有感慨地说。

【绝对智慧】

亲戚有远近，朋友有厚薄，决不可一视同仁。

172. 生活是不公平的，但是公正的

孩子们总是喜欢公平的游戏规则，成年人则希望获得公平的竞争机会。

然而，现实世界是不公平的。有人生于名门，长于富贵；有人生于贫穷，长于困苦；有人天生残疾，有人生来健康；有人生得靓丽，有人长相丑陋；有人每天吃鲍鱼喝燕窝，有人每天吃粗粮喝开水；有人工作不多，报酬却很高；有人能力不强，却因受宠而晋升……

"生活是不公平的，你要去适应它。"这是众所周知世界首富比尔·盖茨的名言之一，也是他自己的人生感悟。

承认生活并不公平这一事实，并不意味着我们不必尽己所能去改善生活，恰恰相反，它正表明我们应该这样做。正因为我们接受了这个事实，我们才能放平心态，找到属于自己的人生定位。

生活是不公平的，但是，当你去适应它，然后按照正确的路子走下去，那么生活从你那里夺走的，一定会以另一种形式给你补偿。

虽然生活是不公平的，但是造物主却很公平，他会按照每个人的付出，用不同的方式给予不同的回报，或能力或风度或智慧或懊悔或沮丧……

不要抱怨生活的不公平，先自己检讨一下自己付出了多少，付出的努力是否足够支撑你理想中的公平。

只有品尝了生活的酸甜苦辣，才算是读懂了生活。

正因为生活是不公平的，才显示得出那些付出艰辛努力者的出类拔萃！

【绝对智慧】

不要抱怨生活的不公平，先自己检讨一下自己付出了多少，付出的努力是否足够支撑你理想中的公平。

173. 不要被傻瓜迷惑

有一个寓言，说一个傻瓜和一个聪明人结伴而行，他们来到一个岔路口——大路宽阔美丽，而小路狭窄坑洼。傻瓜决定走大路，聪明人知道小路是最短最安全的，所以想走小路。在争执中，傻子占了上风。于是他们走了大路，不久便遇到了强盗，强盗掠走了他们的行李并抓了他们。后来，强盗和这两人都被执法的官员捉住并送到法官那里。聪明人恳求法官惩罚傻子，因为是傻子决定他们走上错误的路。傻瓜则说他只是一个傻子，明智的人不应该对自己的决定产生动摇。法官则将他们两人共同责罚了。

圣经上说："如果魔鬼诱惑了你，你就不能同意。"没有一种成功生长在优柔寡断的灵魂之上。

韦伯斯特曾这样评价一个没有决心的人："他就像潮汐涌动下犹豫不定

的大海。这样的人既不前进也不后退，他只会在原地打转。"任何发生在他身上突如其来的事情都动摇他的决定。他的时光"在虚度的哀叹声中白白流逝"，他没有能力把握面前的事物，也不会利用它们为自己服务。

在这样一个充满竞争的年代中，稳步走上战场的人必定是一个有着坚定决心的人。就像恺撒，他烧掉身后的战船，告诉士兵也告诉自己永远没有撤退的可能。当他拔出宝剑的时候，他一定将剑鞘扔掉，以防自己的怯懦犹豫会受到诱惑将宝剑重新插入剑鞘中。果断的决心和无畏的勇气让许多成功的人士渡过了危险的关头。

【绝对智慧】

果断的决心和无畏的勇气让许多成功的人士渡过了危险的关头。

174. 真正好的建议来自我们的敌人

世界上只有两种人是真正关心你的，因为关心你，所以才能敏锐地发现你的过错。一种人就是你的亲人和朋友；另一种人就是你的敌人。

为什么敌人也是真正"关心"你的人呢？因为他要打败你，所以时时在研究你、分析你。当然，敌人给你提"意见"，不会是心平气和、善言善语的，可能会挖苦、诽谤、怒骂、造谣等一块儿来。聪明的人会从敌人的攻击中找到合理的意见，从而及时修正自己，战胜敌人。

敌人的意见要比我们自己的意见更接近实情。批评我们的即便是我们的仇敌，或是想侮辱我们以掩饰他自己的弱点，那又何妨呢？无论批评者的动机为何，我们总可以利用批评作为改进自己的一种指南。

的确，敌人的批评比朋友的批评还可贵些。

【绝对智慧】

聪明的人会从敌人的攻击中找到合理的意见，从而及时修正自己，战胜敌人。

175. 没有人能在争辩中获全胜

1502 年，在意大利的佛罗伦萨，有一块巨大的大理石安放在圣玛丽亚德菲奥教堂里。

在经过激烈的争吵后，人们决定请米开朗基罗雕出一个大卫的雕像。几星期之后，正当米开朗基罗做最后的修饰时，赞助人索德里尼进入工作室。他自以为是行家，仔细地品鉴了这件作品后，告诉米开朗基罗："你创造了一件了不起的杰作，但是依然有一点缺陷，鼻子太大了。"米开朗基罗知道索德里尼站在雕像的正下方，视角不正确。但是他不说一句话，只是招呼索德里尼随他爬上支架，到达鼻子的部位，拾起雕刀和木板上的一些大理石，开始轻轻敲打，让手上的石屑一点一点掉下来。事实上他没有改动鼻子的任何地方，但是好像努力在工作。经过几分钟装模作样的修改后，他站到一边说："现在看看吧！"索德里尼回答："我比较喜欢这样，更栩栩如生了。"

米开朗基罗知道，如果改变鼻子的形状，很可能就毁了整座雕像。然而索德里尼是赞助人，又常以自己的美学判断为荣。与这样一个人争辩而冒犯他，完全没有意义，米开朗基罗不仅将一无所得，还可能影响自己的声誉。因此，他没有去争辩，解决的办法是让索德里尼调整自己的视角（让他靠鼻子更近一点），而不是让他意识到自己的错误。

米开朗基罗找到一种方法，原封不动地保住了雕像的完美，同时又让索德里尼相信是自己使雕像更趋完美。这种方法就是透过行动而非争辩赢得胜利的双重力量：没有人遭到冒犯，而你的观点也得到证实。

许多人想通过争辩证明自己的观点或赢得胜利，而不分析争辩的对方是否能真正接受，或许表面上他们礼貌地同意你的观点内心却痛恨你。试想，我们是不是常常同意一个人的言论之后，回过头来还是更加秉持自己原来的看法呢？

因此，每个人都应该懂得：言语不值什么钱。当争辩进行得如火如荼

成就卓越人生的处世法则

THE RULE OF EXCELLENCE IN LIFE

时，为了支持主张，人们什么话都说得出来。但是，谁能够被这些话说服了呢？

【绝对智慧】

许多人想通过争辩证明自己的观点或赢得胜利，而不分析争辩的对方是否能真正接受，或许表面上他们礼貌地同意你的观点内心却痛恨你。

176. 不要为卑微的东西祈祷

总是把希望寄托在别人身上，希望奇迹的发生都是靠不住的。惟一能够相信的只有你自己，只有你的勤奋与努力能够使你摆脱不利的局面。

4岁的小克莱门斯上学了。教书的霍尔太太是一位虔诚的基督徒，每次上课前，她都要领着孩子们进行祈祷。有一天，霍尔太太给孩子们讲解《圣经》，当讲到"祈祷，就会获得一切"的时候，小克莱门斯忍不住站了起来，他问道："如果我向上帝祈祷，他会给我想要的东西吗？"

"是的，孩子，只要你愿意虔诚地祈祷，你就会得到你想要的东西。"

小克莱门斯特别想得到一块很大很大的面包，因为他从来没有吃过那样诱人的面包。而他的同桌，一个金头发的小姑娘每天都会带着一块那么诱人的面包来到学校。她常常问小克莱门斯要不要尝一口，小克莱门斯每次都坚定地摇头，但他的心里是痛苦的。

放学的时候，小克莱门斯对小姑娘说："明天我也会有一块大面包。"回到家后，小克莱门斯关起门，无比虔诚地进行祈祷，他相信上帝已经看见了自己的表情，上帝一定会被自己的诚心感动的！然而，第二天起床后，当他把手伸进书包的时候，除了一本破旧的课本，什么也没有发现。他决定每天晚上坚持祈祷，一定要等到面包的降临。

一个月后，金头发的小姑娘笑着问小克莱门斯："你的面包呢？"

小克莱门斯已经无法继续自己的祈祷了。他告诉小姑娘，上帝也许根本就没有看见自己在进行虔诚的祈祷，因为，每天肯定有无数的孩子都进行着这样的祈祷，而上帝只有一个，他怎么会忙得过来？小姑娘笑着说："原来祈祷的人都是为了一块面包，但一块面包用几个硬币就可以买到了，人们为什么要花费这么多的时间去祈祷，而不是去赚钱买面包呢？"

小克莱门斯决定不再祈祷。他相信小姑娘所说的正是自己想要知道的——只有通过实际的工作来获得自己想要的东西。而祈祷，永远只能让你停留在等待中。小克莱门斯对自己说："我不要再为一件卑微的小东西祈祷了。"他带着对生活坚定的信心走向了新的道路。

多年以后，小克莱门斯长大成人，当他用笔名马克·吐温发表作品的时候，他已经是一名为理想勇敢战斗的作家了。他再没有祈祷上帝，因为在无数个艰难的日子中，他都记着：不要为卑微的东西祈祷！只有奋斗和努力是真实的，只有自己的汗水是真实的。

【绝对智慧】

不要为卑微的东西祈祷！只有奋斗和努力是真实的，只有自己的汗水是真实的。

177. 在追悔过去的时候，你将失去现在

英国前首相劳合·乔治有一个习惯——随手关上身后的门。有一天，乔治和朋友在院子里散步，他们每经过一扇门，乔治总是随手把门关上。"你有必要把这些门关上吗？"朋友很是纳闷。

"哦，当然有这个必要。"乔治微笑着说，"我这一生都在关我身后的门。你知道，这是必须做的事。当你关门时，也将过去的一切留在后面，不管是美好的成就，还是让人懊恼的失误。然后，你又可以重新开始。"

朋友听后，陷入了沉思中。乔治正是凭着这种精神一步一步走向了成功，坐上了英国首相的位置。

每个人都经历过失败和痛苦，心中多少会留下一些酸楚的记忆，甚至

有着不堪回首的过去……我们需要总结昨天的失误，但我们不能对过去的错误和痛苦耿耿于怀。伤感也罢，悔恨也罢，都不能改变过去，不能使你更快乐、更完美。过去的都已经过去了，将来的路还有很长。如果总是背着沉重的历史包袱，为逝去的流年感伤不已，那只会白白耗费眼前的大好时光，也就等于放弃了现在和未来。

追悔过去，只能失掉现在；失掉现在，哪有未来！泰戈尔说过："错过太阳了，如果你还在流泪，那么你就要错过星星。"

【绝对智慧】

追悔过去，只能失掉现在；失掉现在，哪有未来！

178. 不要每天忿忿不平

有好多人，每天心中充满了忿忿不平。

对影视明星嗤之以鼻，觉得他们只要随便说几句话、搔首弄姿就能赚大钱，自己累死累活却只能勉强糊口，觉得很不公平，于是便忿忿然。

每天辛勤工作，拼命赚钱，却永远赚得没有别人多，不甘心，更不服气。

看到别人时来运转，开始发迹，便眼红了，心想："不就是运气好吗？换了我，我能比他做得更好！"

……

其实，这么比较，有意义吗？人家再怎么好，那也是人家的事。家家有本难念的经，殊不知，辉煌的背后隐藏着多少痛苦的牺牲！你要是不服气，还不如省下抱怨的功夫干点实事呢。

西方有句谚语说得好：与其抱怨黑暗，不如点燃蜡烛。看别人过得好，有这方面的能力就化压力为动力，努力让自己也能变得更好。没有这方面的能力，你就死了这份心，安心地过你的日子。人与人不同，何必弄得自己不开心呢？

所以，每个人都应该有这么一种观念：不和别人比，别人再好，也不羡慕。只和自己过去比，这样一天比一天好，你总有幸福感，心里就会得到真正的安宁。

【绝对智慧】

我们不和别人比，只和自己过去比。这样一天比一天好，你总有幸福感。

179. 不可给自己一次小小的放纵

原则都是从小的地方开始被破坏，而且都是因为自己意念的妥协而引起的。刚开始的时候我们都喜欢打擦边球，既在设定的原则之内，又达到了自己的目的。偶然有几次超越了界限，纵然心里有过内疚感，但时过境迁，看看超越了界限几次也没有什么明显的不良后果，慢慢地内疚感也就淡了。超越界限的次数多了，人也就会开始麻木。界限已经不再是界限，界限被超越了，也可能再次设定新的界限。但是既然旧的界限已经打破了，再次超越新的界限就没有什么难的。

几乎所有有过吸毒经历的人，都不是一开始就陷入到毒瘾的陷阱之中的，他们之中绝大多数人，最早都是抱着吸一口看看会怎么样的好奇心去做的。然而，毒品的强烈成瘾性使得他们一次又一次地把握不住自己，最后，导致毒品依赖。但是，一旦形成毒品依赖，就再也没有办法走回头路了。据说，毒瘾的彻底禁绝率在全世界还不到1%，也有的人说，迄今为止，正规的临床报告证实，被彻底治愈的毒瘾患者全世界只有28例，但全世界的瘾君子又何止上千万！从这一点来看，人类是多么的软弱和不可救药，而摧毁人类自我克制力的最重要的因素就是诱惑。

任何一项罪恶的行动，都来自于我们对诱惑的一次小小让步；任何一项重大的计划，它的失败都来自于我们对自我的一次小小的放纵。在人生的河流上，我们的意志就像逆水行舟的大橹，只要一停止，就会被社会的

洪流冲垮，所以，你切不可以放纵自己的一次小小的错误。

【绝对智慧】

任何一项罪恶，都来自于我们对诱惑的一次小小让步；任何一次失败，都来自于我们对自我的一次小小的放纵。

180. 越有实力的人，越是坦诚

英国作家哈尔顿为了编写《英国科学家的性格和修养》一书，前去采访达尔文。达尔文的诚实是尽人皆知的，为此，哈尔顿不客气地直接问："你主要缺点是什么？"达尔文回答："不懂数学和新的语言，缺乏理解力，不善于合乎逻辑地思维。"哈尔顿又问："你的治学态度是什么？"达尔文回答说："很用功，但没有掌握学习方法。"听过这些话的人无不为达尔文的坦率和诚实而鼓掌。

一般说来，像达尔文这样蜚声全球的大科学家，在回答问题时说几句不痛不痒的话，甚至为自己的声望再添几圈光环，也没有人会产生异议。但达尔文没有这样做，他是诚实的，一是一，二是二，甚至把自己的缺点也毫不掩饰地袒露在别人面前。别人都为他的诚实所感动，从心底深处喜欢他，敬佩他，因为只有人品高尚的人才能做得到这一点。

事业成功的人大都比较诚实，因为他们不仅诚实地对待别人，更希望别人也能诚实地对待自己。

你看在电视访谈节目中，面对媒体，越是身价大、真正有实力的人，越是容易直言以对，越是坦诚。反而是那些不太有实力的人，越爱不痛不痒地说些套话。

【绝对智慧】

事业成功的人大都比较诚实，因为他们不仅诚实地对待别人，更希望别人也能诚实地对待自己。

181. 双赢是最明智的选择

很多人都信奉这样的观点：人生就是竞争，竞争的成功只能建立在对手失败的基础之上。于是，在职场、在商场、在官场，我们经常能看到你死我活的竞争，经常在打"没有硝烟的战争"。

事实上，与其你死我活，不如你好我好大家好！

最明智的做法是合作，通过制定共同遵守的行规，从而取得双赢。又或者，通过优势互补，共同把"蛋糕"做大，你赚钱，我也赚钱。

当年，微软公司曾推出过加强版软件，为英特尔公司销售芯片创造了黄金般的机会。而反过来，英特尔公司也推出运行速度更快的芯片，令用户觉得只有使用微软的软件才会更有价值。微软与英特尔之间，相互促进而不是相互破坏，真正做到了你好我也好，大家共同发财，皆大欢喜。

而那些自恃实力强大，把别人逼上绝路的公司，自己最终也会死得很惨。你自己活，也得让别人活。否则，别人也不会让你活得舒服！

"我赢你输"的模式会导致一种代价昂贵的胜利，从而使"我赢你输"变成"双输"。通过伤害别人获得的成功，这种成功不会是彻底的，因为你很难彻底消灭对手，而受伤的对手往往是最危险的。

因此，你的成功并不一定是别人的失败，可以大家都赢，可以你好我也好。这种双赢不仅使合作者获益，也会增加外来者的进入难度，从而避免"你输我输，就他赢"的可叹局面。

你应该做的是双赢，你赢大头，让别人也沾你的光。

【绝对智慧】

你的成功并不一定是别人的失败，可以大家都赢，可以你好我也好。这种双赢不仅使合作者获益，也会增加外来者的进入难度，从而避免"你输我输，就他赢"的可叹局面。

182. 君子讷于言而敏于行

　　一个人想要成功，就要做勇于行动的鹰，千万别做只会呱呱叫的鸭子。

　　从外形上看鹰和鸭子并没有太大的差别，但从本质上却截然不同。鹰盘旋于高空，眼观八方，一旦发现目标便马上俯冲，悄无声息，一击得手；而鸭子却只能在地面上生活，整天只会嘎嘎叫，什么都不会做。

　　拥有一只鹰远胜过拥有1000只鸭子。任何企业都愿意拥有像鹰一样的员工，低调谦虚却总能出色地完成任务，而不愿意拥有许多鸭子式的员工，鸭子只会磨嘴皮子却不知付出行动。同样的道理，在生活中，人们也总是信赖喜爱那些踏实谦虚的实干派，而不是夸夸其谈的空谈家。

　　所以，要想成就卓越的人生，走向成功，那么从现在开始做一只行动的鹰，少说多做，轻言重行。

【绝对智慧】

　　在生活中，人们也总是信赖喜爱那些踏实谦虚的实干派，而不是夸夸其谈的空谈家。

183. 永远不要在争论中打倒对方

　　试想想，争吵能带给我们什么呢？能带来双方的快乐吗？能带来彼此间的尊重和理解吗？能带来深厚的友谊吗？能带来生活的安定吗？能证明你掌握的是真理，而别人的都是谬论吗？

　　都不能。

　　争吵所能带给我们的只是心理上的烦躁，彼此的怨恨与误解，甚至多年的友情因之逝去，生活因之充满了火药味儿。真理也不会因为你的争争吵吵而屈身于你。争吵发生的时候，骤然升温的情绪之火灼烧着你的头脑，使你烦闷，使你愤怒，甚至想揍对方一顿。对方的强词夺理，唾沫横飞令你愤恨不已。而在对方眼里，你又何尝不是同样可恶的形象？

在争吵中，双方都会受到伤害。争吵往往并不会争出什么是非曲直来，其结果只会使双方都比以前更坚信自己是绝对正确的。其实，世间很多事物并非仅有一种说法，大多数都是可以"仁者见仁，智者见智"，为什么一定要去争个面红耳赤呢？

即使在争论中你振振有词，似乎有把对方逼得走投无路的架势。但这样你就真正是一个胜利者了吗？当然不是。别人的观点被你攻击得千疮百孔，体无完肤，又能说明什么呢？证明了他的观点一无是处？证明你比他优越？你比他知识更广博吗？错了，你的所作所为使人家自惭，你伤了人家的自尊，你让人家当众出丑，人家只会怨恨你的胜利。不要幻想人家会从心底里敬佩你，向你屈服，你只会更加被人瞧不起。在你的洋洋自得中，你的虚荣得以满足，殊不知此时的你在众人眼里只是一只好斗的公鸡而已。

当不断上升的情绪之火，达到足以烧毁你们仅存的一点理智的时候，一股无以抑制的仇恨之火便由心底升起。这就足以解释，为什么口角之争会发展到大动干戈的地步。

【绝对智慧】

不要幻想人家会从心底里敬佩你，向你屈服，你只会更加被人瞧不起。在你的洋洋自得中，你的虚荣得以满足，殊不知此时的你在众人眼里只是一只好斗的公鸡而已。

184. 不要在心里制造失败

我们做任何事之前，都要先预想一个好的结果。好结果很重要，有了好结果的鼓舞，人就会信心百倍。拥有这种积极心态的人，常常能够获得成功。

世界著名的走钢索选手卡尔·华伦达曾说："在钢索上才是我真正的人

生，其他都只是等待。"他总是以这种非常有信心的态度来走钢索，每一次都非常成功。

但是1978年，他在波多黎各表演时，从25米高的钢索上掉下来摔死了，令人不可思议。后来他的太太说出了原因。在表演前的3个月，华伦达开始怀疑自己："这次可能掉下来。"他时常问太太："万一掉下去怎么办？"他花了很多精力研究怎样避免掉下来，而不是研究走钢索，结果失败了。

做任何事，不要在心里制造失败，我们都要想到成功，要想办法把"可能会失败"的意念排除掉。

一个人对成功充满信心，就有可能成功；一个人满脑子想的都是失败，他必然会失败。成功产生在那些有成功想法的人身上，失败往往发生在那些不自觉地让自己产生失败意识的人身上。

【绝对智慧】

做任何事，不要在心里制造失败，我们都要想到成功，要想办法把"可能会失败"的意念排除掉。

185. 酒香也怕巷子深

在人们传统观念中，往往有"酒香不怕巷子深"的意识，认为只要货好，就不愁没有买家。

即使在现代的职场上，也有许多人存在这样的观念，认为只要自己努力做事了，即使再默默无闻，也会被领导看在眼里，从而使自己得到相应的回报。

现实情况是：这种想法不但常常收不到这种效果，有时反而会让别人认为你是一个不折不扣的"傻冒儿"。

乡下的货郎，他们生意的好坏，往往取决于叫卖的吆喝声，只要能吆喝得声情并茂，货色是否优良倒在其次。这个道理，表明了"酒香不怕巷子深"这一俗话存在着一定的不合理性，最起码在某一些方面是这样的。

现代广告业之所以如此发达，恐怕原因也在于此。君不见，年年中央电视台的广告标王之争是如何的激烈。各商家之所以舍得那样大出血本，就在于宣传能带来巨大的效益。

具体到一个人做事，道理也是如此。职场上的竞争虽不及商场上那样激烈，但如果你一直像老黄牛一样出力不出声，那是很难显示出你所创造的价值的，自然也就得不到无论物质还是精神上的肯定。而这种结果，反过来又会挫伤你的积极性。因此，在实质上，努力而不表现自己，不是自谦，而是自损。

【绝对智慧】

努力而不表现自己，不是自谦，而是自损。

186. 因为放不下，所以无法解脱

"九连环"这种益智游戏的历史非常悠久，据说发明于我国的战国时代。它是人类发明的最微妙的玩具之一，无论解下还是套上，都要遵循一定的规则。19世纪时有人经过论证，证明共需要341步，到目前为止还没有其他更为便捷的方法。

其玩法比较复杂，解套方法是在前两环解下后，要解第三环时，需先将解下的第一环再套回，然后才能解下第三环，之后再套回第一环；到解四环时，依前法套回前面的三环，再解下开首的前二环，然后才能解下第四环，最后又套上开首的前二环。以此类推，每要解开一个环，就必须将前面已解开的环再套回去，直到解到第九环，须将前面所有已解开的环都再套回去。如果解套者在每一步骤中，舍不得把好不容易解下的环套回去，那么这个九连环就无法全部解开。

我们的生活就犹如这九连环，是一个一个环扣所组成的。如果只贪图眼前的小名小利，只安逸于现有解开的那个环而不肯放弃，那么就无法再

进一步，获得更大的收获。对于悲欢离合的"环"放不下，就会在悲欢离合里痛苦挣扎。对于心中的"环"放不下，生命就会被抑郁套牢。

因为放不下，我们就无法解开人生层层缠绕的环扣，也无法解脱。能解套与否，就全在人们的一念之间。因为放不下，所以无法解脱……

【绝对智慧】

放不下心中的"环"，生命就会被抑郁套牢。

187. 不要为小事疯狂

疯狂不是一个好兆头，即使你是一个球迷或歌迷，疯狂即意味着失去理智，而一个失去理智的人，怎么说也不能算是一个正常的人。更重要的是，不要为小事疯狂。

我们大都能勇敢地面对人生巨大的灾难，却常常被微不足道的小事击溃。

一位将军发现，他的部下可以忍受零下30摄氏度的酷寒，对诸多危险困难也能平心静气地去面对，但有时为了一点小事却闹得不可开交。他说："两个人并枕躺在床上天南海北地谈着，突然之间双方默不作声了，原因只为互相怀疑对方侵入了自己的睡觉地方。另有一个战士，每当与一个细嚼主义者（每次进食咀嚼20次以上）同席进餐时，食物竟不能下咽。"

婚姻生活不幸的原因，大都缘于微小的事情。一半以上的刑事案件，都是由微不足道的小事引起：在酒馆耍威风、家务事的争吵、侮辱性的言词、不礼貌的举动、说别人的坏话而引起报复……世上一半的仇恨积怨，其原因亦在于被轻蔑、自尊心虚荣心受损这类的小事。

许多生活琐事的烦恼都与此相似，它之所以使我们忧烦，是因为我们的小题大做——不必要的注意力促使它的膨胀。

人生非常短促，但我们常常为了事过境迁后必会忘却的小事情而伤神劳心。人生在世只不过数十年，若为一年后任何人都会忘却的不平而懊恼，浪费许多宝贵时间，那是多么不值得啊！人有时同大树一样，虽禁得住狂风暴雨的打击，却抵挡不住害虫的啃噬，再大的挫折我们总能坚强地承受，却常常被一种小小的"害虫"——烦恼，将我们的心啃噬殆尽。

【绝对智慧】

我们大都能勇敢地面对人生巨大的灾难，却常常被微不足道的小事击溃。

188. 多跟孩子讨论金钱的问题

关于金钱，你需要向孩子解释的第一个问题是其来源。事实上，许多孩子认为是从挂在墙上的装置中出来的。你我都知道，那是自动取款机。

也许可以用这句话作为开头："钱不是长在树上的。"我们都听说过这句话，你也可以这样告诉你的孩子。

拿出一张1元的钞票和一些零钱，然后向孩子解释政府是如何制造货币的，并解释它的含义：你如何通过工作或投资挣钱，你如何用它来支付所居住的房屋、所穿的衣服，以及所吃掉食物的费用。

你的孩子年龄越大，你的解释也应该更为详细。如果你的孩子年龄超过了10岁，不要回避，告诉他们你的工资如何被花掉的痛苦细节——有多少用于付税和社会保障，多少用于还抵押贷款，多少用于保险，多少用于公用事业，多少用于付车款，多少用于付电话账单，以及其他所有的生活必需支出。大多数孩子都不了解家里的财务状况。事实上，许多家长都发现，跟孩子讨论性要比讨论钱容易。

但有一点，在金钱方面，对孩子要诚实，而且要积极乐观。

如果家中存在财务问题，别试图隐瞒，孩子可能仍然会知道你的烦恼。但不论你怎么做，一定要积极乐观。要向孩子解释，用钱方法得当时钱将是一个好东西，它能让人过上更好的生活，但钱不能作为衡量人的价值标准。

许多父母会给孩子传递有关金钱的错误信息，他们或者把人的好坏与财富的多少等同起来，或者告诉孩子有钱人都是贪婪的，有时他们同时灌输这两种自相矛盾的思想。你要使孩子们感受到金钱的魅力，而不是害怕它，要让孩子对金钱有一颗平常心。

【绝对智慧】

你要使孩子们感受到金钱的魅力，而不是害怕它，要让孩子对金钱有一颗平常心。

189. 失意时勿谈失意事

虽然每个人都会有失意事，但如果你在吐露失意事时，别人正在得意，那么别人会直觉地认为你是个无能或能力不足的人，要不然怎么会"失意"？嘴巴虽然不说出来，但心里多少会这样子想。而且失意事一讲，有时会因情绪失控而一发不可收拾，造成别人的尴尬，这才是最糟糕的一件事。如果你的失意情绪引来别人的安慰，温暖固然温暖，但你却因此而变成一个"无助的孩子"，需要别人的同情与可怜！

如此，接下来，别人对你的印象分数就会打折扣。

很多人是凭印象来给他人打分的。一般来说，自信、坚定的人，他所获得的印象分数会比较高，如果他还是个事业有成的人，那么更会获得"尊敬"，这是人性，没什么道理好说。如果你的失意让别人知道了，他们下意识地会在分数表上扣分，本来80分，一下子就不及格了。而他们对你的态度也会很自然地转变，由尊敬、热情而变得不屑、冷淡。

最后，失意情绪还会给你带来某种不良的社会印象。

你的失意事如果说得太多次，或是经由听者的传播，让你的朋友都知道了，那么别人会为你贴上一个标签："失败者！"当别人谈到你时，便会想到这些事。在现实的社会里，失败者只能自己创造机会，别人是吝啬给你机会的。尤其传言很可怕，明明小失意也会被传成大失败，这都会对你的未来人生造成或大或小的阻碍。谁管你是怎么失意，而失意的实情又是如何呢？

这样并不是说"失意事"要闷在心里，但要谈你的失意事必须看时机、对象。一般来说，面对失意可以采取下列方法加以疏导：

一是只能对好朋友说，好朋友知道你的情形，你的坚强、软弱、优点、缺点他都知道，跟这种朋友说才能"确保安全"，甚至倒在他怀里、肩上大哭一场也无妨。至于初见面的人、普通朋友，一句也不可说。

二是只能在得意时说。失意时谈失意事，别人会认为你是强者；得意时谈失意的事，别人会认为你是强者，并由衷地从心里涌出对你的"敬意"。而你由失意到得意的历程，他们甚至还会当成励志的教材，这又比一辈子平顺得意的人"神气"了。

【绝对智慧】

失败者的事例只能作为他人的笑谈，没有人会真心体会失败者的心情。总是把自己的败迹与人娓娓道来的人，就像祥林嫂一样，只能沦为他人的笑柄。

190. 忍一时风平浪静，退一步海阔天空

一个人经历一次忍让，会获得一次人生的重塑，尽管你坚持认为，丢什么也不能丢面子，失去什么也不能失身份。但是你总得思考事情的来龙去脉，分个孰轻孰重。其实，人和人之间的事儿要想多小就有多小，要想多大就有多大。

中国人用会意字创造了"忍"字的写法，那是心字头上一把刀，言简意赅。从里到外透着一个理儿：没有勺子不碰锅沿的。人和人不是一个模子刻出来的，脾气秉性哪能一样？一旦产生摩擦，撸胳膊挽袖子地刀尖对麦芒，日子还能消停吗？所以说"忍一时风平浪静，退一步海阔天空"。在这个世界上，没有解不开的疙瘩，也没有化解不了的矛盾。只要彼此都做

到体谅，自然会拨云见日，雨过天晴。

生活中的事情就是这样，只要不是什么原则问题，最好做到能忍则忍，特别是在日常工作中，"小不忍则乱大谋"。一时的冲动往往会导致日后的悔恨，实在有些得不偿失。与其说这是一种勇敢，还不如说是一种莽撞。

人只要活着，就不可避免地会受到一些有意无意的伤害，任何人都是如此。所以聪明的人总是尽可能地迁就对方，这看似懦弱的举动其实正是生存的智慧。既能让你避免耿耿于怀地自我折磨，又能让你拥有良好的人际关系，一石两鸟的事，你何乐而不为呢？

【绝对智慧】

一时的冲动往往会导致日后的悔恨，实在有些得不偿失。与其说这是一种勇敢，还不如说是一种莽撞。

191. 做人要有分寸

不吃得太多，是一种把握；不运动过量，是一种自知；不得意忘形，是一种稳重；不执迷不悟，是一种理性。这些都是有分寸的表现。做人做到恰如其分，是一种高境界；做事做到恰到好处，是一门大学问。

分寸是一种力量，生活中对分寸操持得很好的人，从某种意义上说，他们首先是一个征服并升华了自己的人，是一个悟性高与定力好的人。能够练好这种"自发功"的人是最有力量的，十之八九，他们都能战胜自己的贪婪、浅薄、盲目或狂妄。

晚清曾国藩回湖南组建湘军，与太平军作战，先后攻克众多重要城池，他因此授封一等侯爵。也就是在这时，曾国藩发现自己的湘军总数已达30万之众，是一支谁也调不动的、只听命于他的私人武装。曾国藩感觉到了自己功高震主的危险，于是他自削兵权，从而消除了清廷的顾虑，使自己依然得到信任和重用。

历史上有不可尽数的人立下绝世功勋，却没能逃脱"狡兔死、走狗烹"

的命运，曾国藩由于及时地把握好了自己作为一个将军大臣的分寸，故能全身而退。

漫漫人生，既是目的，更是过程。人生的成败兴衰、浓淡缓急，无不在把握分寸之中见分晓。把握好了人生的分寸，就等于掌握了自己的命运。

【绝对智慧】

人生的成败兴衰、浓淡缓急，无不在把握分寸之中见分晓。把握好了人生的分寸，就等于掌握了自己的命运。

192. 没有人会一石二鸟

明智的人最懂得把全部的精力集中在一件事上，惟有如此方能实现目标。明智的人也善于依靠不屈不挠的意志、百折不回的决心以及持之以恒的忍耐力，努力在人类的生存竞争中获得胜利。

在这方面，蚂蚁是我们最好的榜样。有时我们看到一只蚂蚁驮着一大颗食物，用尽全力地推着、拖着它前进，一路上不知道要遇到多少困难，要翻多少跟斗，千辛万苦才把一颗食物弄到家门口。蚂蚁给我们最好的教益是：只要不断努力、持之以恒，就必定能得到好的结果。

那些富有经验的园丁往往习惯把树木上的许多能开花结果的枝条剪去，一般人觉得很可惜。但是，园丁们知道，为了使树木能更快地茁壮成长，为了让以后的果实结得更饱满，就必须忍痛将这些旁枝剪去。否则，若要保留这些枝条，那么将来的总收成肯定要减少无数倍。

许多人都想找一条成功的捷径，但却对最实用的忠告视而不见，它就是一个"专"字。任何时候，我们手上如果只有一个中心工作，那就是节约时间。钉子能深入墙内，得力于它的专。不要相信所谓天才的一石二鸟，同时做两件事，即使天才也不能两者都做好。埋头苦干的人，如果又懂得思考，终有一天人们会仰视他。这个世间绝大多数的成就都可以通过不懈

的努力进取来获得。在许多的领域里，不要迷信什么天才，如果有的话，你就是。天才的秘密只是比常人使用了加倍的专一罢了。

【绝对智慧】

不要相信所谓天才的一石二鸟，同时做两件事，即使天才也不能两者都做好。

193. 送礼给即将离任者

在别人给你帮助之后，再将礼物送去，对方一定认为你这样做是理所当然的。如果从未拜托人家帮忙，并将礼物煞有介事地送去，受礼者的想法就会大不一样。送礼结交才上任的总经理与送礼给即将调离的总经理，所取得的效果也有显著的差异。送礼给原为自己上司、但即将调到其他部门担任其他职务的人，将使对方非常感激。

李某曾任某公司总经理，每年年底，礼物、贺卡就像雪片一般飞来。可是一当他退职离休之后，所收到的礼物只有一两件，贺年卡一张也没有收到。以往访客往来不绝，而这年却寥寥无几。正在他倍感人情冷暖、人心不古的时候，以前的一位下属带着礼物来看他。在任职期间，他并不看重这位职员，可是来拜访的竟是这个人，不觉使他感动得热泪盈眶。

过了两三年后，李某被原来公司聘为顾问，当然很自然地就重用提拔这位职员。因为他能在没有利益关系的情况下，登门拜访，因此给李某留下了很深刻的印象。同时更让李某产生了"有朝一日，一旦有了机会，我一定得好好提携他"的想法。

总之，人是有情之灵物，人人都难逃脱一个"情"字。人际交往中，注意对周围的朋友同事多做点感情投资是值得的。

【绝对智慧】

注意对周围的朋友同事多做点感情投资是值得的。

194. 勿在失意人面前谈得意之事

当我们面对一位失意的人时，即使我们不能良言安慰，也不要在人家伤口上洒把盐。也就是说不要在失意人面前谈你的得意之事。因为，即使正常人，也不喜欢你春风得意的样子，更何况你的得意会使失意的人痛上加痛。

在生活中，有些人总认为自己高人一等，事事比人强。于是，他们就难免喜欢把自己的得意挂在嘴上，逢人就夸耀自己如何如何能干，如何如何高明，不会顾及旁人的感受，总是以为这样就能够得到别人的敬佩与欣赏。

事实上，旁人并不愿意听你的得意之事，自我炫耀的结果往往会适得其反。

"说者无心，听者有意"，我们说话时一定要注意这一点。很多是是非非就是从不注意说话开始的，须知"病从口入，祸从口出"！

在别人面前我们一定要多一点谦虚，少一点炫耀，尤其不能在失意者面前炫耀自己的得意。因为你的得意往往会衬托出别人的失意，甚至会让对方认为你炫耀自己的得意之事便是在嘲笑他的无能，让他产生一种被比下去的感觉，这会让失意的人更加恼火，甚至讨厌你。即使是最要好的朋友，当他们失意时，也别提及自己的得意，要知道，每个人的"面子"都是极其重要的。

因此，在朋友面前，千万不要炫耀自己的得意，没有人愿意听这些东西。如果只顾炫耀得意事，对方就会疏远你，令你不知不觉中失去了一个朋友。

当我们送花给别人时，首先闻到花香的是我们自己；当我们抓起泥巴想抛向别人时，首先弄脏的，是我们自己的手。

善于安慰别人，让失意者心情重归于好的话，就是鲜花；而自己的得意事，在失意者面前夸耀的话，再漂亮也是泥巴。

要想左右逢源，处处受大家欢迎，你就必须把自己的得意事放在心里，记住别人的得意事，在适当的时候说出来，这才是别人喜欢听的。当然，如果你不想给人家雪中送炭，或者锦上添花，那么一言不发是最好的选择。

【绝对智慧】

要想左右逢源，处处受大家欢迎，你就必须把自己的得意事放在心里，记住别人的得意事，在适当的时候说出来，这才是别人喜欢听的。

195. 你不理财，财不理你

金钱不是万能的，但没有金钱是万万不能的。这句话虽然有些俗气，却是真理。

穷，不仅仅意味着生活上的窘迫，缺钱带来的精神上的损害，往往比物质上的匮乏更加可怕。

人一旦缺钱，很容易陷入恶性循环。没有钱，就难有大的作为，只能为柴米油盐操心；没有钱，就不敢放弃手里的这块面包，去追求更多更好的东西；没有钱，就进不了有钱人的圈子，就只能在穷人堆里混。身居底层，便很难高瞻远瞩，所以穷人目光短浅，总是错过机会，一生都在仰望别人，为别人的事业添砖加瓦。没钱的无奈，只有穷人自己能够体会：缺钱就没有事业的基础，缺钱得不到良好的教育，缺钱影响心态，缺钱更进不了上层圈子……总之，缺钱的后果不仅是影响到生计，更重要的是影响到心态和眼光，影响到为人处世的方法，影响到人的整个前途。

金钱是如此的重要，那你有没有想过，一种金钱的管理艺术——个人投资理财，或许能改变你的人生？

与富人相比，那些天天省吃俭用、日日勤奋工作的上班族所欠缺的是什么呢？富人何以能在一生中积累如此巨大的财富？答案无非是：投资理财的能力。民众理财知识的差距悬殊，才是真正造成贫富差距的主要原因。

有些人认为理财是富人、高收入家庭的专利，要先有足够的钱，才有资格谈投资理财。事实上，影响未来财富的关键因素，是投资报酬率的高低与时间的长短，而不是资金的多寡。

一个25岁的上班族，如果能保证每月存入一定的钱数，那么依照这种方式投资到60岁退休时，就能成为百万、乃至千万的富翁。投资理财没有什么复杂的技巧，最重要的是观念，观念正确就会赢。每一个理财致富的人，只不过养成了一般人不喜欢、且无法做到的习惯而已。

【绝对智慧】

民众理财知识的差距悬殊，才是真正造成贫富差距的主要原因。

196. 把握今天

聪明的人，不会太多地停留在昨天，也不会太多地幻想明天，而是牢牢地把握住今天。因为他懂得时间不因为回忆而增加长度，也不会因为人的幻想而增加厚度。时间是公平的，富人、穷人，在时间的面前都是平等的。所以，对于来去匆匆的人生，自己要有一个坚定的信念。

对于过去，不要过多地回忆，回忆有时会带来伤感，回忆太多会消磨人的意志。谁都知道，年轻人喜爱梦想未来，老年人都喜欢回忆自己的过去。对于未来，不要有太多想象，不要太过夸张，未来是人们最喜欢的，但又是最不实际的一种兴奋剂。以平常之心对待未来的人之所以活得很好，是他们并不夸饰未来。昨天的经验加上今天的奋斗，一定有一个光辉的明天。

只有把握今天，才是人生的真理！

往日的遗憾可以用今天的成绩来弥补，明日的风景可以用今天的匠心去营造。今天，为你留下了恣意挥洒的空间，你可以努力想象，尽情发挥。今天，是你奋起直追的起跑线，你可以用冲刺的加速度改写昨日的失败和懊悔。

请相信，只要你好好把握住了今天，你理想的天空就不会出现阴霾，

你耕耘的田野就会硕果累累，你事业的航船就会一帆风顺，你成功的身后就会留下一座不朽的丰碑。当明日朝阳升起的时候，你就会心情舒畅，坦然面对。

【绝对智慧】

聪明的人，不会太多地停留在昨天，也不会太多地幻想明天，而是牢牢地把握住今天。

197. 永远不要做一个离群索居者

《君王论》的作者马雅基维里曾论证过：在严格的军事意义下，建筑堡垒是一项错误。堡垒会变成力量孤立的象征，成为敌人容易攻击的目标。原意设计用来防卫的堡垒，事实上截断了支援，也失去了回旋的余地。堡垒可能固若金汤，然而一旦将自己关在里面，所有的人都会知道你的下落。围城不见得要成功攻破它，就足以将敌人的堡垒转变成监牢。由于空间狭小、隔绝，堡垒更是非常容易受到瘟疫和传染病的侵袭。在战略意义上，孤立的堡垒不但没有防御功能，事实上还会制造出更多的困难，胜过解决的问题。

人类在本性上是群居的动物，权力必须依赖社会互动与四处周旋，想要让自己有足够的影响力，你必须将自身置于核心地位，也必须注意街上的一切动静。大多数人在受到威胁时才会意识到危险，一旦面临这种情况，他们倾向于隐退，摆出防御的阵势，在深筑高垒中寻找安全感。然而，这么一来，他们就得依赖越来越小的圈子提供资讯，无法清楚地了解四周的动静。不但丧失了机动性，而且更容易成为受攻击的目标。孤立会使得他们产生偏执妄想，如同在战争中以及绝大部分策略游戏中一样，孤立往往是挫败与死亡的前兆。

在环境不确定甚至十分危险的时刻，人们必须战胜想要退缩的欲念，反其道而行，让自己更容易与人交流，寻求旧战友，结交新盟友。逼迫自己打入更多形形色色的圈子里，这是自古以来掌权者的秘诀。

既然人类是群居的动物，就必须与他人保持频繁的接触，才能锻炼出让自己受欢迎的社交技巧。你越和别人接触，就会变得越来越优越、从容。另一方面，离群索居会让你的举止笨拙，导致进一步的孤立，人们会开始回避你。

权力是人创造出来的，必然由与其他人接触才能得以扩张。千万不要掉进深筑高垒自保的心理状态，相反应该用这样的态度来看待这个世界，就像富丽堂皇的凡尔赛宫一样，每一个房间都能相通。每个身在其中的人都必须具备一定的渗透力，能够悠游自得进出不同的圈子，和不同类型的人打成一片。

这样广泛的社会接触可以保护你避开包藏祸心的人，保持机动性。迅捷移动的动物，猎人就不易迅速瞄准它。

【绝对智慧】

既然人类是群居的动物，就必须与他人保持频繁的接触，才能锻炼出让自己受欢迎的社交技巧。你越和别人接触，就会变得越来越优越、从容。另一方面，离群索居会让你的举止笨拙，导致进一步的孤立，人们会开始回避你。

198. 善于制造自己的优势

在我们的人生中，当我们与他人同处于一个起跑线时，你想过如何才能战胜对手吗？专家将告诉你一个重要的策略，那就是，差异化策略。这个策略的目的就是运用你的优势去击败他人的弱势，这就好像春秋战国时田忌赛马一样，如果你与别人同样拥有优、中、差三匹马，那么你会采取怎样的办法去赢得对方呢？首先，你要用你的优马和他们的中马比，结果是你胜；其次，你用你的中马与他们的差马比，结果是你胜；最后，你用你的差马与他们的优马比，结果是你败，但按照三局二胜的规则，你仍然

是胜利者。

近代日本曾经有一位著名的武士，被称为是打遍天下无敌手，与他格斗的对手无论刀法多么精妙，最终都会死在他的剑下，这是为什么呢？这个秘密后来被跟随他几十年的助手一语道破，原来他善于制造自己的优势。

据说，这位武士在接受了对方的挑战之后，总是在格斗的时间过了以后才姗姗来迟，而对手此时已经处在暴躁和愤怒的边缘了，早有心理准备的武士内心却非常冷静并且胸有成竹，绝不会受到情绪的影响。更重要的是，一旦格斗开始，这位武士总是大喊一声，先向对方发起进攻，并抢占背光的位置，受到惊吓的对方此时内心已乱，而从逆光的角度去看武士，显得武士更加高大，手中的刀剑也更加闪亮，而几乎就在这同时，武士早已在对手正面耀眼的光圈中展开了自己的绝命刀法，在这种情况下，对手通常在三招之内毙命。

【绝对智慧】

以绝对的优势战胜对方者，不算英雄。只有大家水平差不多，而能主动制造优势，从而战胜对手的人，这才是真正的英雄。

199. 平平淡淡不是真

蔡志忠说："我用10年的时间名满天下，赚了1000万。倘若重新给我选择的机会，我就用这十年去看看高山，听听流水，别的什么也不做。"一位著名的作家说："我更倾向未成名前简简单单的读书生活。"一些早已体验了世间百味，经历了无数荣誉与挫折，走过了不尽弯曲与坎坷之路的人，说出这样的话是毫不为怪的，为了成功做出极大付出后，终归于平淡。

然而，更多的人并没有成功过，却也叫着平平淡淡才是真，这与成功人士成功之后归于平平淡淡的心境并无共通之处。不成功却也叫着追求平淡，其实是无能的一种托词。每个人生于世间时，他只是一张白纸。而在随后漫长的岁月中，他所做的一切便是尽可能地为这张白纸增添尽可能多的色彩，绘成一副绚丽的彩画，这才是我们的最圆满结局。那些饱尝世上滋味的成功者早已将他的人生画卷涂抹得色彩斑斓，他归于平静的原因只是想静下心来做一些最后的修改。或许是真的有些倦怠了，一旦休息时，他会觉得很是惬意，于是便说出了上面的话语。但是倘若真的让时光倒转，我想蔡志忠依旧会不懈地画他的漫画，王蒙仍然会不倦地写他的文章。

是的，成功意味着痛苦，意味着超人的付出，意味着这样或那样的代价……但只有这样，我们才真正体验到生活的原味，尝到人世间的酸甜苦辣，才使生活中的甜愈甜，苦愈苦，涩愈涩，进而真正地了解了生活。而那些看似毫无苦痛，平静的人才是最大的可怜者，临死时，他只能品尝到这一种淡淡的滋味。

【绝对智慧】

我们来到这个世界上，绝不是单单为了平淡而来。轰轰烈烈地做一番事业，才不会辜负我们宝贵的一生。

200. 金钱是重要的

拥有金钱的确是实现成功的一个重要因素。而且任何哲学若想帮助人们变得有价值、变得快乐富有，就必须承认金钱应有的地位。

在物质主义大行其道的年代里，一个冷酷无情的事实就是：人无异于一颗小小的沙粒，一有任何风吹草动就会被吹得没有立足之地，除非他背后有金钱的力量充当后盾！

才智会给拥有它的人带来许多回报。但是，只有才智，却没有金钱来给才智提供充分的展示空间，那所谓的"回报"也就不过是一份空架子般的荣誉。

不管一个人拥有多大的能力，或者受过多好的教育，再或是如何的天资聪颖，都不能无视这样一个不争的事实：没有钱的人只能靠有钱人的怜悯度日。

事实让人无法回避，人们很大程度上会用你的银行账户的数字来衡量你的价值，不管你是谁，不管你都能做些什么。大多数人在遇到一个陌生人时，脑子里出现的第一个问题就是"他有多少钱"。如果他有钱，那他就会受到热情的款待，一路上的商机更是挡都挡不住。人们对待他仿佛众星捧月，他是人们心目中的偶像。

但是，如果他脚上的鞋跟已经磨平了，身上的衣服皱皱巴巴、领口脏兮兮的，一眼看去就是一个穷困潦倒的人，那他的遭遇将非常悲惨。人们会鄙夷地从他身旁走过，不屑一顾地把嘴里吐出的烟雾喷到他的脸上。

这些话听上去可能让人感觉很不好，但是它们有一个好处：让你知道，什么才是最重要的。

【绝对智慧】

人们很大程度上会用你的银行账户的数字来衡量你的价值，不管你是谁，不管你都能做些什么。

201. 紧捂钱包的人一点也不迷人

免费的东西可能潜在一定的危险性。通常要不是涉及诡计，就是隐藏着要付出某种义务。

在人性的丛林里，所有事物都必须依据它的代价来裁判，而且一切事物都有价钱。免费供应或者经过打折的东西，往往附随着受恩的复杂情感，或者意味着质量上存在问题。权势在握的人很早就学会保护最宝贵的资产：独立自主与操控空间。他们会付出全额的价钱，让自己免于危险的纠葛以及烦忧。

在金钱上保持开放与灵活的弹性，也教导了你策略性慷慨的意义，这是谋略"先予后取"的变形——赠予适当的礼物，能让受者不得不感恩。因为慷慨会使人软化，容易上当受骗。

如果你能获得慷慨大方的美誉，你就能赢得人们的敬佩，同时转移他们的注意力，看不见你隐藏在背后的权谋动作。因此，策略性的散财，会令他人倾倒，能结交到许多有价值的朋友。

看看权力场上的大师们：凯撒大帝、伊丽莎白女王以及麦迪逊等人物，他们之中没有一个是吝啬鬼。即使是那些出色的骗术家，为了诈骗也往往不惜金钱。

在任何情况下，紧捂钱包的人一点也不迷人。掌握权势的人了解，金钱充满灵性，同时也是成功社交的通路，他们让金钱变成自己军械库里的武器。

【绝对智慧】

掌握权势的人了解，金钱充满灵性，同时也是成功社交的通路，他们让金钱变成自己军械库里的武器。

202. 当众拥抱你的敌人

一定要当众拥抱敌人，这样才能占据主动地位，"制人而不受制于人"。

因为你公开作秀，不仅迷惑了对方，使对方搞不清你对他的态度，同时也迷惑了第三者，搞不清楚你和对方到底是敌是友，甚至都有误认你们已"化敌为友"的可能。而且，一定要在公开场合唱假戏，而且观众越多越好。如果私下"拥抱"，那不是双方言归于好，就是你向对方投降。"当众"拥抱，表面上不把对方当"敌人"，但私底下怎么想，是不是背后下绊子、捅刀子，谁又知道呢？

处世中当众拥抱这种手段，可以动摇对方再对你攻击的立场，若他不理你的拥抱而依旧攻击你，那么他必招致他人的谴责。

【绝对智慧】

"当众"拥抱，表面上不把对方当"敌人"，但私底下怎么想，是不是背后下绊子、捅刀子，谁又知道呢？

203. 为人太清高，就是自绝于江湖

为人清高本来是一个人具有较高修养的体现，但过分的清高会使自己脱离群体，与群体意识相悖，甚至会令人厌烦，让人疏远，成为一个人处世的障碍。生活中也确有相当数量的人存在着过分清高的毛病，不合群、难与人相处。事实上，犯这种毛病的人大多还是有较高文化和一定影响的人。

当然，这并不是说，读多了书就一定会自以为是、目空一切，但是相比之下，读书人爱犯这种毛病却是千真万确的事实。

一般而言，自恃清高的人大多都存在着某种潜在的心理问题。自恃的动因多半是虚荣心在作怪。有人说虚荣是落后的根源、骄傲的渊薮，并非没有道理。正是虚荣心作怪，自恃清高者才自欺欺人，干出瞪着眼睛说瞎话的傻事。不管是自觉的自恃清高还是未被察觉的不自觉的自恃清高，都属于自己未能真正了解自己的范畴。

自恃清高的人往往对社会的期望值过高，但是，由于这种期望本来就是建立在虚假基础上的，所以最终的结果必然是好梦难圆，期望落空。于是随之而来的就是懊丧、不平以及对社会、各种机遇、人际关系的诅咒与报怨。这种情况，在文学领域可能早就屡见不鲜了，李白当年自恃才高盖世，目空一切，与人不相容，钻进了"天生我才必有用"的死胡同，卷入政治涡流之中又难以自拔，所以必然会陷入孤芳自赏的迷魂阵中，最后只能以悲剧而告终了。

【绝对智慧】

过分的清高会使自己脱离群体，与群体意识相悖，甚至会令人厌烦，让人疏远，成为一个人处世的障碍。

204. 说得越多，越显得平庸

科里奥拉努斯是古罗马时代一名了不起的英雄，他以"战神"之名闻名于世，赢得了许多重要的战役，屡次拯救罗马城免遭杀戮。由于他大半光阴消耗在战场上，罗马人很少认识他本人，这使得他成为谜一样的传奇人物。

公元前454年，科里奥拉努斯打算角逐最高层的执政官来拓展自己的名望，从而进入政治界。

竞逐这个职位的候选人必须在选举初期发表公开演说。自然而然地，科里奥拉努斯以自己10多年来为保卫罗马累积下来的无数伤疤作为开场白。虽然市民中很少有人真正去听接下来的长篇演说，但是那些伤疤证明了他的勇猛与爱国情操，令人们感动得热泪盈眶，几乎每个人都认定他会当选。

然而在投票日来临的前夕，科里奥拉努斯由所有元老及城里的贵族陪同进入会议厅。此时此刻，目睹这种排场的普通平民对于他在选举前如此大摇大摆的态度开始感到不安。当科里奥拉努斯发言时，内容绝大部分是说给那些陪同他前来的富有市民们听的，他不但傲慢地宣称自己注定会胜利，而且再度吹嘘自己在战场上的功绩。他无理地指责对手，还说了一些讨好贵族的无聊笑话。这一次人们听仔细了，原来这名传奇英雄只不过是个平庸的吹牛大王。

科里奥拉努斯第二次演说的消息迅速传遍了罗马，人们纷纷改变了投票意向。

步入政界之前，战场上树立的丰功伟绩，使科里奥拉努斯之名令人崇敬。人们对他的了解极少，各式各样的传说才附会在他的名下。然而当他在罗马市民面前信口开河时，所有的荣耀和神秘感都消失了，他像一名普通士兵般大言不惭、装腔作势，并且侮辱、诋毁平民。突然之间，他不再是老百姓想像中的样子了，传说与现实之间的差距使得那些想要依赖英雄

成就卓越人生的处世法则

THE RULE OF EXCELLENCE IN LIFE

的人们极度失望。科里奥拉努斯说的越多，就越显得苍白无力。一个人无法控制自己的言辞，说明他缺乏自我控制力，也就根本不值得尊敬。

如果科里奥拉努斯不那么多言，老百姓也就不会受到他的冒犯，也就不会明了他真正的意图。人类的舌头如同一个桀骜不驯的野兽，不断地想要打破牢笼，而一旦冲出牢笼，就会狂奔乱窜，令你后悔莫及。

信口开河的人往往无法令人信任，自然也无法拥有权力。

【绝对智慧】

人类的舌头如同一个桀骜不驯的野兽，不断地想要打破牢笼，而一旦冲出牢笼，就会狂奔乱窜，令你后悔莫及。

205. 将底牌紧紧地握在自己手中

在法国路易十四的宫廷里，贵族和大臣们总是日夜不休地争论国事。他们不断重复地争辩，不断地循环往复，为的是能推选出各自的代表去晋见国王。有了人选之后，他们还会继续争论应该如何陈述议题，如何打动路易，如何避免惹恼他，应该在什么时间晋见，在凡尔赛宫的哪一个厅晋见，晋见的代表脸上应该挂着什么样的表情。

正式晋见之日，代表们只是喋喋不休地陈述各自的意见，国王则永远只会静静聆听，脸上挂着难以猜测的表情。待双方分别陈述完毕后，国王看着两人不动声色地说："我会考虑的。"然后就走开了。自此绝不会有任何人能再从他口中得到关于这个议题的任何意见，他们只能在几星期之后见到国王所做的决定和已采取行动的结果。国王在做出最后的决策前是绝对不会再浪费精力去询问他们的意见。

路易十四是一个非常寡言的人，他最著名的一句话"朕即国家"，简洁之至又雄辩滔滔。"我会考虑的"，是他用来回答各式各样的请求，简短而有力的答复之一。

其实路易十四并非一直如此，年轻时他以长篇大论、陶醉在自己的雄辩之中而闻名。沉默寡言是他后来自我克制的结果，他常常用此策略令别人惊惶失措。没有人确切地知道他的立场，人们无法预测他的反应，更没有人能以投其所好的话来欺骗他，因为根本没有人知道他喜欢听什么话。在他们面对沉默的国王滔滔不绝地表达自己的想法时，就越来越将自己的底牌显露出来，路易十四将这些底牌紧紧地握在自己手中，需要的时候抽出来狠狠地打击他们。

国王的缄默使周围的人恐慌不已，任他摆布，这正是权力的一项基础。如同圣西蒙所说："没有人像他一样懂得如何抬高自己，他的言辞、微笑，甚至是一抹眼神，对他人来说都显得如此珍贵无比。"

如果你说的比实际需要的少，必定会令你看起来更有威望。人是追求诠释的机器，都想要知道他人在想什么。如果小心翼翼地控制要吐露的思想，他们就无法洞察你的真实意图，反而将自己的弱点暴露在你的面前。

【绝对智慧】

人们在滔滔不绝地表达自己的想法时，就越来越将自己的底牌显露出来。你要学会将这些底牌紧紧地握在自己手中，需要的时候，抽出来狠狠地打击他们。

206. 首先，确立你的对手

我的一个朋友养了一只德国种的牧羊犬，平时无事的时候这只牧羊犬无精打采地躺在地板上睡眼惺忪地打瞌睡，懒得就像一团泥，但一旦它感觉到威胁降临或某种它认为的敌人来临时，就会两眼炯炯有神，耳朵竖起，毛发也好像有了精神。只有这个时候，我们才真正能够体会到这是一只优秀的牧羊犬。

几乎所有的英雄都是为他们的敌人而活着的。独孤求败在雨夜里歇斯底里地狂叫"谁敢杀我！"他的内心因为没有对手而无依无助；当李元霸举

锤打天的时候，是多么的痛苦与无奈；诸葛亮病死之时，司马懿曾感到无比的寂寞。当进攻者失去了对手时，他们的眼中就会失去神采。如果你是一个富有进取心的人，请先确立你的对手。

如果你找不到对手的话，那么将所有的难题写在纸上，把它们当作你的对手，然后逐一攻破。

【绝对智慧】

在武林中，当你打遍江湖无敌手时，自己的武功实际上也废了。因为你没有用武之地，没有证明自己的机会。

207. 人人都相信自己是正确的

公元前131年，罗马执政官马西努斯围攻希腊城堡，需要用撞墙槌攻破城门。他以前看到过雅典的船坞里有两支沉甸甸的船桅，就下令将其中较大的一支立刻送来。接到命令的雅典军械师认为，较短的一支更容易把墙撞开，于是军械师自作聪明，坚持把较短的桅杆送了过去，并深信执政官一定会因为他阻止了一个错误的决定而赏赐他。

短桅杆运抵战场后，马西努斯非常生气，军械师却没有发觉，仍然高兴地向马西努斯解释送来短桅杆的原因。他滔滔不绝，并表示在这些事情上听取专家的意见才是明智的，攻城时采用他送来的撞墙槌一定是最有效的。没等他说完，马西努斯便当着全体士兵的面剥光了他的衣服，用鞭子活活把他打死了。

这名军械师是专家，在这个城市里，他被推崇为最好的技师。他知道自己是对的，较短的撞墙槌速度比较快，力量也比较强。但是马西努斯不了解这些——他肯定不会承认自己是错误的。

人人都相信自己是正确的，因此好辩者的高论等于落入聋者的耳朵。一旦被逼到墙角，喜欢在嘴上逞能的人只会争辩得更厉害，这无异于自掘坟墓。不仅要避免和上司争辩，和其他人说话也要谨慎，学着小心翼翼地以间接方式证明自己想法的正确性。

想要借助争辩证明观点或赢得胜利的危害在于：到最后你永远无法确定与你争辩之人是否受到你的影响，或许表面上他们礼貌地同意你的观点，内心却痛恨你。

【绝对智慧】

人人都相信自己是正确的，因此好辩者的高论等于落入聋者的耳朵。

208. 除了工资，我们还应该有更高的追求

无论是刚入职场的新人还是打拼多年的老手，如果仅仅是为了工资而工作，再没别的更高层次的追求，那么他在欺骗自己。

如果只允许我对每个站在人生创业起点的年轻人说一句话，我会说："年轻人，不要一开始就过于在意你的薪水。而是应当多想想你对自己的表现打多少分——你是否锻炼了自己的能力，是否增长了见识，是否使自己站到了新的高度。"

俾斯麦在德国驻俄罗斯大使馆担任秘书时，挣的工资少得可怜，但就在那之后，他建立了德意志帝国。因为在他做那份工作的时候，他掌握了大量的外交策略和方法，这为他日后的发展奠定了坚实的基础。他非常勤奋、高效地工作，德国对他工作的认可程度比大使本人都高。如果俾斯麦在工作中只是为了赚钱，那么他可能永远只是个职员，而整个德国又将处于战火纷飞的局面。

我从没见过一个成长得很快的员工，把工资作为自己工作的目标，对他来说，每个月末的工资袋中所装的都远远比工资要多。一个真正快乐的人，从工作中得到的乐趣并不只是简单地获得工资。

你觉得像安德鲁·卡内基、约翰·沃纳梅克、罗伯特·奥格登一样的商界成功人士，他们在创业之初会和老板为了工资而喋喋不休吗？如果他

们当初是这样的话,那么现在一定还在别人手下为微薄的工资辛苦工作着。他们要的不是工资,而是工作的机会,一个能够学习到商业精髓的机会。当他们在认真学习,为今后的工作积累经验的时候,由于时机不成熟,所得到的工资只能勉强维持生计罢了,但是当他们熬过那段艰苦岁月,最终都获得了成功的。

【绝对智慧】

那些能有一番作为的人,肯定不是当初为工资争来吵去的人。

209. 掌握认错的尺度

脾气大的领导怒火中烧地冲着下属发火后,往往希望下属能向自己承认错误,能够进行深刻地反省,以免以后再犯。许多公司里的老员工都明白这个道理,男子汉大丈夫嘛,能屈能伸。于是当上司训斥完自己后,一般都会主动到上司的办公室去反省一番。

虽然向上司主动道歉是一个获得上司好感、消除上司怒火的好办法,但是道歉是有原则和尺度的,不能随随便便地道歉,也不能凡事都道歉。当下属向上司道歉的时候,一定要简洁明了,要恰到好处。小说或者电视里看到的那些悔恨不已、痛哭流涕的情形是千万不能出现的,又不是犯了什么罪大恶极的错误,痛哭流涕什么?这样的表现只是更加显示了下属的无能,增加上司对下属的不满。

正确的道歉方式其实就是四个字:简洁、适当。你只要把本质的事情说清楚了,向上司表明已经知道自己错了,对自己的错误已经有了足够的认识,这就可以了。

【绝对智慧】

当下属向上司道歉的时候,一定要简洁明了,要恰到好处。小说或者电视里看到的那些悔恨不已、痛哭流涕的情形是千万不能出现的。

210. 千万别拿"场面话"当真

说"场面话"也是一种生存智慧，行事圆滑的人都懂得说，也习惯说。这不是罪恶，也不是欺骗，而是一种必需。

所谓的"场面话"，有的是实情，有的与事实有相当大的差距，听起来虽然很牵强，但只要不太离谱，听的人十之八九都感到高兴。

诸如"我会全力帮忙"、"有什么问题尽管来找我"等。这种话有时是不说不行，因为对方运用人情压力，若当面拒绝，场面会很难堪，而且会马上得罪一个人。若对方缠着不肯走，那更是麻烦。所以用场面话先打发走，能帮忙就帮忙，帮不上或不愿意帮忙再找理由。总之，这也是一种缓兵之计。

不过，我告诫你千万别相信场面话。

你一定会遇到许多这样的情况——对你称赞或恭维的场面话，你要保持冷静和客观的态度，千万别因他人的两句话就得意忘形，因为那会影响你的自我评价。冷静下来，反而可以看出对方的用心如何。

对于别人满口答应的场面话，你只能保留态度，以免希望越大，失望也越大，只能姑且信之。因为人情的变化无法预测，你不能知道他的真实想法，只有抱着最坏的打算。如果要弄清楚对方说的是不是场面话也不难，事后求证几次，如果对方言辞闪烁，虚与委蛇，或避而不谈主题，那么对方说的可能就是场面话了！

与人交往，如果他对你说了场面话，你一定要有清醒的头脑，否则可能会坏了大事。

而对于你，有时也要说些场面话，这不是圆滑，而是一种技巧。

【绝对智慧】

对于别人满口答应的场面话，你只能保留态度，以免希望越大，失望也越大。

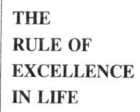

211. 顶着压力向前走

人有旦夕祸福，天有不测风云。倘若，一旦有危险或者灾难发生，最大的受害者不是那些满身伤痕的人，而是那些惊惶失措、呼天抢地的人。诗人培根说："真正成熟的人标志是：在你周围的人都失掉了理性，群起责难你的时候，你仍旧能保持冷静的头脑。"不失掉希望和信心才是我们成功的关键。

有时候，我们很容易对自己、对工作、对整个世界失去希望和信心。一般而言，画家笔下的希望之神大都是年轻且充满活力，昂首阔步，笑对风暴。然而英国画家瓦茨对希望的认识却与众不同。他笔下的希望之神是满身创伤、衣裳破碎、伤口还在淌着血，手里的七弦琴只剩了一根弦，但是她的双目却闪耀着光芒。其实，这才是真正的希望之神——遭遇了人生万般坎坷，仍旧带着笑容注视前路。

压力是无所不在的，无论你是跋涉者，还是已有成就的幸运者，只要向更高更远的风景处去攀登，那么，就一定会有压力。你不要认为成名的老手比较轻松，其实，人的名气愈大，包袱愈重。他们是扛着半生的荣誉上台，怎么能不慎重呢？

压力对一个人，不仅是压力，更是一种迎向成功的动力。因为，它只会使我们站得更挺，步履更稳，能够在未来承担更大的压力，产生更强的斗志，且从身体的内部、心灵的深处，激发出源源不断的力量，走向人生的凯旋门！

【绝对智慧】

培根说："真正成熟的人标志是：在你周围的人都失掉了理性，群起责难你的时候，你仍旧能保持冷静的头脑。"不失掉希望和信心才是我们成功的关键。

212. 结交一流的人物

朋友对我们就像书籍一样，真正的朋友总不忍坐视我们的颓丧，而时常鼓励我们，使我们增加勇气。

要和人相识，并不像通常所想像的那么困难，就是想结交地位较高的人也是如此。尤其是年轻人，可以无所顾虑地和地位较高的人亲近。

怀特是美国印第安纳州小乡镇上的铁道电信事务所的新雇员。16岁时，他便决心要独树一帜。27岁他当上了管理所所长。后来，他先成为西部合同电信公司经理，接着成为俄亥俄州铁路局局长。

当他的儿子上学就读时，他给儿子的忠告是："在学校要和一流人物结交，有能力的人不管做什么都会成功……"

一些人也许会觉得这句话太庸俗。但请别误会，把有能力的人作为自己的榜样并不可耻。朋友与书籍一样，好的朋友不仅是良伴，也是我们的老师。要与伟大的朋友缔结友情，跟第一次就想赚百万美元一样，是相当困难的事。这原因并非在于伟人们的出类拔萃，而是我们自己容易忐忑不安。年轻人之所以容易失败，是因为不善于和前辈交际。第一次世界大战中法兰西的陆军元帅福煦曾说过："青年人至少要认识一位善通世故的老年人，请他做顾问。"

不少人总是乐于和比自己差的人交际，因为在与这些人交际时，能产生优越感。可是从不如自己的人当中，显然是学不到什么的。而结交比自己优秀的朋友，能促使我们更加成熟。

我们可以从劣于我们的朋友中得到慰藉，但也必须获得优秀的朋友给我们的刺激，以助长勇气。

【绝对智慧】

不少人总是乐于和比自己差的人交际，因为在与这些人交际时，能产生优越感。可是从不如自己的人当中，显然是学不到什么的。

成就卓越人生的处世法则

THE RULE OF EXCELLENCE IN LIFE

213. 只有懂得分享，才会有真快乐

生活需要分享。没有人分享的人生，无论是快乐还是痛苦，都是一种惩罚。

一位犹太教的长老，酷爱打高尔夫球。但犹太教义规定：信徒在安息日必须休息，不能做任何事情。

在一个安息日，这位长老终于忍不住了，偷偷跑到高尔夫球场，他想只打9个洞就收杆回家，反正球场上一个人也没有，自然也不会有人知道他违反规定。

然而，当长老在打第二洞时，却被在人间巡视的天使发现了。天使在上帝面前告状，说长老不守教义，居然在安息日打高尔夫球。上帝说，一定会好好惩罚这个长老。

在打第三个洞的时候，长老打出了超完美的成绩——一杆进洞。长老兴奋极了，接连几杆，长老都一杆将球击进洞里。在打第7个洞时，天使又跑去找上帝："上帝呀，为何还不见您对长老的惩罚？"上帝说："我已经在惩罚他了。"

直到打完第9个洞，长老都是一杆进洞。因为这次球打得太顺利了，于是长老决定再打9个洞。天使又去找上帝了："您到底准备怎样惩罚长老呢？"上帝只是笑而不答。

打完18个洞，长老的成绩已经超过了任何一位世界级的高尔夫球手，长老兴奋异常。天使心中不平，他问上帝："这就是您对长老的惩罚吗？"

上帝说："正是，你想想，他有这么惊人的成绩，以及兴奋的心情，却不能把自己在安息日打球的事跟任何人说，这不是最好的惩罚吗？"

即使是快乐，当它不能与别人分享时，也会变成一种惩罚。快乐如果能够分享，快乐会加倍；痛苦如果能够分担，痛苦会减少。

无论欣赏多么神奇的美景，如果没有机会向人讲述，你就绝不会感到快乐。一个无人分享的快乐绝非真正的快乐，而一个无人分担的痛苦则是最可怕的痛苦。如果永远没有人知道，痛苦很容易变成绝望，而快乐——同样也会变成绝望！

【绝对智慧】

无论欣赏多么神奇的美景，如果没有机会向人讲述，你就绝不会感到快乐。一个无人分享的快乐绝非真正的快乐，而一个无人分担的痛苦则是最可怕的痛苦。

214. 不要让你的优点误了你

400多年前，英国经济学家格雷欣发现了一个有趣的经济现象：如果市场上有两种货币——良币和劣币，只要二者所起的流通作用等同，人们在使用中往往会选择劣币，储存良币。久而久之良币就会退出市场，这就是劣币驱逐良币原理。后来被人们称做"格雷欣法则"。

北京的自行车行业是全国最发达的，供需两旺，但由于太分散，价值也不大，很难管理。于是就有三五人租间屋，买些来路不明的散件三下五除二就拼装出一辆自行车，再随便贴个牌子，推向市场，而那些货真价实的品牌自行车哪能抵挡住冲击？在同等价格下，它难以弥补其成本，只有被假冒伪劣的拼装车挤出市场。所以出现了北京的自行车市场到处充斥着差车，名牌好车仅占很小的份额。

劣币驱逐良币实际上是一种反淘汰现象，在生活中太常见了，比如挤公共汽车，被甩下的除了老弱病残，就是公德水平高的人，不守规则的人反而先上车占好座。

美丽的女生往往有一个平庸的男朋友，而优秀男生的女友又常常长相平平。让我们做个假设来说明：优秀男生甲和平凡男生乙共同追求美丽女生丙，男生乙自知论帅气程度及经济实力都不如甲，所以追求攻势就格外猛烈。而甲虽然也很喜欢丙，但碍于面子，也由于自恃实力雄厚，所以追求起来就内敛含蓄。美丽女生丙实际上喜欢甲要远胜于乙，但由于信息不

对称——她不能肯定甲是不是也像乙那么喜欢她，再加上女孩子的自尊心作怪，所以会显得很矜持。最后的结果很可能是乙大获全胜娶到了丙，而丙会带着遗憾，心里想着甲却成为乙的新娘。生活中许多事情的结果都是这样。

【绝对智慧】

如果是艺不如人，输了我们心甘情愿。但更多的时候是被自己所谓的优点耽误了，也就是输在了心态上，那多少就有点不值了。

215. 没有人可以独自成功

14世纪，只有教堂里才有风琴，而且必须派一个人躲在幕后"鼓风"，这样风琴才能发出声音。

有一天，一位音乐家在教堂举行演奏会，一曲既终，观众报以热烈的掌声。音乐家走到后台休息，负责鼓风的人兴高采烈地对音乐家说："你看，我们的表现不错嘛！"音乐家不屑地说："你说我们？难道是指你和我？你算老几？"说完他又重新回到台前，准备演奏下一首曲子。但是他按下琴键，却没有任何声音奏出。音乐家焦急地跑回后台，对鼓风的人低声下气地说："是的，我们真的表现不错。"

这位音乐家没有他人的配合，便无法完成演出工作。同样，一个天才没有别人的协助，那他只能做个平凡的人了。

合力的作用是巨大的。做事情不能一盘散沙，而是要把大家的力气往一处使，这就是成大事者的合力之道，也是赢家手中的秘密武器。

【绝对智慧】

一个天才没有别人的协助，那他只能做个平凡的人了。做事情不能一盘散沙，而是要把大家的力气往一处使，这就是成大事者的合力之道，也是赢家手中的秘密武器。

216. 不要只做一个跟随者

有目标，一分一秒就是成功的记录；没有目标，一分一秒都是生命的流逝。

法国科学家约翰·法伯曾进行过一个很著名的"毛毛虫实验"。他在一只花盆的边缘摆放了一些毛毛虫，让它们首尾围成一个圈，与此同时在离花盆6英寸的地方撒了一些它们最爱吃的松针。由于这种毛毛虫天生有一种"跟随者"的习性，因此它们一只跟着一只，盲目地跟随着前面的毛毛虫，绕着花盆一圈圈地爬行。令法伯感到惊讶的是，这群毛毛虫当天在花盆边缘一直走到精疲力竭才停下来，其间曾稍作休息，但是没吃没喝，连续走了十多个小时。

时间慢慢过去，一分钟，一小时，一天，两天……守纪律的毛毛虫队列丝毫不乱，依然这样没头没脑地兜着圈子。连续7天7夜，它们饥饿难忍，精疲力竭，一大堆食物就在离它们不到6英寸远的地方，结果它们却一个个地饿死了。

在对这次实验进行总结时，法伯的笔记本里有这样一句话："在那么多的毛毛虫中，如果有一只与众不同，它们就能改变命运，告别死亡。"

毛毛虫总是喜欢盲目地跟着前面的同伴爬行，科学家把这种习惯称之为"跟随者"的习惯。他们主要的失误在于失去了自己的目标，只是按照习惯的方式盲目地行动，结果进入了一个循环的怪圈。

人能走多高首先取决于你站在哪儿，但更重要的还是选准方向，找准目标，持久稳健地走下去，才有希望到达"顶峰"。无论跟别人有多近，也只能成为第二，走别人走过的路。

【绝对智慧】

盲目地跟进不但会失去目标，更危险的是会失去自我。

217. 先做最重要的

有一天，动物园的管理员们发现袋鼠从笼子里跑出来了，于是开会讨论，一致认为是笼子的高度过低，从而导致袋鼠从笼子里跳出去，所以他们决定将笼子的高度由原来的10米加高到20米。可是第二天，他们发现袋鼠依旧能够跑到外面去。于是他们又加高了笼子的高度，没料到第三天袋鼠依旧在笼子的外面活动。长颈鹿好奇地问袋鼠："你看，这些人会不会再继续加高笼子呢？"袋鼠说："很难说，如果他们再继续忘记关门的话！"

袋鼠逃跑，不是因为动物园的笼子不够高，根本的原因在于工作人员根本就不关门！一个多么可笑的错误，可悲的是，很多人每天都在犯这样的错误。事有"本末"、"轻重"、"缓急"，关门是本，加高笼子是末，舍本而逐末，当然就不得要领了。其实我们只要界定问题的重要性，那么问题就解决了一半。

不论在什么位置、干什么工作，抓住重点都是必要的。

美国汽车公司总裁莫瑞要求秘书，把给他看的文件放在各种颜色不同的公文夹中。红色代表特急；绿色代表要立即批阅的；桔色的代表这是今天必须注意的文件；黄色的则表示必须在一周内批阅的文件；白色的表示周末时须批阅；黑色的则表示是必须他签名的文件。

把你的工作分出轻重缓急，条理分明，你才能在有效的时间内，创造出更大的财富，也会使你在工作中游刃有余，事半功倍。每个人的精力都是有限的，如果在不重要的事情上花费过多的精力，就没有足够的时间考虑重要的事情，仓促的决定等于巨大的危险。

【绝对智慧】

每个人的精力都是有限的，如果在不重要的事情上花费过多的精力，就没有足够的时间考虑重要的事情，仓促的决定等于巨大的危险。

218. 一旦咬住，决不放松

有些年轻人总是在谈论天才，他们似乎总是认为，在这个世界上每一个做出伟大成就的人都是天才，都有着很高的天资。实际上，大部分创造历史的人都是普通人，他们能力一般，但他们都很勤奋，有很强的实践精神，有着非凡的决心和坚定的毅力。

面对自己的目标，重要的是不要灰心，不要放弃或停止脚步，也许你与自己的目标已近在咫尺。当格兰特身处夏伊洛的时候，他认为自己快要失败了，但他坚持了下来。就是这样的坚持，使他成为了那个时代最伟大的军事家。在夏伊洛战败之后，美国几乎所有的报纸都敦促他下台。林肯的一位朋友要求林肯把指挥权给别人，但是面对这些请求，林肯说："我不能让这个人离开，他尽力战斗了。他会像牛头犬一样地坚持，一旦咬住，决不放松。"这就是一种坚韧，在别人身上找不到的坚韧。

牛头犬是各种犬类之中最令人畏惧的一种，因为一旦它咬住某个东西，想从它嘴里抢下来几乎是不可能的。

整个世界都会为这种牛头犬式的坚韧让路，因为别无选择。

【绝对智慧】

在绝对的坚韧不拔面前，任何强大的力量都无计可施。

219. 用切身利益拴住合作者

世人各为自己打算，真心的合作是非常难的。要想对方死心塌地地与你合作，最好的办法就是一根绳子拴两只蚂蚱，跑不了我，也蹦不了你。将两个人的利益紧紧地绑在一起。

这恰如孙子所说的"夫吴人与越人相恶也，当其同舟共济，遇风，其

相救也，如左右手。"这就是"拴羊吃草"的内涵。如何拴住"羊"呢？方法就是"断其下翎"。"夫驯鸟者断其下翎焉。断其下翎，则必恃人而食，焉得不驯乎？夫明主畜臣亦然，令臣不得不利君之禄，不得无服上之名。夫利君之禄，服上之名，焉得不服？"

"夫妻本是同林鸟，大难临头各自飞。"被人誉为一生风雨同行的夫妻尚且如此，更何况其他与你生死无关痛痒的人，在利益面前又怎能保证不出卖你。所以，"同舟共济"的意义是指在困难面前，彼此能够互相救援，同心协力。而通常情况下，同舟之时可以齐心协力，但天下没有不散的筵席，建立在一定利益基础之上的"同舟"，总有各奔东西的一天。

世上不乏这样的人：当你得势时，他恭维你、追随你，信誓旦旦愿意为你赴汤蹈火。但同时也在暗中窥视你、算计你、搜寻和积累着你的失言、失行，作为有朝一日打击你、陷害你并取而代之的秘密武器。公开的、明显的对手，你可以防备他，像这种以心腹、密友的面目出现的对手，实在令人防不胜防。

【绝对智慧】

世人各为自己打算，真心的合作是非常难的。要想对方死心塌地地与你合作，最好的办法就是一根绳子拴两只蚂蚱，跑不了我，也蹦不了你。

220. 落后的结局都是惨痛的

两个人在森林里遇到了一只老虎，其中一个就赶紧蹲了下来。

另一个人疑惑地问他："你在做什么？"

"我在系鞋带。"

"难道你跑得还会有老虎快吗？"

"不，我只要跑得比你快就行了。"

危险来临的时候，你无论如何也要比最慢的那个快一点。因为，落后就要付出沉重的代价。

一个人落后于时代，他可能找不到工作，甚至连生存问题都解决不了；一个企业落后于时代，它的产品就不会被人接受，就会亏损，人员就会流失，一直到倒闭；一个国家落后于时代，就会处处遭到歧视，遭到剥削、侵略，这个国家的人民要为之付出鲜血和生命。

无论在何种环境下进行何种性质的竞争，落后的结局都是惨痛的。所以决定是否会沦落为竞争"受害者"，最终要取决于你自己。老虎来临时，那个没有准备把鞋带系好的人，绝对会懊悔自己没有先见之明。

所以，有了在竞争中不能落后的意识，知道应该为竞争做准备之后，提高自己的各方面素质，运用合理的手段促进自己领先，就成了最大的问题。这些都做到了，虽然不一定永远都能保持领先，但却肯定会摆脱落后的厄运。

【绝对智慧】

危险来临的时候，你无论如何也要比最慢的那个快一点。因为，落后就要付出沉重的代价。

221. 与狗争路，不如让它先走

天底下只有一种能在争论中获胜的方式，那就是避免争论。避免争论，要像你避免响尾蛇和地震那样。

十之八九，争论的结果会使双方比以前更相信自己绝对正确。你赢不了争论。要是输了，当然你就输了；即使赢了，但实际上你还是输了。为什么？如果你的胜利，使对方的论点被攻击得千疮百孔，证明他一无是处，那又怎样？你会觉得洋洋自得；但他呢？他会自惭形秽，你伤了他的自尊，他会怨恨你的胜利。而且——

"一个人即使口服，但心里并不服。"

潘恩互助人寿保险公司立了一项规矩："不要争论！"

真正的说服艺术不是争论。甚至最不露痕迹的争论也要不得。人的意

愿是不会因为争论而改变的。

释迦说："恨不消恨，端赖爱止。"争强疾辩不可能消除误会，而只能靠技巧、协调、宽容以及用同情的眼光去改变别人的观点。

林肯有一次斥责一位和同事发生激烈争吵的青年军官，他说："任何决心有所成就的人，决不会在私人争执上耗时间，争执的后果，不是他所能承担得起的。而后果包括发脾气、失去自制。要在跟别人拥有相等权利的事物上，多让步一点；而那些显然是你对的事情，就让得少一点。与其跟狗争道，被它咬一口，不如让它先走。因为，就算宰了它，也治不好你的咬伤。"

【绝对智慧】

天底下只有一种能在争论中获胜的方式，那就是避免争论。

222. 不要轻举妄动而自乱脚步

在你纵观全局，果断决策的那一刻，你的人生成败便已经注定。

正确的判断能力是成大事者的素质。为什么呢？因为没有正确的判断，就会面临更多的失败和危急关头。在失败面前和危急关头保持冷静是很重要的。成大事者会临危不乱，沉着冷静，理智地应对危局。

一位美国空军飞行员讲述他的亲身经历：

"二次大战期间，我独自驾驶一架战斗机。头一次任务是轰炸东京湾。从航空母舰上起飞后，一直保持高空飞行，然后再以俯冲的姿势滑落至目的地300英尺上空执行任务。"

"然而，正当我以雷霆万钧的姿势俯冲时，飞机左翼被敌军击中，顿时翻转过来，并急速下坠。"

"我发现海洋竟然在我的头顶上。你知道是什么东西救我一命的吗？"

"在我接受训练的期间，教官一再叮咛，在紧急状况下要沉着应付，切勿轻举妄动。飞机下坠时，我就只记得这么一句话。因此，我什么机器都没有乱动，我只是静静地想，静静地等候把飞机拉起来的最佳时机和位置。最后，我果然幸运地脱险了。假如我当时顺着本能的求生反应，未待最佳时机就胡乱操作了，必定会使飞机更快下坠而葬身大海。"

"一直到现在，我还记得教官那句话：'不要轻举妄动而自乱脚步，要冷静地判断，抓住最佳的反应时机。'那是对我一生的最好教益"。

【绝对智慧】

成大事者会临危不乱，沉着冷静，理智地应对危局。

223. 一切皆有可能

卡耐基在纽约办成人教育班时，发现很多成年人最大的遗憾是没有上过大学，他们似乎认为没有接受大学教育是一个很大的缺陷。但有成千上万很成功的人，连中学都还没有毕业。所以他常常对这些学生讲一个人的故事：

那个人甚至连小学都没有毕业。他家里非常穷苦，当他父亲过世的时候，还得靠他父亲的朋友们募捐，才把他父亲埋葬了。父亲死后，他母亲在一家制伞厂里做事，一天工作10个小时，还要带一些工作回家做到晚上11点。

在这种环境下长大的这个男孩子，曾参加当地学校举办的一次业余戏剧演出活动。演出时他觉得非常过瘾，因而他决定去学演讲。这种能力又引导他进入政界。30岁的时候，他就当选为纽约州的议员，可是他对此一点准备也没有。事实上，他甚至不知道这是怎么回事。他研究那些要他投票表决的既冗长又复杂的法案——可是对他来说，这些法案就好像是用印地安文字所写的一样。

在他当选为森林问题委员会的委员时，他觉得既惊异又担心，因为他从来没有进过森林一步；当他当选州议会金融委员会的委员时，他也很惶恐，因为他甚至不曾在银行里开过户头。他当时紧张得几乎想从议会里辞

职，只是他羞于向他的母亲承认他的失败。在绝望之中，他下决心每天苦读 16 个小时，于是不久他变成一个全国的知名人物，而且《纽约时报》也称呼他为"纽约最受欢迎的市民"。

这就是艾尔·史密斯。

当艾尔·史密斯开始他那自我教育和政治课程 10 年之后，他成为对纽约州政府一切事务最有权威的人。他曾 4 度当选为纽约州州长，这是一个空前绝后的纪录。1918 年，他成为民主党总统候选人，有 6 所大学——包括哥伦比亚和哈佛——把名誉学位赠给这个甚至连小学都没有毕业的人。

在这个世界上，没有什么是天生注定的，也没有什么是你成功的必须条件——只要你愿意，你渴望，就没有什么是不可能的。

【绝对智慧】

在这个世界上，没有什么是天生注定的，也没有什么是你成功的必须条件——只要你愿意，你渴望，就没有什么是不可能的。

224. 成功很难，但不成功更难

每一个人都应该对自己的生活负完全责任，你现在的处境正是你自己造成的。现在生活不得意，人生不快乐，你不要抱怨，要抱怨就抱怨你自己，为什么不主动努力呢？难道你身边没有比你起点还低但最终取得成功的人吗？与他们比较一下，难道你不应该抱怨自己吗？上天是公平的，只有付出才能有回报，才能最终享受人生。

成功的确困难，但不成功你会遇到更多的困难。没有成功你就不会有好的回报，生存的压力就会围绕着你，你每天就会为无数的繁琐小事烦恼，会为饭碗烦恼，会为每天的菜价烦恼，会为寻找伴侣烦恼，会为孩子的前途烦恼。如果你每天深陷其中，你就会被这些烦恼所困扰、所支配。但你从中走出来，眼界更高一点，你就会发现，只要你成功了，这些烦恼也就迎刃而解了。家务事可以找保姆，菜价涨跌也就那么几毛钱，不屑一顾。

成功很难，但不成功更难。成功的难是干大事的困难；而不成功的难，则是应付生活琐碎小事的困难，那么，你更愿意面对哪一种困难呢？

人生就是一场战斗，假如你因为胆怯、懒散而害怕人生的战斗，拒绝人生的战斗，随波逐流，其实这是没有用的，你还会因为生存的压力，生活需要，逼迫你参加人生的战斗。结果当你被动地接受这场战斗时，你很可能会成为一个战败者。你还不如主动出击，选择有利于你的人生战场，去打一场真正的你选择的人生战争，去争取胜利。

【绝对智慧】

成功的确困难，但不成功你会遇到更多的困难。没有成功你就不会有好的回报，生存的压力就会围绕着你，你每天就会为无数的繁琐小事烦恼。

225. 殷勤有礼胜过金钱百倍

殷勤有礼对于婚姻，就像机油对马达一样重要。但愿太太们，对待他们的丈夫就像对陌生人一样有礼。如果泼辣，任何男人都会跑掉。

桃乐丝·狄克斯曾说过："非常令人惊奇地，但确实千真万确地，惟一对我们口吐难听的、污辱的、伤害感情的话语的人，就是我们自己家里的亲人。"

每个男人都知道，用奉承的方式可使太太愿意做任何事情，而且没有任何代价地去做。他知道，如果他只夸奖她几句，说她家庭管理得如何地好，说她如何地帮助了他而不必花他一个钱，她都会把她的每一分钱都赔上。每一个男人都知道，如果告诉他太太，说她穿的去年的某件衣服她将会是多么的美丽可爱，她就会宁愿不买从巴黎进口的最新款式。每一个男人都知道，他可以把太太的眼睛亲得闭起来，一直亲到她对他的缺点视而不见。他只热情地吻一下她的嘴唇，她就会像布娃娃一样变得沉默不语而又可爱万分。

每一个太太都知道她丈夫了解这些事情，因为她早已把如何对待她的

方式完全告诉了他。但他宁愿不顺从她的意思，反而花钱吃不好的东西，把钱浪费在为她买衣服、新型豪华轿车上，而不愿意花精力来奉承她一点，不愿意以她所要的方式来对待她。她真不知道该喜欢他呢，还是讨厌他。

【绝对智慧】

每个男人都知道，用奉承的方式可使太太愿意做任何事情，而且是没有任何代价地去做。

226. 让上司觉得是他在做决定

向上司、决策者提出自己合理的或建设性的建议与计划，是每个下属应尽的职责。然而我们在献计献策的时候，往往会有不受重视、不被采纳的苦恼。尤其是当一个经过自己潜心研究、周密思考，确信是一个非常合理、非常优秀的建议或计划，被上司断然拒绝的时候，我们的苦恼会更剧烈。

碰到这种"进而不纳"的情况，人们往往抱怨道："能遇上一个知人善用，从谏如流的上司就好了。"这几乎成了所有做下属的一种传统的、固定的思维模式，他们之中很少有人愿意换一种思维方式来考虑"进而不纳"的原因。也许，用多"引水"、少"开渠"的方式会给我们带来新的出路。

多"引水"，少"开渠"的意思是说对上司"进谏"时不要直接点破上司的错误所在，或越俎代庖地替上司做出你所谓的正确决策。而是要用引导、试探、征询意见的方式，向上司讲明其决策、意见本身与实际情况不相符合，使上司在参考你所提出的建议资料信息后，水到渠成做出你想要说的正确决策。

卡耐基曾经说过："如果你仅仅提出建议，而让别人自己去得出结论，让他觉得这个想法是他自己的，这样不更聪明吗？"许多实践也表明，人们对于自己得出的看法，往往比别人强加给他的看法更加坚信不疑。因此作为一个聪明的下属，要想使自己的看法变成上司的想法，在许多时候只需做好引导工作，提出建议，提供资料，其中所蕴涵着的结论，最好留给上司自己去定夺。

【绝对智慧】

没有人喜欢别人替自己做决定，特别是对方还是自己的下属。

227. 边擦眼泪边前进

很多游牧民族为了驯养凶猛的猎犬，常常在幼犬刚长出牙齿并能撕咬食物时，就把它们放到一个没有食物和水的封闭环境里，让这些幼犬们自相撕咬直至剩下最后一只活着的猎犬，而最后存活的猎犬被当地人称为"獒"，据说10只犬才能产生一只獒。后来，人们把这种残酷的培养方式称为"犬獒生存法则"。

曾经在一则漫画上看到这样一句话："你可以继续哭，但不可以在原地哭，即使哭着，我们仍要前进。"不管遇到什么事情，学会坚强地面对和适应环境，你才有可能成功，这正是犬獒生存法则所要告诉我们的。

人都是有惰性的，如果让自己总是处在轻松宽裕的环境中，谁都会慢慢滋生安逸享受之心，不思进取。因此，作为企业的管理者，应该想方设法给员工制造竞争的压力，使其奋发上进。松下公司就非常重视培养员工的竞争意识。在公司里，每一个员工都懂得不进则退的道理，如果不及时给自己"充电"，随时都有被淘汰的危险。不仅如此，这个"不能适应竞争进化的物种会遭到无情的淘汰"的理论，已经广泛存在于生活、经济各个领域中，尤其是在竞争激烈的21世纪，如何面对和适应自己所处的生活环境，已经是一个不可忽视的问题。

【绝对智慧】

面对失败，你可以哭，但不可以在原地哭。即使哭着，我们仍要前进。失败和挫折并不恐惧，真正令人恐慌的是害怕和逃避。

228. 苦难出卓越

障碍与苦难并不是我们的仇人,这就好像森林里的橡树,经过千百次暴风雨的摧残,非但不会折断,反而愈见挺拔。人们所承受的种种痛苦、磨难,也在激发人们的才能,锻造人们不屈的斗志。

斯潘琴说:"许多人的生命之所以伟大,就来自他们所承受的苦难。"最好的才干往往是从烈火中冶炼的,从顽石上磨砺出来的。

在马德里的监狱里,塞万提斯写成了著名的《唐吉·诃德》,那时他穷困潦倒,甚至连稿纸也无力购买,把小块的皮革当作纸写。

有人劝一位富裕的西班牙人来资助他,可是那位富翁答道:"上帝禁止我去接济他的生活,惟因他的贫穷才使世界富有。"

在那个时代,监狱往往能唤起许多高贵人士心中沉睡着的火焰。《鲁滨逊漂流记》一书是写在牢狱中的;《圣游记》诞生在贝德福监狱中;瓦尔德·罗利爵士那著名的《世界历史》,也是在他被困监狱的13年当中写成的。

马丁·路德被监禁在华脱堡的时候,把圣经译成了德文;但丁被宣判死刑,在他被放逐的20年中,他仍然孜孜不倦地在那里工作;约瑟尝尽了地坑和暗牢的痛苦,终于当上了埃及的宰相。

班扬甚至说:"如果可能的话,我宁愿祈祷更多的苦难降临到我的身上。"

一个真正勇敢的人,愈为环境所迫,反而愈加奋勇,不战栗不逡巡,昂首挺胸,意志坚定。他敢于对付任何困难,轻视任何厄运,嘲笑任何障碍,因为贫穷困苦不足以损他毫发,反而增强了他的意志、品格、力量与决心,正是这些使他们成为最卓越的人。

【绝对智慧】

斯潘琴说:"许多人的生命之所以伟大,就来自他们所承受的苦难。"最好的才干往往是从烈火中冶炼的,从顽石上磨砺出来的。

229. 人摆错了位置就是垃圾

在美国的一个小酒吧里，一位年轻小伙子正在用心地弹奏钢琴。他弹得相当不错，每天晚上都有不少人慕名而来，认真聆听他的弹奏。一天晚上，一位中年顾客听了几首曲子后，对那个小伙子说："我每天来听你弹奏这些曲子，你弹奏的那些曲子我熟悉得简直不能忍受了，你不如唱首歌给我们听吧。"这位顾客的提议获得了不少人的赞同，大家纷纷要求小伙子唱歌。

然而，那个小伙子面对大家的请求却变得腼腆起来，他抱歉地对大家说："非常对不起，我从小就开始学习弹奏乐器，从来没有学习过唱歌。这些年我一直坐在这里弹琴，恐怕会唱得很难听。"那位中年顾客却鼓励他说："小伙子，正因为你从来没有唱过歌，或许连你自己都不知道你是个歌唱天才呢！"此时酒吧的经理也出来鼓励他，免得他扫了大家的兴。

小伙子认为大家想看他出丑，于是坚持说只会弹琴，不会唱歌。酒吧老板说："你要么选择唱歌，要么另谋出路。"小伙子被逼无奈，只好红着脸唱了一曲《蒙娜丽莎》。哪知道他不唱则已，一唱惊人，大家都被他那流畅自然、男人味十足的唱腔迷住了。在大家的鼓励下，那个小伙子放弃了弹奏乐器的艺人生涯，开始向流行歌坛进军，这个小伙子后来居然成为了美国著名的爵士歌王，他就是著名的歌手纳京高（NatKingCole）。要不是那被逼无奈的开口一唱，纳京高可能永远坐在酒吧里做一个三流的演奏者。

人摆错了位置就是垃圾。其实很多时候我们自己把自己当成了垃圾随地乱扔，荒废了自己的才能。我们现在身处市场经济的时代，市场经济十分强调把资源配置到最能发挥效率的地方。我们自身也是一种资源，应该寻找最适合我们的岗位，并对自己的兴趣保持一分坚定与执著。

【绝对智慧】

人摆错了位置就是垃圾。其实很多时候，我们自己把自己当成了垃圾随地乱扔，荒废了自己的才能。

成就卓越人生的处世法则

THE RULE OF EXCELLENCE IN LIFE

230. 凡事切勿盲目下定论

1830年，法国"七月革命"爆发，在经过3天的暴乱后，老迈的政治家塔里兰站在他巴黎住宅的窗边，聆听宣告暴动结束的响亮钟声。之后，他回头对一名助手说："噢，听那钟声！我们赢了！"

"我们是谁？"助手问。

他做了个保持安静的手势回答："别说话！明天我会告诉你'我们'是谁。"

他清楚地了解，只有傻子才会急急忙忙确定自己的立场——过早地依附某一方，会使自己丧失机动性和主动权。

凡事切勿盲目下定论。

如果让别人觉得他们都能够支配你，你就会失去影响力。保持一定的距离，就会增加他们的注意力，从而使自己获得更高的威望。

当你保留自己独立的立场时，不但不会激起愤怒，反而会受到尊敬，会使自己看起来比较有权势，因为你让别人无法掌握。你不像绝大部分人那样，屈从于团体或关系。随着你独立的名声逐渐响亮，就会有越来越多的人想要拉拢你，希望你加入他们当中。

一旦将自己的行为和思想确定下来，你的魅力就会消失殆尽，就会变得跟其他人没什么两样。通常，人们试着用各种各样的手段，想让你依附于他们。他们会送你礼物，给予你许多恩惠……这一切都是为了留住你。一开始，你应该鼓励这样的关注、激发他们的兴趣，但又要不惜任何代价保持独立。

当冲突爆发时，人们会倾向于靠拢较强的一方或者是以明显的利益诱惑你结盟的一方。注意！这可是一项危险的交易。

首先，一开始就想预测哪一方会获得最终的胜利，往往是很困难的。而且即使猜对了，与较强的一方结成联盟，你会发现自己最终会一败涂地——胜利者会把你一脚踢开，所谓"兔死狗烹"，历史上的教训屡见不鲜。

如果与力量弱的一方站在同一阵线上，危险性更大。

所以，你一定要懂得这个生存的哲学，以免得到一滴水而失去了一片海，或者让自己处于被动的境地。

【绝对智慧】

当你保留自己独立的立场时，不但不会激起愤怒，反而会受到尊敬，会使自己看起来比较有权势，因为你让别人无法掌握。

231. 任何时候都不要孤军奋战

在自然界，一株植物单独生长时，往往长势不旺，没有生机，甚至枯萎衰败。而当众多植物一起生长时，却能相互影响、相互促进，长得郁郁葱葱，挺拔茂盛。

在艰难的环境中，一片树木总是比一棵树木更能抵御狂风暴雨，因而存活下来的机会也更大。法国纪录片《帝企鹅日记》中的一幕就真实地反映了我们这个时代的丛林法则。在寒冷的冬天里，一群小企鹅紧缩成一团，让秃鹰不敢轻举妄动。而不远处的一只小企鹅因离团队太远，未能及时赶回，不幸成为秃鹰的猎物。聚成一群的企鹅只能看着，却无能为力。

在残酷的竞争中，个人的力量毕竟是有限的。与其在危机四伏的"阵地"中孤军奋战，不如寻找战略伙伴，就像那些小企鹅一样。在危险来临的时候，别忘了你的身边还有战友共患难，大家的力量总是比一个人的力量要大。

【绝对智慧】

在艰难的环境中，一片树木总是比一棵树木更能抵御狂风暴雨，因而存活下来的机会也更大。

232. 你手中的就是最好的

上帝拿出两个苹果，让一幸运男子挑选。这男子权衡再三终于下定决心，选了他认为最满意的一个，上帝含笑赐予，他千恩万谢，接过后转身离去。刚走几步，却又反悔了想调换成另一个，回头上帝已不见了，他只得耿耿于怀过了一生。于是，上帝叹道："人啊，总是期待那些未到手的，而不好好珍惜手中所有，怎么可能获得幸福呢？"

上帝之言千真万确！常言道："这山望着那山高，到了那山更糟糕。""人心不足蛇吞象。"说的就是这个道理。其实你认为好的也未必适合你，现实生活中这类事例比比皆是。告诉自己，自己的爱人才是当世无双的最完美的理想伴侣。只有这样，你的心理才能平衡，你的心情才能舒畅，你才能活得坦然，过得洒脱。

【绝对智慧】

"人心不足蛇吞象。"说的就是这个道理。其实你认为好的也未必适合你，现实生活中这类事例比比皆是。

233. 做一个有自制力的人

一个人的欲望永远是无止境的，但可以获得的东西却是有限的。无尽的欲望在有限的财富面前，总是无法得到满足时，这种欲望会变成邪恶，最后冲开道德的界限，进而变成恶行。这就像修水坝，面对泛滥的洪水，如果水坝不够高，一定会酿成灾患。同样，在无休止的欲望面前，如果自制力不够强，那么一定会走上无法回头的地狱之路。

自制不仅是在身体享乐方面，还在道德方面适用。试想一下，一个人如果不能自制，反而被欲望支配，那么他和动物有什么分别呢？被欲望支配的人，往往不择手段地追求享乐。那么，一个不择手段、做出种种恶行、追求一时私欲的人，还有什么道德可言呢？

当我们面临战争，需要挑选一个英雄，借助他的力量使国家得到保全并最终胜利，我们会选择什么样的人呢？当我们不得不把财产交给别人代为保管，或不得不把儿女托付给别人看管，我们会选择什么样的人呢？当我们挑选一个知心的朋友，我们会挑选什么样的人呢？相信我们不可能会挑选一个连抵抗酒肉、色欲、贪念和懒惰都做不到的人。只有自制的人才能得到我们的信任。

欲望是永无止境的，若想脱离堕落的苦海，惟一的方法就是：做一个自制的人。

【绝对智慧】

被欲望支配的人，往往不择手段地追求享乐。那么，一个不择手段、做出种种恶行、追求一时私欲的人，还有什么道德可言呢？

234. 利用业余时间把自己变得更优秀

在胜者为王的世界里，利益的分配是非常不平均的。处于顶端的竞争者毫不费力地分走大部分"蛋糕"，而底层则要为了维持生计的"面包屑"而拼命争夺。

羚羊不小心就会葬身狮口，但是对于鬣狗家族来说，连弱小的羚羊也不好对付。于是一般情况下，像鬣狗之流不是很强大的肉食动物，就只好吃狮子、猎豹吃剩的食物，偶尔它们也会从狮子和猎豹那里抢到些多余的战利品，但是这要看狮子和猎豹们的心情。在草原上还有众多腐食动物，靠顶级肉食动物的牙祭为生。

有一个著名的 80/20 法则，就是 80% 的利益被 20% 的人分走，剩余 20% 的利益养活 80% 的人；社会上 20% 的富人拥有整个社会 80% 的购买力，消耗 80% 的生活资源；20% 的企业创造 80% 的利润，掌握 80% 的先进

技术，占有80%的资产。

这20%的人和企业，就是社会的强者。

"专利技术"就是这些"强者"的标志，更是他们赖以生存的利益资源。他们研究最先进的技术，并把这些技术"保护"起来。其他企业总会莫名其妙地得到他们的技术，之后是大规模的生产和普遍应用，最后就是"强者"依照产品数量收取可观的专利费。无论何种情况，强者总能分到大部分利益，而弱者的利益被无限地最小化。

看着那些"一级俱乐部"成员，他的周薪你最少要干一个月才能拿到；他可以去旅游而你则必须加班；他朝九晚五你朝五晚九；他在装空调的屋子里大谈时尚，你面对的不是夏天的太阳就是冬天的冷风。他们总有悠闲的生活！

不要总是把你与身边的成功人士——例如拿15万英镑周薪的贝克汉姆比，笑他们"物欲横流"。利用业余时间把自己变得更优秀吧！悠闲的生活在对你招手，因为强者不是天生的。

【绝对智慧】

在胜者为王的世界里，利益的分配是非常不平均的。处于顶端的竞争者毫不费力地分走大部分"蛋糕"，而底层则要为了维持生计的"面包屑"而拼命争夺。

235. 野心是成功的特效药

巴拉昂是一位年轻的媒体大亨，以推销装饰肖像画起家，在不到10年的时间里，迅速跻身于法国十大富翁之列，1998年，巴拉昂因前列腺癌在法国博比尼医院去世。临终时，他留下遗嘱：如果谁能正确回答"穷人最缺的是什么"这个问题，就会得到100万法郎奖金。

遗嘱刊出之后，《科西嘉人报》收到大量的信件，有的骂巴拉昂疯了，有的说《科西嘉人报》为提升发行量在炒作，但是多数人还是寄来了自己的答案。

有一部分人认为，穷人最缺少的是机会；另一部分人认为，穷人最缺少的是技能，现在能迅速致富的都是有一技之长的人；另外还有一些其他的答案，比如：穷人最缺少的是漂亮、是皮尔·卡丹外套、是《科西嘉人报》、是总统的职位、是沙托鲁城生产的铜夜壶等等。总之，五花八门，应有尽有。

在 48561 封来信中，有一位叫蒂勒的小姑娘猜中了这一问题的答案，蒂勒和巴拉昂都认为：穷人最缺少的是野心，即成为富人的野心。

在颁奖之日，《科西嘉人报》带着所有人的好奇，问年仅 9 岁的蒂勒，为什么想到的是野心，而不是其他的。蒂勒说："每次，我姐姐把她 11 岁的男朋友带回家时，总是警告我说不要有野心！不要有野心！我想，也许野心可以让人得到自己想要得到的东西。"

一些好莱坞的新贵和其他行业几位年轻的富翁就此话题接受电台的采访时，都毫不掩饰地承认，野心是永恒的特效药，是所有奇迹的萌发点。某些人之所以贫穷，大多是因为他们有一种无可救药的弱点，即缺乏野心。

要想成功，仅仅存有成功的希望是不够的，最重要的是要有强烈的成功欲望。野心是成功最好的特效药！

【绝对智慧】

要想成功，仅仅存有成功的希望是不够的，最重要的是要有强烈的成功欲望。

236. 不要害怕成长

约拿是圣经里面的一个人物。他本身是一个虔诚的基督徒，并且一直渴望能够得到神的差遣。神终于给了他一个光荣的任务，去宣布赦免一座本来因罪行要被毁灭的城市——尼尼微城。约拿却抗拒这个任务，他逃跑了，不断躲避着他信仰的神。神的力量到处寻找他，唤醒他，惩戒他，甚

至让一条大鱼吞了他。最后，他几经反复和犹疑，终于悔改，完成了他的使命——宣布尼尼微城的人获得赦免。"约拿"是指代那些渴望成长，又因为某些内在阻碍而害怕成长的人。

约拿情结是一种普遍的心理现象。我们既想取得成功，但在追求的过程中总是伴随着一种心理迷茫；我们既自信，但同时又自卑；我们既对杰出人物感到敬仰，但又总是有一种敌意的感情；我们敬佩最终取得成功的人，而对成功者，又有一种不安、焦虑、慌乱和嫉妒。

约拿情结是一种复杂的心理现象。它也许有其存在的合理性，不过，从自我实现的角度看，这是一种自我的心理障碍。对自己，约拿情结的特点是，逃避成长、执迷不悟、拒绝承担伟大的使命；对他人，约拿情结的特点是，如果别人表现出优秀之处，他会嫉妒；如果别人受到了祝福，他会心里难受；如果别人倒了霉，他会幸灾乐祸。

它反映了一种"对自身伟大之处的恐惧"，是一种情绪状态，并导致我们不敢去做自己能做得很好的事，甚至逃避发掘自己的潜力。

【绝对智慧】

约拿情结是一种复杂的心理现象。它也许有其存在的合理性，不过，从自我实现的角度看，这是一种自我的心理障碍。

237. 在无奈时，我们忍耐

在暴风雨袭来的时候，小鸟收起了翅膀，树木挺立着，任凭风雨摆布。
在漫长的冬季，绿色告别了大地，种子喘息着，任凭冰雪掩埋。
忍耐是一种承受，一种克制。
忍耐是一种忍受，一种无声的等待。
忍耐是一种追求的韧性，弱小的生命或事物为了避免过早地折断和毁灭，不得不暂时收敛自己的欲望；忍耐是一种追求的策略，一个追求更大的成功的人，不得不忍受小的失败和牺牲。

忍耐必须是有意识的自制的忍耐，忍耐的意识一旦消失，就会出现可悲的结局，那就是对忍耐的习以为常——一张习惯了弯曲的弓再也不会伸直，一个在屋檐下生活惯了的人，离开屋檐的压力便再也不会生活。

然而，忍耐必须是有价值的，一个跪着的人的忍耐是不会有什么意义的。

不同的人对忍耐有不同的感受，相同的忍耐又会塑造出不同的人生。

男人在屈辱中忍耐，女人在痛苦中忍耐；男人因忍耐而变得宽厚，女人因忍耐而变得温柔。

【绝对智慧】

在年轻人的眼里，忍耐常常被视为一种软弱。在老年人的眼里，忍耐却是一种财富。

238. 人在屋檐下，不得不低头

老百姓有一句俗语，叫做"人在屋檐下，不得不低头"。意思是说在权势、机会不如别人的时候，不能不低头退让，但对于这种情况，不同的人可能会采取不同的态度。有志进取者，将此当做磨炼自己的机会，借此取得休养生息的时间，以图将来东山再起，而绝不一味地消极乃至消沉；那些经不起困难和挫折的人，往往将此看做是人生和事业的尽头，他们畏缩不前，不愿意想法克服眼前的困难，只是一味地怨天尤人、听天由命。

所谓的"屋檐"，说明白些，就是别人的势力范围。换句话说，只要你人在这势力范围之中，并且靠这势力生存，那么你就在别人的屋檐下。这屋檐有的很高，任何人都可抬头站着，但这种屋檐并不多，以人类容易排斥"非我族群"的天性来看，大部分的屋檐都是非常低的！也就是说，进入别人的势力范围时，你会受到很多有意无意的排斥和限制，不知从何而来的欺压，莫名其妙的指责和讥讽都可能时常发生。在这种情况下，以低调的姿态慢慢融入这个集体来逐渐得到大家的认可和接纳。如果你不想做

令人憋闷的"檐"下之人，除非你有自己的一片天空，是个强人，不用靠别人来过日子。可是你能保证你一辈子都可以如此自由自在，不用在别人屋檐下避避风雨吗？对于绝大多数的人来说，答案当然是否定的。所以，在人屋檐下的心态就有必要调整了。

在别人屋檐下时，如果你不想碰头，最好的办法便是低头，在生存与尊严的矛盾中，智者会先把面子放在一边，顽强的生存下去才是硬道理。

【绝对智慧】

在生存与尊严的矛盾中，智者会先把面子放在一边，顽强的生存下去才是硬道理。

239. 不要冷落任何人

谈话时排除他人，就如同宴会时赶走客人一样荒唐和不可思议。

千万记住，不要遗漏任何人，让你的双眼环视着周围每一个人，留心他们的面部表情和对你谈话的反应。

在众多人的聚会中，常有少数人被无情地冷落，假如被你冷落的恰巧是来日对你事业前途至关重要的人物，那将会有怎样的后果呢？

因此，不要冷落任何人，即使他的言行举止是多么令人生厌。"己所不欲，勿施于人"，想想自己被人冷落的滋味。

要使别人觉得你的谈话洋溢着饱满的热情，因此很感兴趣，而不是在坐"冷板凳"。

【绝对智慧】

千万记住，不要遗漏任何人，让你的双眼环视着周围每一个人，留心他们的面部表情和对你谈话的反应。

240. 痛苦是羽化成蝶的第一步

据说,"蘑菇管理原则"是上个世纪70年代,由一批年轻的电脑程序员提出来的。这些天马行空、独来独往的人早已习惯了人们的误解和漠视,所以年轻的电脑程序员就经常形容自己"像蘑菇一样地生活"。因为蘑菇长在阴暗的角落里,得不到阳光,也没有肥料,自生自灭,只有长到足够高的时候才开始被人关注,可此时它自己已经能够接受阳光了。在这条"原则"中,自嘲和自豪兼而有之。

"蘑菇"的经历,就是把初学者置于阴暗的角落(不受重视的部门,或打杂跑腿的工作),浇上一头大粪(无端的批评、指责、代人受过),任其自生自灭(得不到必要的指导和提携)。这对于成长中的年轻人来说,就像蚕茧,是羽化前必须经历的一步。

相信很多人都有这样一段"蘑菇"的经历,但这不一定是什么坏事,尤其是你一切都刚刚开始的时候。对于刚出校园的学生来说,一般都有一些通病:自命不凡、激情四射、骄傲浮躁、不甘心做配角等。让他们当上几天"蘑菇",能够消除他们很多不切实际的幻想,让他们更加接近现实,看问题也更加实际。

一个组织,一般对新进的人员都是一视同仁,从起薪到工作都不会有太大的差别。无论你是多么优秀的人才,在刚开始的时候都只能从最简单的事情做起。而如何高效率地走过生命中的这一段,从中尽可能多地汲取经验,成熟起来,并树立良好的值得信赖的形象,是每个刚步入社会的年轻人必须面对的问题。

【绝对智慧】

无论你是多么优秀的人才,在刚开始的时候都只能从最简单的事情做起。成大事的人,都要经得起寂寞。

241. 与强者为伍

《心灵鸡汤》的作者之一马克·汉森是一位畅销书作家，他的书在全世界已经畅销几千万册。有一次，汉森在与成功学顶尖高手安东尼·罗宾斯同台讲学结束之后，私下请教罗宾斯，于是有了如下一段对话：

汉森问："我们都在教别人成功，为什么我的年收入才100万美元，而你一年却能赚1000万美元呢？"

罗宾斯没有直接回答汉森的问题，却反过来问汉森："你每天跟谁在一起？"

汉森说："我每天都跟百万富翁在一起。"

罗宾斯听后笑了笑，说："我每天都跟千万富翁在一起。"

近朱者赤，近墨者黑。物以类聚，人以群分。只有和比自己更成功的人在一起，和成功者合作，我们才会更成功。

如果我们结交有成就者，那我们终将会成为一个有成就的人，用好莱坞流行的一句话说："一个人能否成功，不在于你知道什么，而是在于你认识谁。"

【绝对智慧】

如果我们结交有成就者，那我们终将成为一个有成就的人。

242. 病从口入，祸从口出

西方有句谚语说得好："上帝之所以给人一个嘴巴，两只耳朵，就是要人多听少说。"

随便说话的害处是非常多的。比如某人有不可告人的秘密，你说话时偏偏在无意中说到他的隐私，说者无心，听者有意，他会认为你是有意跟他过不去。从此对你恨之入骨，必然对你非常不利。

即使你与对方非常熟悉，也不要自找麻烦。唯一可行的办法，只有假装不知，若无其事。他有阴谋诡计，如果你参与其中，代为决策，帮他执行，从好的方面来说，你是他的心腹；而从坏的方面来讲，你是他的心腹之患。

有句老话叫做"祸从口出"，为人处世一定要把好口风，什么话能说，什么话不能说，什么话可信，什么话不可信，都要在脑子里多绕几个弯子，心里有个小九九。

每个人都有自己的秘密，都有一些压在心里不愿为人知的事情。你本人的秘密，最好守口如瓶；而对于别人的秘密，最好也别去打听，即使知道了，也要让它烂在肚子里。无论是泄露谁的秘密，对任何人都不会有好处的。

【绝对智慧】

他有阴谋诡计，如果你参与其中，代为决策，帮他执行，从好的方面来说，你是他的心腹；而从坏的方面来讲，你是他的心腹之患。

243. 浅尝辄止，最终将一事无成

一个人的精力是有限的，所以如何合理分配自己有限的精力就显得很重要。有的人爱好很多，这也喜欢，那也放不下，到头来什么也没有精通。业精于勤，但是若要勤就必须投入大量的时间和精力，如果同时涉足太多的领域，由此难免会分散精力。四处出击，什么东西都有所涉猎，却又都是浮光掠影，浅尝辄止，最终将一事无成。更明智的做法是将精力集中于一个领域，最终成为该领域的行家里手。

柯律芝是一个才华横溢的年轻人，但是他意志薄弱，缺乏勤勉的习惯，厌恶长期的艰苦工作。他只是一味地沉溺于精神的幻想，就如一只脚踏在半空中一般，不切实际地生活着。这种幻想消耗了他的精力，因此，他的

生命过早地耗尽了。他空有万般才华却一事无成，在生活的许多方面，他到最后面对的都是悲惨的失败。他的一生都在不停地下决心、定计划，但直到他撒手西去的那一天，也仍然没有行动的决心，有的只是纸面上的计划而已。尽管他时时有新主意、新目标，但他从未持续地完成过一件事。他的生活是漂泊不定的，就像秋风中的落叶一样，随风飘零，任意东西。

"柯律芝死了，"英国散文家查尔斯·兰姆写信给一位朋友说，"据说他身后留下了4万篇有关形而上学和神学的论文——但是其中没有一篇是写完的。"

一个人如果全身心地追求某一目标，方法得当，鲜有不成功的。伟人之所以成为伟人，成功者之所以能超越芸芸众生，就在于他们能够坚定不移地认准某个目标，并为此全力以赴，矢志不移。

【绝对智慧】

一个人的成就与其精力的集中程度往往是成正比的。如果你不想再庸庸碌碌地生活下去，那就赶快确立你的人生目标。不要凡事都投入精力，浅尝辄止，让自己一事无成。

244. 走自己的路，让别人说去吧

活着应该是为充实自己，而不是为了迎合别人。没有自我的人，总是考虑别人的看法，这是在为别人而活着，所以活得很累。

有些人觉得：老实巴交吧，会吃亏，被人轻视；表现出格吧，又引来责怪，遭受压制；甘愿瞎混吧，实在活得没劲；有所追求吧，每走一步都要倍加小心。家庭之间、同事之间、上下级之间、新老之间、男女之间……天晓得怎么会生出那么多是是非非。

你和新来的女同事有所接近，有人就会怀疑你居心不良；你到某领导办公室去一趟，就会引起这样或那样的议论；你说话直言不讳，人家必然感觉你骄傲自满，目中无人；如果你工作第一，不管其他，人家就会说你

不是死心眼太傻，就是权欲野心……凡此种种蜚短流长的议论和窃窃私语，可以说是无处不生，无孔不入。如果你的听觉视觉尚未失灵，再有意无意地卷入某种漩涡，那你的大脑很快就会塞满乱七八糟的东西，弄得你头昏眼花，心乱如麻，岂能不累？

我们无法改变别人的看法，能改变的仅是我们自己。想要讨好每个人是愚蠢的，也是没有必要的。与其把精力花在一味地去献媚别人，无时无刻地去顺从别人，还不如把主要精力放在踏踏实实做人上，兢兢业业做事上，刻苦学习。改变别人的看法总是艰难的，改变自己却是容易的。

【绝对智慧】

我们无法改变别人的看法，能改变的仅是我们自己。想要讨好每个人是愚蠢的，也是没有必要的。

245. 不要为打翻的牛奶而哭泣

惟一可以使过去的错误有价值的方法，就是平静地分析我们过去的错误，并从错误中得到教训——然后再把错误忘掉。

有一天早上，我们全班到了科学实验室。老师保罗·布兰德威尔博士把一瓶牛奶放在桌子边上。我们都坐了下来，望着那瓶牛奶，不知道那跟他所教的生理卫生课有什么关系。然后，保罗·布兰德威尔博士突然站了起来，一掌把那瓶牛奶打碎在水槽里并大声说："不要为打翻的牛奶而哭泣。"

然后他叫我们所有的人都到水槽边去，好好地看看那瓶打碎的牛奶。"好好地看一看，"他告诉我们，"因为我要你们这一辈子都记住这一课，这瓶牛奶已经没有了——你们可以看到它都漏光了，无论你怎么着急，怎么抱怨，都没有办法再挽救回一滴。如果原先能够注意，先加以预防，那瓶牛奶就可以保住。可是现在已经太迟了——我们现在所能做到的，只是把它忘掉，丢开这件事情，只注意下一件事。"

所以，为什么要浪费眼泪呢？当然，犯了过错和疏忽都是我们的不对，可是又能怎么样呢？谁没有犯过错？就连拿破仑在他所有重要的战役中也输过1/3。也许我们的平均纪录并不会坏过拿破仑，谁知道呢？

何况，即使动用国王所有的人马，也不能再把过去找回的。

【绝对智慧】

惟一可以使过去的错误有价值的方法，就是平静地分析我们过去的错误，并从错误中得到教训——然后再把错误忘掉。

246. 距离产生威严

美国是个讲究平等自由的国家，对任何人公然的歧视都有可能引来法律的麻烦。但是在美国的军队里，军官有军官的俱乐部，士兵有士兵的俱乐部，泾渭分明。不同军衔的人进各自不同的门，从来不会混淆，理所当然。

一个军官，如果让士兵看到他喝得烂醉、东倒西歪，还被几个女子嘻嘻哈哈地推来搡去，第二天，他还怎么能在士兵面前厉声训斥而不被觉得滑稽可笑呢？

距离产生威严。

上级和下级之间，偶尔的亲近可以让人感动，太多的亲近则失去威严，不分彼此的哥们弟兄，更是让你威严不起来。

仰视一旦变成平视，那么俯视就不可避免，而俯视是极可能导致藐视和鄙视的。

【绝对智慧】

再伟大的人其实都是凡人，都有平庸琐碎的一面，要让人对你保持敬畏，最稳妥的办法就是只让人看到应该看到的。

247. 永远不要试图报复我们的仇人

当我们恨我们仇人时，就等于给了他们致胜的力量。那种力量能够使我们难以安眠、倒我们的胃口、升高我们的血压、危害我们的健康和吓跑我们的快乐。要是我们的仇人知道他们如何令我们担心，令我们苦恼，令我们一心报复的话，他们一定会高兴的跳起舞来。我们心中的恨意完全不能伤害到他们，却使我们的生活变得像地狱一般。

当耶稣说"爱你的仇人"的时候，他也是在告诉我们：怎么样改进我们的外表。我想你也和我一样，认得一些女士，她们的脸因为怨恨而有皱纹，因为悔恨而变了形，表层僵硬。不管怎样美容，对她们容貌的改进，也不及让她心里充满了宽容、温柔和爱所能改进的一半。

怨恨的心理，甚至会毁了我们对食物的享受。圣人说："怀着爱心吃青菜，会比怀着怨恨吃牛肉好得多。"

要培养宁静和快乐的心理，我们要记住：永远不要去试图报复我们的仇人，因为如果我们那样的话，我们会深深地伤害了自己。不要浪费一分钟的时间去想那些我们并不喜欢的人。

【绝对智慧】

永远不要去试图报复我们的仇人，因为如果我们那样的话，我们会深深地伤害了自己。不要浪费一分钟的时间去想那些我们并不喜欢的人。

248. 你看到的，不见得是事情的全部

两个天使到一个富户家借宿，这家人拒绝让他们在卧室过夜，而是在地下室给他们找了一个角落。当他们铺床时，老天使发现墙上有一个洞，就顺手把它修补好了。

第二天晚上，两人又到了一个贫穷的农家借宿。主人夫妇俩把仅有的一点点食物拿出来款待客人，然后又让出自己的床铺给他们。第二天一早，两个天使发现夫妇俩哭泣，他们惟一的生活来源——一头奶牛死了。年轻的天使非常愤怒地质问老天使为什么会这样，第一个家庭什么都有，老天使还帮助他们修补墙洞；第二个家庭尽管如此贫穷还是热情款待客人，而老天使却没有阻止奶牛的死亡。

"有些事并不像你看上去的那样。"老天使答道，"当我们在地下室过夜时，我在墙洞里面堆满了金块。因为主人被贪欲所迷惑，不愿意分享他的财富，所以我把墙洞填上了。昨晚，死亡之神来召唤农夫的妻子，我让奶牛代替了她。"

美国经济学家马歇尔指出，任何事物我们只能了解到它的1/8。它有如露出水面之冰山，虽唾手可得，但也是冰山一角。

冰山一角不代表事情全貌，我们无论在工作上，还是生活中，都绝不能只凭借一部分的信息就加以判断、做出决策。因为你所看到的，不见得就是全部；你所得到的信息，也不见得全都是正确的。就像医生治病一样，如果仅是针对患者的自诉开药，发烧开退烧药，头痛就开止痛药而不去思考病因为何，是哪些因素引起病患的痛苦，那么，即使药到，也未必能病除。

【绝对智慧】

我们亲眼看到的，都不一定全部是真的，那我们道听途说的呢，我们凭空猜测的呢，又有多少信息误导了我们？

249. 凡事以愤怒开始，必以耻辱告终

曾有人对各监狱的成年犯人做过一项调查，发现了一个惊人的事实：这些犯人之所以沦落到监狱中，有90%的人是因为他们缺乏必要的自制。就是这一点，对他们的生活造成了极为严重的破坏。由此可见，失去自制

的后果是多么可怕。一位哲人说："上帝要毁灭一个人，必先使他疯狂。"失去自制就将毁灭。

自制是一个人一生中最难得的美德，它是一个人成功道路上的平衡器。自制体现了人类的勇气，是人类所有高尚品格的精髓。不能进行自我控制，就不会有真正的人，也就不会有成功的人。所以，一切美德的根本体现就是人的自制，它是取得事业成功的前提。

凡事以愤怒开始，必以耻辱告终。一旦你失去自制，另一个人——不管是一名目不识丁的管理员，还是有教养的绅士，都能轻易地将你打败。

【绝对智慧】

"上帝要毁灭一个人，必先使他疯狂。"失去自制就将毁灭。

250. 快乐总在痛苦经历之后

不论过去曾经遭到多少失败，都不足以说明什么，只要最终取得了成功，才是一个人一生应有的结局。正如常言所说，谁笑到最后谁就笑得最好。

"祸福相依"最能说明痛苦与快乐的辩证关系。贝多芬"用泪水播种欢乐"的人生体验，生动形象地道出了痛苦的正面作用；传奇人物艾柯卡的经历更传奇地阐明了快乐与痛苦的内在联系。

艾柯卡靠自己的奋斗终于当上了福特公司的总经理，但是，1978年7月13日，有点得意忘形的艾柯卡被妒火中烧的大老板亨利·福特开除了。在福特工作已32年，当了8年总经理，一帆风顺的艾柯卡突然间失业了，这使他痛不欲生，开始酗酒，对自己失去了信心，认为自己要彻底崩溃了。

就在这时，艾柯卡接受了一个新挑战——应聘到濒临破产的克莱斯勒汽车公司出任总经理。凭着他的智慧、胆识和魅力，艾柯卡大刀阔斧地对克莱斯勒进行了整顿、改革，并向政府求援，舌战国会议员，取得了巨额

贷款。在艾柯卡的领导下，克莱斯勒公司在最黑暗的日子里推出了 K 型车的计划，此计划的成功令克莱斯勒起死回生，成为仅次于通用汽车公司、福特汽车公司的第三大汽车公司。1983 年 7 月 13 日，艾柯卡把面额高达 8.13 亿美元的支票交到银行代表手里，至此，克莱斯勒还清了所有债务。而恰恰是 5 年前的这一天，亨利·福特开除了他。事后，艾柯卡深有感触地说："奋力向前，哪怕时运不济；永不绝望，哪怕天崩地裂。"

罗曼·罗兰说："痛苦像一把犁，它一面犁破了你的心，一面掘开了生命的新起源。不知苦痛，怎能体会到快乐？痛苦就像一枚青青的橄榄，品尝后才知其甘甜，而这品尝需要勇气！

【绝对智慧】

痛苦像一把犁，它一面犁破了你的心，一面掘开了生命的新起源。不知苦痛，怎能体会到快乐？

251. 以直报怨

有一次，经济学家茅于轼陪一位外国朋友去首都机场转一圈，打了辆出租汽车。等到从机场回来，他发现司机做了小小的手脚：没有按"往返"计费，是按"单程"的标准来计价，多算了 60 元钱。

这时候有三种方法可以选择：一是向主管部门告发这个司机，那么他不但收不到这笔车费，还将被处罚；二是认倒霉，算了；三是指出其错误行为，按应付的价钱付费。

外国朋友建议用第一种方法，茅于轼选择了第三种。他说："这是一种有原则的宽容，我不会以怨报怨，也不要去以德报怨，而是以直报怨。你错了，如我仅还以德，你还会错下去，实则在纵容你。我若还以怨，斤斤计较，大家的效率都低下。我指出你的错误，然后公平地对待你。"

有些人、有些行为有出格越轨之处，但算不上大奸大恶，多是道德领域中的事情，不够法律的高度，就这样算了吧，心中又咽不下这口气；针锋相对，以牙还牙吧，本来就不是阶级敌人，让斗争冲突继续升级，最后很可能两败俱伤。他知道了你的厉害，也会在心中长久地种下仇恨和敌意，不定什么时候，又会卷土重来。

多一份宽容的胸怀，世界就是海阔天空，工作生活也就会少好多的烦恼，很多些许小事可以一笑置之，无须萦怀，潇洒前行就是了。

宽容不是纵容，我们不会让他们得寸进尺，把错误当成理所当然的权利，继续侵犯我们的领空。我们会把大家应遵守的原则挑明，柔中带刚，思圆行方，我们可以宽恕他们的行为，但他们要改正自己的错误。

【绝对智慧】

我们会把大家应遵守的原则挑明，柔中带刚，思圆行方，我们可以宽恕他们的行为，但他们要改正自己的错误。

252. 别让人看见你失意的样子

一个女孩子莫名其妙地被老板炒了鱿鱼，老板吩咐她下午去财务室结算工资。中午，她坐在公园的长椅上黯然伤神。这时，她看见一个小孩子站在她身边一直不走，便奇怪地问："你站在这里干什么？"

"这条长椅靠背刚刚刷过油漆，我想看看你站起来背上是什么样子。"小家伙说。

女孩子怔了怔，然后，她笑了。

刹那间，她恍然大悟：如同这双天真烂漫的眼睛想看到她背上的油漆一样，她昔日那些精明世故的同事，或许也想看到她落魄和失意的样子呢！她决定不在丢失了工作的同时，也丢失了自己的笑容和尊严。

你可以想像得到，女孩子下午走进公司时，等着看她笑话的同事，看到的将是怎样一副自信而灿烂的笑容。

现在你面对的是一个美好的世界，各种挫折和尴尬你还无法体会，但我不得不警告你，生活中的失意处处可见。我们以前遇到过很多很多，你

只要行走于社会，今后也一定不可避免会碰到。

如果有一天，你实在没办法，已经靠上了那油漆未干的椅背，那也别沮丧。在悄悄站起来的时候，别让人看到你背后的油漆。

怎么才能让人看不到呢？很简单，将那件已经沾上油漆的外套脱下来，拿在手上。有时候，面对某些伤害，我们就得这么保护自己。

在生活的道路上，谨记在失意时用哀伤的容颜表达自己的心情，这对改善厄运不会有任何好处，反而许多人会如同看到你背上的油漆一样幸灾乐祸。

【绝对智慧】

在生活的道路上，谨记在失意时用哀伤的容颜表达自己的心情，这对改善厄运不会有任何好处，反而许多人会如同看到你背上的油漆一样幸灾乐祸。

253. 宁可被打死，也不要被吓死

在第二次世界大战期间，德国法西斯利用战俘做各种试验，其中就有这样一个试验：在战俘中选3名身体健康的战俘，把他们关到一间用来行刑杀人的房间内，一句话都不给他们讲，然后将其中一个绑在一把十分结实的固定的铁椅上，并把他们的眼睛蒙上。随后由医生用刀将其腕部静脉割开，血便滴在椅子下的容器中，一两个小时后，这名战俘因失血过多而死，在整个过程中另外两名战俘全部看到了。接下来，又选出一名战俘，被用同样的办法致死。而最后一名战俘第二次看到这个杀人场景。

再下来，士兵将最后一名战俘绑在铁椅子上，用刀背抹了一下他的手腕，然后用水龙头流水的声音模仿滴血的声音。两个小时以后，最后一名战俘以同样的表情死去。

但不同的是他的手腕并未被割破，因此他并非失血过多致死，而是由于他的意识杀死了他。在他的思想里充满了要死亡的信息和恐惧，他的身

体的全部机能得到执行死亡的命令，因此各个器官功能迅速衰竭，最终使他死亡。

消极思想的作用如此之强大，它能够将一个健康的人杀死，更能将一个人击败击垮。反之，成功思想的作用就在于使头脑中充满积极的信息，树立必定成功的信念、积极主动寻求成功的方法、调动人的无限潜能，使一个人走向成功。

爱默生说："自信是成功的第一秘诀。谁相信自己的能力，谁就能征服世界。"后来他又补充说："如果你做一件你担心不能成功的事，那么失败的结局是不可避免的。"在生活中缺乏信心，感到害怕，有不安全感，那么你很快就会失去力量。

【绝对智慧】

自信是成功的第一秘诀。谁相信自己的能力，谁就能征服世界。如果你做一件你担心不能成功的事，那么失败的结局是不可避免的。

254. 人微言轻

人是社会动物，身份地位常常左右着一个人说话的分量，也就是受重视的程度。

比如身居高位者，说一句顶十句；而多数人说的话却常常是几句不顶一句。我们时常会看到这样的情况，那些有身份的人身旁总是前呼后拥地跟着很多人，专心致志地准备随时聆听教诲。而他说起话来也是底气很足，一句本来没有什么可笑的话，也能把大家逗乐。而另一种情况是，有的话本来很重要，但却因为说话人是小人物，导致说出来的话丝毫不能引起反应，甚至还会招来奚落和笑声。

"人微言轻"实在是自古而然。赵高之所以敢于颠倒黑白指鹿为马，群臣心知肚明却没有人敢作声，就是因为他已经"权倾朝野"了。这道理用在我们做人上来说，就是要做到"不轻言、不轻信"，如果自己还不是

"重量级"人物，就不要随意长篇大论；听信别人的言行，也不要取决于对方的身份高低。

【绝对智慧】

如果自己还不是"重量级"人物，就不要随意长篇大论。

255. 你有不快乐的权力

如果你尽了一切努力，结果仍不尽如人意，你的确有不快乐的权利。也许，在努力的过程中，方法不对，技巧有待改进，没关系，痛哭一场之后，可以重新开始！

允许自己不快乐，是释放压力的方式之一。当然，你不要让自己长期处于不快乐的状态，那并不健康。但是，逼自己永远表现很快乐的样子，同样有害身心。

暂时的不快乐，是人生中常有的过渡期。毕竟，我们都在过日子，没有人是天天过年的。情绪的潮起潮落，运气的时好时坏，都是很自然的事。

不快乐的原因，也许和你的体力有关，也许和你的工作进度有关，或是你在感情生活中有挫折，或来自人际关系的危机。总之，不快乐一定有不快乐的原因，但你必须先发现不快乐、承认不快乐，才能进一步找出可以对症下药的解决方式。

有时候，你会发现，没什么特别的负面因素导致不快乐，那很可能只是因为长期疲劳的关系。至少，你因此而知道必须安排假期出去走走了。

你有不快乐的权利。接受自己不快乐的事实，才能避免把自己的不快乐当作攻击别人的武器。发现自己不快乐的时候，不妨休息一下，允许自己发个呆、少做一点事，等情绪调整过来，重新出发。如果，有特殊情况，必须暂时隐藏不快乐的情绪，但愿你不必撑得太久。可能的话，你不妨告诉身边值得信任的人，此刻的你并不快乐，请他帮忙分担一下可能必须应付的场面。

其实，一个人的不快乐，多半是自己造成的。世界上能让你重拾快乐的，也惟有你自己。

【绝对智慧】

接受自己不快乐的事实，才能避免把自己的不快乐当作攻击别人的武器。

256. 不要轻易相信"好的"二字

马来西亚文人朵拉写过一篇文章，题目叫《答应不是做到》。作者在总结人们的应酬交际活动时，提出了一个值得我们反思和重视的现象。文章写道：很多时候，我们要求别人办事，他们的反应是"好的，好的"。年轻的时候，我们听到朋友这样回答，就非常放心，并且感动得很，因为有些朋友实在是才结交不久的。然而过不了多久，便发现自己的心放得太早了。

当人们点着头说"好的，好的"时，他只是口头上说好，至于真的去实行，如果十个里有一个，就是你的幸运了。作者说，这类人在"承诺时，态度看起来非常诚恳，日子走过，把说过的话当成风中的黄叶，刹时便无影无踪。"

作者在宽慰和谅解朋友的同时，自己也陷入了这样的误区：自以为纯纯的我，其实是蠢蠢的我。在这个大家都忙忙碌碌的年代，居然妄想朋友听见你的要求，就抛下自己手中的事务不去处理，而特别为不在他眼前的你去奔波？

时常用自己的心去度朋友之腹，结果得到的是误解。也用不着去埋怨被谁欺骗，骗自己的其实正是自己。大家都说"答应并不表示做到"，大家可以答应你任何事，但是没有一次替你做。

然而，终于有一件事，使作者认识到了自己是陷入了做人的泥淖之中，那是一个很少见面很少交往，也从没说过什么知心话的朋友，他在 4 个月前说过要帮忙，而他居然真的去做了！

作者说，这件事让她汗颜，让她惭愧。她说原来的想法做法是要不得的，像政客们的做法，往往在选举前不断许下各种不管能不能实现的谎言，等一旦当选，做法却是另外一套。她提醒人们，做朋友不要做得像个政客。

读完朵拉的这篇散文，我们也豁然感受到了一种同样的指责。反省自己，我们无法不让自己对号入座。难道日常的生活中，对朋友、对同事、对妻女，这种"好的，好的"的答应，过后就全然没有这回事了的次数还少吗？

朋友一次次失望，为了面子，他们没有指责过我们，也许他们习以为常了。我们也有过脸红的时刻，那是天真不可欺的孩子一次次责问我们："今天答应带我去公园，明天答应带我去书店，怎么老说话不算数？"

其实，承诺是一种信誉，一种责任。我们全然忽视了它的重要意义。答应帮助别人做的一点小事，是没有必要签合同的。承诺的结果是应诺，履践诺言。

承诺是一种信誉，更是一种信念。

言而无信，不知其可。答应了没有兑现，失去的不仅是信任，而且是生存的空间。

【绝对智慧】

当人们点着头说"好的，好的"时，他只是口头上说好，至于真的去实行，如果十个里有一个，就是你的幸运了。

257. 可以没有一切，惟独不能没有希望

美国作家欧·亨利的小说《最后一片叶子》，说的是病房里一个生命垂危的病人，她从房间里看见窗外的一棵树，在秋风中树叶一片片地掉落下来。病人望着眼前的萧萧落叶，身体也随之每况愈下，一天不如一天。她说："当树叶全部掉光时，我也就要死了。"一位老画家得知后，用彩笔画了一片叶脉青翠的树叶挂在树枝上。最后一片叶子始终没掉下来。只因为

生命中的这片绿，病人竟奇迹般地活了下来。

人生可以没有很多东西，却惟独不能没有希望。有了希望就有了信心。有了信心，生命就生生不息！

人生在世，不可能万事都一帆风顺。当你遭遇到失败时，当一切似乎都是暗淡无光时，当你的问题看起来似乎不会有什么好的解决办法时，只要心存信念，永怀希望，总有奇迹发生。

也许，我们的人生旅途中沼泽遍布，荆棘丛生；也许我们追求的风景总是山重水复，不见柳暗花明；也许，我们虔诚的信念会被世俗的尘雾缠绕，而不能自由翱翔；也许，我们高贵的灵魂暂时在现实中找不到寄放的净土……那么，我们为什么不可以以勇敢者的气魄，坚定而自信地对自己说一声："再试一次！"再试一次，你就有可能到达成功的彼岸！

【绝对智慧】

人生可以没有很多东西，却惟独不能没有希望。有了希望就有了信心。有了信心，生命就生生不息！

258. 没什么，也不能没志气

人类最大的弱点就是自贬，亦即廉价出卖自己。

1951年，英国有一位名叫弗兰克林的人，从自己拍得极好的DNA（脱氧核糖核酸）的X射线衍射照片上发现了DNA的双螺旋结构。然而，由于生性自卑，又怀疑自己的假说是错误的，于是他放弃了这个假说。1953年，在弗兰克林之后，科学家沃森和克里克，也从照片上发现了DNA的分子结构，提出了DNA双螺旋结构的假说，二人因此而获得了1962年度诺贝尔医学奖。前者与后者之所以会有如此不同的人生境遇，关键就是有无自信。

有一个士兵，他在各方面表现都很称职，从前曾担任过军官。有一次，他向上级提出希望恢复原来的职务。不料，准尉副官一看见他那副模样就大为恼火，用他那浓厚的伦敦口音呵斥道："真见鬼，你为什么总是低着

头？你从前不是做过军官吗？连自己的士兵都不敢正眼看一看，还做什么军官？"

打败自卑感的最大秘诀就是将脑子里填满信念。培养对自己的信心，这样一来，你将会有无往不利的人生。

无论你穷到什么地步，千万不要失去最可贵的自信力！你昂起的头，切勿被穷困压下去；你坚决的心，切勿屈服于恶劣的环境。你要做自己的主人，而不是环境的奴隶！

在田径竞赛中，竞赛者可能因某种原因而被取消资格，可在生存竞争中，只有我们自己才能取消自己的资格。

【绝对智慧】

打败自卑感的最大秘诀就是将脑子里填满信念。培养对自己的信心，这样一来，你将会有无往不利的人生。

259. 谨慎金钱来往

有时会遇到同事向你借钱，这时你该怎么办？一般来说，遇到这种情况是比较麻烦的，这时候你应该仔细分析一下，看这位同事属于哪种情况。

如果某位同事确有燃眉之急，你应该伸出援助之手，帮他渡过难关。但是如果这位同事平时花钱如流水，不知道节俭，理财无方，借不借他钱，还需要看你们平时交情的深浅。假如你们在同一部门，平时接触很多，比较熟悉，无法推辞，那你就只有"酌量"帮忙了。但有一点，你有必要规劝他学习理财，尽量不要无计划地花费，劝他改掉不良习惯。

如果借钱者不是你部门的同事，那你也要视情况而定。你了解他是个守信用的人，而且经济状况良好，只是眼下急需钱周转一下。对于这种情况，你就可以借钱给他，一旦这件事完结，或许你俩的友谊会更进一步。当你去他的部门办理事情时，他一定会尽力相助。

如果这位同事平时信誉不太好，现在又不在一个部门，推辞掉很容易。

你可以委婉地告诉他："对不起，我这个月有很多事要办，资金比较紧张，恐怕帮不了你的忙。"希望他能够把目标转移。

同事一起聚餐最好是学西方人的方式，实行 AA 制，各付各的账。这样既避免了人们心理不平衡，又不使经济条件差的同事难堪。要坚持亲兄弟明算账的原则，才能使同事间保持良好、持久的关系。

【绝对智慧】

同事一起聚餐最好是学西方人的方式，实行 AA 制，各付各的帐。这样既避免了人们心理不平衡，又不使经济条件差的同事难堪。

260. 该低头时且低头

人和人的关系从实质上来讲，在平常都是平等的，没有尊卑和贵贱。俗语说得好，人不求人一般大。但它还包含着另外一层意思，就是人求人时三分矮。前面的"大"是尊，因为你不求人；后面的"矮"是卑，因为你要求人，就要低下头来，不矮能行吗？

求人，你首先要弄清你求的是谁，和你是怎样的关系。尽管你们过去是同事或者你曾是他的上级，但这次你去求他，他就是你的"上级"。你去走人家的门子，人家肯定就高，人家高了，你无疑就低了。

其次，求人就要有求人的诚恳，说话办事，就要合乎自己当时的身份，过去你是他的上司，当然可以颐指气使，可今天你求到人家的门下，你就务须谦逊三分，因为此一时，彼一时也。你不低头相求，人家会为你办事么？弄清了自己的目的，低头时也就顺理成章、表情自然了。

【绝对智慧】

俗语说得好，人不求人一般大。但它还包含着另外一层意思，就是人求人时三分矮。

261. 给爱虚荣者一个头衔

一只狗每遇到人，总是悄悄地跑到人们的后面，乘人不备时咬人一口。

于是，他的主人在它的颈上挂了一个美丽的铃铛，这样无论它走到哪里，都会引起人们注意。狗对这个铃引以为豪，满街走得叮当响。

一只老猎狗对它说："你为什么这么高兴呢？请相信我，你戴着那个铃，并不是什么功劳的奖章，正好相反，这是一个不光荣的记号，是向所有的人宣布，叫他们避开你这粗野的狗。"

有些人是天生刺头，一天到晚无休止地抗议、找麻烦。如果给他一个头衔，他的虚荣心就会得到满足，从此他就会安静些，再扰人时也会受些限制。

【绝对智慧】

有些人是天生刺头，一天到晚无休止地抗议、找麻烦。如果给他一个头衔，他的虚荣心就会得到满足，从此他就会安静些，再扰人时也会受些限制。

262. 借出去钱，就是借出去朋友

台湾著名作家刘墉，某日到一位教授家拜访，适逢教授的一位朋友去还钱。那人走了之后，教授就拿着钱感叹说："失而复得的钱，失而复得的朋友。"

刘墉听了，不解地问后一句话是什么意思。

教授说："我把钱错给朋友，从来不指望他们还。因为我想，如果他没钱而不能还，一定不好意思来；如果他有钱而想赖账，也一定不好意思再来。那么我吃亏也就一次，等于花点钱，认清了一个坏朋友。"

"谈到朋友借钱，只要数目不太大，我总是会答应的，因为朋友应该有通财之谊。"教授接着说，"至于借出去之后，我从不去催讨，因为这难免伤了和气。因此每当我把钱借出去时，总有既借出钱又借出朋友的感觉，而每当他们把钱还回来时，我便有金钱与朋友一起失而复得的感觉。"

刘墉听罢，心里颇多感慨。是啊，当我们的朋友来借钱的时候，你想过没有，这中间钱与朋友的得失？

【绝对智慧】

轻易不要和朋友有金钱来往。

263. 看眼色，下菜碟

说到"看别人脸色"，不能不提看别人的眼睛及眼神。人内心的各种情感，都可以从目光中流露出来，所以，眼睛被人们誉为"心灵的窗口"。一个人深藏心里的欲望和感情，首先反映在眼睛及眼神上。读懂人的眼神便可知晓人的内心状况。

如果他的眼神横射，仿佛有刺，则表明他异常冷淡——不应向他陈说请求，而应该从速退出。你退出后应该研究他对你冷淡的原因，而后谋求恢复感情的途径。

如果他的眼神流动异于平时，则表明他胸怀诡计，想给你苦头尝尝。这时你应步步为营，不要轻易接近，前后左右可能都是他安排的陷阱，一失足便跌翻在他的手里。不要过分相信他的甜言蜜语，那只是钩上的饵，是毒物外的糖衣。

如果他的眼神恬静，面有笑意，则表明他对于某事非常满意——你要讨他的欢喜，不妨多说几句恭维话；你要有所求，这也是个好机会，相信他一定比平时更容易满足你的要求。

如果他的眼神四射，魂不守舍，则表明他对于你的话已经感到厌倦，再说下去必无效果。你应该将谈话赶紧告一段落，或乘机告退，或者开始

新的话题。

如果他的眼神凝定，则表明他认为你的话有一听的必要，你应该照预定的计划婉转陈说——只要你的见解不差，你的办法可行，他必然是乐于接受的。

如果他的眼神上扬，则表明他不屑听你的话——无论你的理由如何充分，你的说法如何巧妙，还是不会有理想的结果。不如适可而止，退而另辟蹊径。

总之，眼神有散有聚、有动有静、有流有凝、有阴沉有呆滞、有下垂有上扬，仔细参悟之后，必可收获见微知著的效果。

【绝对智慧】

眼睛被人们誉为"心灵的窗口"，一个人深藏心里的欲望和情感，首先反映在眼睛及眼神上。读懂人的眼神便可知晓人的内心状况。

264. 不要重用告密者

"告密者"看准了上司需要人在公司内充当他的耳目，把办公室里的小道消息或情报传递给他，让他更了解公司内部人事的实际情况，于是他便选择了这条途径，来取得上司的信任。

这类下属的特性是喜欢四处打探同事之间的秘密，连一句闲言碎语也不放过。因为，这便是他向上司汇报的材料。

他们这样做的最大目的，是要在上司心目中建立起忠心耿耿的形象。说他们甘当上司的鹰犬也不为过。

据说，的确有些主管喜欢有这类下属在机构内充当"探子"，借此知道职员对公司、对自己的态度。他们相信，这种情报对本身更好地管理下属有一定的帮助。

即使告密型下属能充分博取上司的欢心和信任，若上司是一名精明能干的人，他断不会考虑提拔告密型下属成为自己的接班人。因为这类告密型下属在办事能力方面肯定不会太突出，所以才走捷径，做探子，博取上司的青睐。

如果主管贸然地把告密型下属升上自己的位置，除了引起公司内职员的反感外，也显示出这名上司的天真无能。试问，一个全公司的职员都提防甚至讨厌的人，怎能当一名令人信服的好主管？

【绝对智慧】

一个全公司的职员都提防甚至讨厌的人，怎能当一名令人信服的好主管？

265. 广泛结交社会名流

广泛建立人际关系，是一条十分有效的获得长远发展的途径，借众人的智慧思考，这样，你就能够在思考中始终处于一种领先的地位，然后再取得事业上的成功。

有一位名叫阿瑟·华卡的农家少年，在杂志上读了某些企业家的故事后，非常想知道得更详细些，并希望能得到他们对后辈的忠告。

有一天，华卡跑到纽约，也不管几点开始办公，早上7点就到了威廉·亚斯达的事务所。在办公室里，华卡立刻认出了面前那体格结实、长着一对浓眉的人就是亚斯达。高个子的亚斯达开始觉得这少年有点不讨人喜欢，然而一听少年问他："我想知道，我怎样才能赚得百万美元？"他便表情柔和并微笑起来，和少年竟交谈了一个钟头。随后亚斯达还告诉他该去拜访的其他企业界的名人。

华卡照着亚斯达的指点，遍访了一流的商人、总编辑及银行家。

在赚钱这方面，华卡所得到的忠告并不见得对他有所帮助，但是他能得到成功者的知遇就是给了他自信，他开始仿效他们成功的做法。

又过了两年，这个20岁的青年成为他学徒的那家工厂的所有者。24岁时，他是一家农业机械厂的总经理，不到5年他就拥有百万美元的财富了。

这个来自乡村简陋木屋的少年成为了银行董事会的一员。

华卡在活跃于企业界的67年中，实践着他年轻时来纽约学到的基本信条：即多结交对其有所帮助的人，多见成功立业的前辈，从而改变自己的命运。

广泛结交社会名流对于长远发展有相当大的帮助。这些人永远站在潮流的前沿，对事情的发展具有前瞻性，和他们交往能学到平时学不到的知识。

【绝对智慧】

广泛结交社会名流对于长远发展有相当大的帮助。这些人永远站在潮流的前沿，对事情的发展具有前瞻性，和他们交往能学到平时学不到的知识。

266. 得到的越多，渴望的也就越多

驴子总是在试图伸着脖子去吃篱笆那一边的草，它以为那一边的草比自己这边的草鲜美。

一群小男孩来到苹果园，他们对地上又大又红的苹果视而不见，那悬挂在枝头上的鲜红多汁的苹果在他们眼里才更加诱人。不管多么危险，他们还是要不顾一切地往树上爬。

一个已婚的男人走在街上，不停地向路上的女人瞟去，心想："要是我的妻子也能这么漂亮该多好啊！"

他的妻子很可能比这些女人漂亮多了，但是他却没有感觉，因为"篱笆那边的草就是比这边的鲜美"。

幸福总是在"篱笆的那一边"，总是可望而不可及。生活永远不完美，不管我们拥有什么或是拥有多少，每一样东西都需要另一样东西来匹配。

你渴望有一个家——只要座落在丛林边上的一栋普通的小房子就足够了。你盖了这样一栋小房子，但是它还不够完美。你必须弄来美丽的灌木、

花草和它搭配。可是有了这些也还不够完美——你必须在它周围修上美丽的篱笆,再用鹅卵石铺上一条车道。

于是你就需要再买一辆车,接着还要有一个车库。

所有这些都置办齐全了,可还是不行!这个地方现在看上去已经太小了。你必须拥有一栋房间再多一些的大房子,那辆帕萨特也得换成奔驰或者宝马。

事情就这样一点一点继续下去,永没有尽头!

你得到的越多,渴望的也就越多。快乐的感觉真的与金钱多少没有任何关系,只要你还有欲望,还不知道自己真的想要什么,那你就永远不会快乐。

【绝对智慧】

你得到的越多,渴望的也就越多。快乐的感觉真的与金钱多少没有任何关系,只要你还有欲望,还不知道自己真的想要什么,那你就永远不会快乐。

267. 可怜之人,必有可恨之处

感到无人赏识,无人看重你的存在价值和贡献,于是一种怀才不遇的感觉便从心中油然而生——实际上这是工作中最普遍的情绪问题。无论你是大老板还是小职员,白领或者蓝领,少不更事的年轻雇员或是见多识广的职场老手,一定都有过类似的感受。

也许你因此百思不得其解,甚至怨声不绝。正所谓可怜之人,必有可恨之处。出现了这种情况,你有没有想过从自身寻找原因?

不要以为勤奋工作能干就会获得晋升。其实,你错了。因为上司要提升的人,不仅要能出色地完成工作任务,更重要的是还能得到领导的充分信任。不信任你,干嘛培养你呢?所以,你不被他人赏识,不一定是你的能力不足,却极有可能是你没有得到他人的信任。

如果你得不到信任，不管你的工作如何出色，你肯定不会获得赏识，这是从古至今人类社会经过反复博弈之后形成的残酷现实。

【绝对智慧】

不要以为勤奋工作能干就会获得晋升。其实，你错了。因为上司要提升的人，不仅要能出色地完成工作任务，更重要的是还能得到领导的充分信任。

268. 单纯一点，更容易成功

美国电影《阿甘正传》中的男主角阿甘，是一个弱智的、头脑简单的、思考问题单纯的、目标单一、行动始终如一的傻瓜……结果，他成功了！为什么？

当一群孩子要欺负阿甘的时候，他的女伴告诉他，快跑！脚跛的他单纯地听从了，没命地跑，快得超过了正常的男孩；球场上，教练告诉他："什么都别想，抢着球就跑！"他又单纯地听从了，结果他跑来了大学毕业证，跑成了"球星"；他上越南打仗，他的上级告诉他："遇见危险就跑！"他再次单纯地听从了，结果不但平安归来，还跑成了"国家英雄"。阿甘善于把所有的问题都简单化，简单单纯到了只剩下直奔成功。

再聪明的人都无法完全认清世间万象，运转再快的头脑，也跟不上世界万物的变化。所以老子要求我们"以静制动"，"以不变应万变"，"大智若愚"……这样才能掌握世间万物，掌握我们自己。

阿甘就明白这个道理：他上越南战场，从来没有说要争取当一个英雄，结果他成了英雄，还受到总统的特别接见。

而阿甘的上级，出身于军人世家的上尉，从一开始就想争取当一个战争英雄，为家族争光，结果失去了双腿，被自己看不起的傻瓜阿甘救了一命。

"不争"，并不是意味你根本不行动，而是要你不动声色，不显山不露水，不作无谓斗争。无谓的争斗，只会消耗你的能量；逞强的行为，等于为自己树立了强敌；盲目地出动，只会让自己失去方向，迷失自己。

【绝对智慧】

老子说："少则明，多则惑。"所以单纯的人容易成功！

269. 只有甘于沉下去，才可能浮上来

企鹅是种憨态可掬的小动物，可在水中游嬉，也能在陆地上行走。然而，南极大地的水陆交接处，全是滑溜溜的冰层或者尖锐的冰凌，它们身躯笨重，没有可以用来攀爬的前臂，也没有可以飞翔的翅膀，如何从水中上岸？

原来，企鹅在将要上岸时，猛地低头，从海面扎入海中，拼力沉潜。潜得越深，海水所产生的压力和浮力越大。企鹅一直潜到适当的深度，再摆动双足，迅猛向上，犹如离弦之箭蹿出水面，腾空而起，落于陆地之上，画出一道完美的弧线。

这种沉潜为了蓄势，积聚破水而出的力量，看似笨拙，却富有成效。

人生又何尝不是如此？当我们面前困难重重，出头之日遥不可及时，何不学学企鹅的沉潜？这种沉潜绝非沉沦，而是自强。如果我们在困境中也能沉下气来，不被"冰凌"吓倒；在喧嚣中也能沉下心来，不被浮华迷惑，专心致志积聚力量，并抓住恰当的机会反弹向上，毫无疑问，我们就能成功登陆！

反之，总是随波浮沉，或者怨天尤人，注定就会被命运的海流玩弄于股掌之间，直至精疲力竭。

【绝对智慧】

总是随波浮沉，或者怨天尤人，注定就会被命运的海流玩弄于股掌之间。

270. 会哭的孩子有奶吃

法国研究人员用科学验证了牧羊人数千年来的直觉：叫得越厉害，叫声越大的羊羔，存活概率最大。

关于叫声的电脑剖面图显示，每只羊都有自己独特的声音，而且可以改变声调，这使羊妈妈和小羊能在一个嘈杂的大羊群里找到对方。法国国家农业研究所研究人员弗雷德里克·瑟比表示："最擅长用叫声进行沟通的小羊存活概率最大。"

在鸟类的王国里也是如此：那些叫声特别响亮，嘴巴张得特别大的雏鸟得到喂食的机会就多，而那些叫声特别弱的雏鸟，半天吃不到一口，就会被自然淘汰。

动物世界如此，那么人类呢，是不是只有勇于和善于与人沟通，成功的可能性会更大一些呢？

【绝对智慧】

沉默——不是暴发，就是死亡。

271. 心在高处，手在低处

一个人若只是想着能成为富翁，这目标就太渺茫了。过于飘渺的目标，常常会因为难以企及而遭中途放弃，但是一开始，假如他渴望拥有5万元钱，实现后，接下来他便能找到类似的方法获得10万元、20万元，终至1000万元，从而实现梦想。

古罗马大哲学家西刘斯曾说过："要想达到最高处，必须从最低处开始。"

做任何事情，都必须脚踏实地，那些成功者是心在高处，手在低处——通过一个个具体的行动去实现自己的远大之志，而不是好高骛远。

好高骛远者总是报着那种不切实际地追求过高或过远目标的心态，他们往往总是盯着很多很远的目标，大事做不来，小事又不做，最终空怀奇想，落空而归。一味追求高远，不考虑可行性，就永远也不可能成功。

在威斯敏斯特教堂地下室里，英国圣公会主教的墓碑上写着这样一段话：

"当我年轻自由的时候，我的想像力没有任何局限，我梦想改变这个世界。当我渐渐成熟明智的时候，我发现这个世界是不可能改变的，于是我将眼光放得短浅了一些，那就只改变我的国家吧！但是我的国家似乎也是我无法改变的。当我到了迟暮之年，抱着最后一丝努力的希望，我决定只改变我的家庭、我亲近的人——但是，唉！他们根本不接受改变。现在，在我临终之际，我才意识到：如果起初我只改变自己，接着我就可依次改变我的家人。然后，在他们的激发和鼓励下，我也许就能改变我的国家。再接下来，谁又知道呢，也许我连整个世界都可以改变。"

如果一味追求过高过远的目标，丧失了眼前可以成功的机会，就会成为高远目标的牺牲品。

【绝对智慧】

好高骛远者总是报着那种不切实际地追求过高或过远目标的心态，他们往往总是盯着很多很远的目标，大事做不来，小事又不做，最终空怀奇想，落空而归。

272. 稍作改变，就会有新奇的发现

有一天，女儿上学回来，向我报告幼儿园里的新闻，说她又学会了新东西，想在我面前显示显示。她打开抽屉，拿出一把小刀，又从冰箱里取出一只苹果，说："爸爸，我要让您看看苹果里头藏着什么。"

"那是什么呢，应该是种子吧？"我说。

"来，还是让我切给您看看吧。"说着她把苹果一切两半——切错了。我们都知道，正确的切法应该是从茎部切到底部窝凹处，而她呢，却是把苹果横放着，拦腰切下去。然后，她把切好的苹果伸到我面前："爸爸，看哪，里面有颗星星呢！"

真的，从横切面看，苹果核果然呈一个清晰的五角星状。我们这一生不知吃过多少苹果，总是规规矩矩地按正确的切法把它们一切两半，却从未疑心苹果里还有什么其它的图案！

是的，如果你想知道什么叫创造力，往小处说，就是切苹果——切"错"的苹果。我们往往因循守旧，一成不变地按照别人的生活方式生活下去，孰不知，有时稍作改变，会发现一片惊奇的天空。

【绝对智慧】

我们往往因循守旧，一成不变地按照别人的生活方式生活下去，孰不知，有时稍作改变，会发现一片惊奇的天空。

273. 远离敏感的人

生活中有很多这样的人，他觉得自己不论做什么事，说什么话，到什么地方，穿什么衣服，梳什么发式，和什么人交往，总有人在注意自己，老觉得自己很容易成为他人注意的焦点、议论的中心、咬耳朵的话题。

这就是所谓的敏感，也被称之为神经过敏。

神经过敏的人很容易对外界的一切，做出过度敏锐的反应，他的神经末梢非常灵敏，就像含羞草一样，稍经外物的刺激，便立刻会将叶子卷起来。对于敏感的人，要十分留心、谨慎交往，才不至于触犯他们。稍微不恭的言行，都会立刻刺伤他们脆弱的自尊心。

《红楼梦》中的林黛玉寄人篱下，在贾府这个污七八糟的大家庭中，日益变得多愁善感，"一年三百六十日，风刀霜剑严相逼"，"侬今葬花人笑痴，他年葬侬知是谁"，她的敏感多疑使她见花落泪，随随便便的一句闲话她都以为别人是在中伤她，她的这种过度敏感也使她难以经受大观园的风风雨雨。她"焚稿绝情"，吐血而亡，与其说是死在"风刀霜剑"之下，还不如说是死在她自己过度敏感的性情上。

事实上，当敏感者以为别人都在对他评头论足时，其实并没有人在注意他。人人都有自己从事的工作，可以说生活中仅有极少数的人围在那儿喜欢非议别人的长短。所以大多数的神经过敏正如佛教用语"境由心生"，都是虚弱、纤柔、缺乏自信的内心所一厢情愿地想出来的，也就是说敏感者的病根在于自己。

【绝对智慧】

对于敏感的人，要十分留心、谨慎交往，才不至于触犯他们。稍微不恭的言行，都会立刻刺伤他们脆弱的自尊心。

274. 拒绝单打独斗

每个人的能力都是有限的，永远无法做好所有的事情。即使一个人精力无限充沛，也不可能做好所有的事情，所以合作是必要的，也是必须的。

如果你有一种能力，我也有一种能力，两种能力交换后就不再是一种能力了。要想在这个社会上生存和发展，并获得机会的垂青，我们就必须抛弃愚蠢的个人英雄主义，加强自己的合作精神，增强合作能力。

沟通与合作就是一群人为了达到某一共同目标，把自己和他人联合在一起。它是所有组合式努力的开始，被拿破仑·希尔称为"团结努力"。

有一对姐妹，为了一个桔子而争吵不休。最后她们决定将桔子分成两半，每人各取一半。姐姐拿了属于自己的那一半，吃了桔肉扔了桔皮；妹妹拿了属于自己的那一半，剥下桔子皮用作做蛋糕的材料，而扔了桔肉。姐妹俩都没有得到自己想要得到的最大化的利益：姐姐没有吃到一整个的桔肉，妹妹没有得到一整个的桔子皮用来做蛋糕。

如果一个人单独做一件事，那么他难以获得大的成效，取得大的成功。

两个或两个以上的人可以结成联盟，这样，在和谐和谅解的基础之上，每个人都将倍增自己的成就和能力。缺乏这种沟通与合作精神将导致什么结果呢？只会是失败。

通过沟通与合作，我们可以获得双重奖励。

【绝对智慧】

即使一个人精力无限充沛，也不可能做好所有的事情，所以合作是必要的，也是必须的。

275. 不要一心只想往高飞

英国乡下流传着一种抓野鸡的老办法，简单却有效。

农夫先往地上撒些玉米粒儿，然后在玉米粒儿最多的地方拉起一张网，网和地面之间留出两尺左右的距离。然后他就安心地去地里干活，单等收工时回来取猎物。

野鸡机警善飞，农夫却几乎每天都有收获，这是为什么呢？

原来，当野鸡确定四下无人的时候，就会飞到网子附近，低头啄食地上的玉米粒儿。

它们边走边吃，从不抬头，就这样一直走到了网下。等它们吃光地上所有的玉米粒儿，便把头一抬，拍拍翅膀往上飞，当然就自投罗网了。这时只要它们一低头就能从网下面走出来，但是……被网罩住的野鸡惊惶失措一个劲儿往上飞，直到最后筋疲力尽再也动弹不得，只能束手就擒。

野鸡的失误教给我们做人的三条原则，首先，不要为了眼前利益而低头弯腰，误入歧途；第二，得志时避免把头昂得太高；第三，该低头时就低头，不要光想往高处飞，一辈子困在自负的网里。

【绝对智慧】

该低头时就低头，不要光想往高处飞，一辈子困在自负的网里。

276. 设身处地为别人想一想

有一天，一个叫布基的洞穴人，在山坡上看见一个老者，老者为他讲了发生在新石器时代以前的事……

那时候，这里是一个大部落，大家幸福地繁衍生息，过着快乐的生活。但是随着人口的增加，食物变少了，这个地区已经无法容纳这么多人了。大家意识到，如果要生存，就必须分散人口。

部落首领告诉大家："去盖一座高塔就可以极目周边的环境，我们对这块土地了解得越多，就越知道该做些什么。"

后来，族人把站在高塔上看到的情况向首领汇报了，并且得出了"生存方案"。有一群人宣称："我们要制作竹筐及仓库来储存食物，用织布机来制作帐篷。只有这样，我们才能在这里生存。"另一群人却认为不对，他们说："我们必须造出长矛，挖陷阱来打猎。"

于是两群人产生了分歧，整个部落分裂了，一群人去编织竹筐，另一群人去制作长矛。

老者带布基走了很远的路，来到了一个古旧的高塔边。布基爬上了塔顶，他向东边看去，这是一片布满石头的土地，有许多水牛、麋鹿和羊群。在这样的土地上，的确需要长矛、陷阱来捕猎。

布基向西望去，眼前是一片树木茂盛的区域，长了许多葡萄藤、玉米以及野棉花。这里的确需要竹筐、仓库和织布机。

现在，布基终于明白为什么族人要反目成仇了。

我们是否常常被固有的思维模式所限制呢？答案是肯定的，人们常常会在片面或扭曲的认识之下行事。只有站在对方的立场上看问题，才能比较真实地了解对方。

面对同一个问题，如果我们只是从自己的角度去考虑，而不顾他人的利益与感受，往往失之偏颇，甚至会对别人造成伤害。如果无论发生什么

事情，你都能设身处地地为别人想一想，原来在你认为解决不了的问题，其实还存在着其它的解决方式。

【绝对智慧】

面对同一个问题，如果我们只是从自己的角度去考虑，而不顾他人的利益与感受，往往失之偏颇，甚至会对别人造成伤害。

277. 逆境是一所好学校

大约在一个半世纪以前，在法国里昂的一个盛大宴会上，来宾们就某幅绘画到底是表现了古希腊神话中的某些场景，还是描绘了古希腊真实的历史画面，而展开了激烈的争论。

气氛越来越紧张，看到来宾们一个个面红耳赤、吵得不可开交，主人灵机一动，转身请旁边的一个侍者来解释一下画面的意境。结果，这位侍者的解释令所有在座的客人都大为震惊，因为他对整个画面所表现的主题作了非常细致入微的描述，他的思路非常清晰，理解非常深刻，而且观点几乎无可辩驳。因为这位侍者的解释，立刻就解决了争端，所有在场的人无不心悦诚服。

"请问您是在哪所学校接受教育的，先生？"在座的一位客人带着极其尊敬的口吻询问这位侍者。"我在许多学校接受过教育，阁下，"年轻的侍者回答说，"但是，我在其中学习时间最长，并且学到东西最多的那所学校叫做'逆境'。"这个侍者的名字就是让·雅克·卢梭。

早年饥寒交迫的生活，使得卢梭有机会成为一个对完整的生活有着深刻认识的人。尽管他此时只是一个卑微的侍者，然而，那个时代和整个法国最伟大的天才——让·雅克·卢梭的名字，和他那闪烁着人类智慧火花的著作，将很快像暗夜里的闪电一样照亮整个欧洲。是的，艰难困苦和人世沧桑是最为严厉而又最为崇高的老师。要获得深邃的思想，或者要取得巨大的成功，就要有一段穷困破落的记忆。

幸福城邦养育的人往往轻浮浅薄，而不幸的土地造就的子孙才会深刻、严谨、坚忍而执著。

【绝对智慧】

要获得深邃的思想，或者要取得巨大的成功，就要有一段穷困破落的记忆。

278. "烂好人"是不值钱的

在职场中，要学会对不合理的请求说"不"，不在职场上当"烂好人"。

我们都知道"好人"是大家都喜欢的，因为他不具有侵略性，不会伤害到别人，甚至有时还会为了别人而自己吃亏。做好人是值得肯定的，但千万不能做"烂好人"。

所谓"烂好人"，就是没有原则、没有主见。这种人往往是有求必应，当事情不能解决的时候，往往还能"牺牲"自己"成全"大家。别人的"求助"会占去他太多的时间，妥协后伴随的是马不停蹄地劳碌，累死也没人可怜。

这种"烂好人"是和"好人"不同的。别人称赞"好人"时，会带着几分尊敬，甚至"畏惧"。但"烂好人"则不然，他得到的评价常常是"不能担当大任"。而且因为别人深知他的弱点，甚至会算计他、陷害他、得寸进尺、予取予求，反正他不会反抗，不会拒绝。于是所有人都得到了好处，惟独这个"烂好人"一点好处都没有。

在职场上，"烂好人"是不值钱的。要想在职场上纵横捭阖，就要学会绵里藏针，柔中有刚。一方面要能忍则忍，尽量不与人发生正面冲突或公开争吵，记住退一步海阔天空的道理，但同时，又不能做甘心待宰的羔羊。如果只是一味地敌进我退，早晚会被挤进死胡同。即使没人逼迫你，你也不能像棉花一样，总是软绵绵的，像个扶不起来的"阿斗"。绵里藏针，是

让你有一点儿个性，有一点儿锋芒，在关键时刻让人对你刮目相看。但这根针你轻易不要露，要做到不鸣则已，一鸣惊人。

【绝对智慧】

在职场上，"烂好人"是不值钱的。要想在职场上纵横捭阖，就要学会绵里藏针，不做任人宰割的羔羊。

279. "我本善良"没有任何意义

现在的假话太多，所以才显示出真诚的可贵。然而问题是，真诚就只能用直率来表现吗？

真诚，就要实话实说，说真话。但为了表现真诚，是不是可以不论场合、不论受众，只图自己说个痛快而不管别人的感受呢？

你真诚，说真话，其目的无非是想表达你的好意，并期望让别人接受你的好意。如果你不顾一切，只管自己表演，不管观众的反应，又用"直率"来为自己开脱，搞得对方感觉没有面子，他必定会在感情上和行动上都排斥你，不愿听从你的意见，不愿接受你的好意，那你还能怪别人吗？

当你的真诚与为人好的目的形成了对立时，那你所谓的"真诚"就成了让你痛痛快快害人的幌子！

如果你是真诚的，就应该考虑到对方的感受，考虑到他的需要，让他切实地感受到你的真诚好意，在不知不觉中欣然接受你，这样你的真诚才有价值！

【绝对智慧】

不讲求方式的真诚与鲁莽相同，在办砸的事情面前，"我本善良"没有任何意义。

280. 别人做得好的，你未必能行

斯迪克快毕业时，叔叔给他讲了一个故事：

有一个孩子小时候很穷。一天，他走进一家银行，希望找一份工作，但被银行家拒绝了。他抽泣着，嚼着从好心的姑妈那里偷来的一分钱买的甘草糖，一声不吭地沿着银行的大理石台阶跳下来，弯腰从地上捡起一样东西。银行家以为他要用石头掷他，于是躲到门后，却看到那个孩子将捡起的东西装进口袋。

"过来，孩子！"银行家叫道："你捡的是什么？""一个别针呗！"孩子回答。"你是个乖孩子吗？上过主日学校吗？"银行家又问。"是的。"孩子回答。于是银行家用金笔写了个"St. Peter"，问小孩是什么意思。"咸彼得。"小孩并没上过主日学校，所以他把"Saint"的缩写"St."误认为是"Salt（咸的意思）"了。

银行家并没有责备这个小孩，相反让他做了自己的合伙人，分给他一半的利润并把女儿嫁给了他。后来，他拥有了银行家的一切。

斯迪克认为这个故事对他很有启发。于是，6个星期里他每天都去一家银行的门口找别针儿，他盼着银行家把他叫进去，问："你是个乖孩子吗？"然后问"St. John"是什么意思，他就会回答是"咸约翰"，接着银行家请他做合伙人并把女儿嫁给他。

终于有一天，一位银行家问斯迪克："小孩子，你捡什么呀？"

"别针儿呀。"斯迪克谦虚有礼地说。

"让我瞧瞧。"银行家接过别针。

斯迪克非常兴奋，他摘下帽子准备跟着银行家走进银行，变成他的合伙人，然后再娶他女儿为妻。

但是，事情并没像他想像的那样发展，银行家说："这些别针是银行的。快点离开，要是再让我看见你在这儿瞎转悠，我就放狗咬你！"

斯迪克走开了，那别针也被吝啬的老头没收了。

成就卓越人生的处世法则

THE RULE OF EXCELLENCE IN LIFE

每个人都有自己的特点，别人能做好的，你未必能行。聪明的人会探究别人做得好的深层原因，而不只是模仿着"去捡别针"。

【绝对智慧】

每个人都有自己的特点，别人能做好的，你未必能行。聪明的人会探究别人做得好的深层原因。

281. 迫使对方先亮出底牌

一个人想处理掉自己工厂里的一批旧机器，他在心中打定主意，在出售这批机器的时候，一定不能低于50万元。

在谈判的时候，有一个买主针对这台机器的各种问题，滔滔不绝地讲了很多缺点和不足。但是这个工厂的主人一言不发，一直听着那个人口若悬河地讲个不停，到了最后，那位买主再没有说话的力气了，突然说出一句："我看你这批机器，我最多只能给你80万元，再多的话，我们可真不要了。"

于是，这个工厂主轻易地多赚了30万元。

长时间的沉默会给人造成极大的心理压力。因为人性是排斥黑暗和沉默的，沉默使人感到没有依靠，有的时候真的可以让人为之疯狂，所以人常常会沉不住气。

许多心理战的高手经常利用"沉默"这一策略来击败对手。他们可以制造沉默，也有方法打破沉默，他们往往以此达到目的。

沉默并不是简单地指一味地不说话，而是一种成竹在胸、沉着冷静的姿态，尤其在神态上表现出一种运筹帷幄、决胜千里的自信，以此来逼迫对方沉不住气，先亮出底牌。如果你神态沮丧，像霜打了的茄子一般，只能是自讨苦吃了。沉默只是人们表达力量的一种技巧，而不是本身就具有的优势力量。

静者心多妙，超然思不群。沉不住气的人在冷静的人面前最容易失败，因为急躁的心情已经占据了他们的心灵，他们没有时间考虑自己的处境和地位，更不会坐下来认真地思索有效的对策。在最常见的讨价还价中，他们总是不等对方发言，就迫不及待地提出建议价格，最后让别人钻了自己的空子。

【绝对智慧】

沉不住气的人在冷静的人面前最容易失败，因为急躁的心情已经占据了他们的心灵，他们没有时间考虑自己的处境和地位，更不会坐下来认真地思索有效的对策。

282. 多举手

有位著名的心理学家，在他的小女儿要上学的那天，开车送女儿到小学门口。在女儿临下车之前，他告诉小女儿，在学校里要多举手——尤其在想上厕所时，更是特别重要。

小女孩真的遵照父亲的叮嘱，不只在上厕所时记得举手，老师提问时，她也总是第一个把手举起来。不论老师所说的所问的，她是否了解，或是否能够回答，她总是举手。

这个小女孩天天如此，老师自然而然就对这个女孩的印象非常深刻。不论她举手发问，或是举手回答问题，老师总是不自觉地优先让她开口。而因为得到了许多优先权，竟然令这位小女孩无论在学习成绩上还是在许多其他方面的成长上，都大大超越了她的同学们。

多多举手，正是那位心理学家交给他女儿在学习、生活中的利器。

成功者是积极主动的，失败者则是消极被动的。成功者常挂在嘴边的一句话是"有什么我能帮忙的吗"，而失败者的口头禅则是"那又不关我的事"。

而那位智慧的父亲，所教给女儿的举手观念，正是成功者积极主动的态度。

不怀疑自己的能力，凡事多一些积极主动性，你也会取得不菲的收获。

【绝对智慧】

不怀疑自己的能力，凡事多一些积极主动性，你也会取得不菲的收获。

283. 不把话说死，不把事做绝

与人相处要记得时刻给别人留有余地，只有不把事做绝，不把话说死，于情不偏激，于理不过头，才能在与人相处时游刃有余。在与别人方便的同时，也给了自己成功的可能。

没有人能永远一帆风顺，也没有人可以保证自己在生活中永远高枕无忧。当你面临危机时，会有朋友扶你一把吗？你的同事会热心地伸出援助之手呢，还是冷漠地袖手旁观？这一切，都取决于你平日里的所作所为。若你为别人留余地，那么这时你就会发现，有很多双手拉你走出泥沼。而如果你总是切断别人的退路，总把别人逼入绝境，还有谁会帮你呢？他们不落井下石就是对你的仁慈了。

如果你是个对"面子"冷漠的人，那么你必定是个不受欢迎的人；如果你是个只顾自己面子，却不顾别人面子的人，那么你必定会明占便宜暗吃亏。

这个社会的人很奇妙，可以吃暗亏，也可以吃明亏，但就是不能吃"没有面子"的亏。所以若想世故做事，必须了解到这一点。这也就是很多老于世故的人受欢迎的原因，宁可高帽子一顶顶地送，既保住别人的面子，别人也会如法炮制，给你面子，彼此心照不宣，尽兴而散。

"人活脸，树活皮"，给他人留余地等于给自己留余地。自己有了余地，才能有进有退，才能在险象环生的社会中，面对复杂多变的人生。

【绝对智慧】

这个社会的人很奇妙，可以吃暗亏，也可以吃明亏，但就是不能吃"没有面子"的亏。"人活脸，树活皮"，给他人留余地等于给自己留余地。

284. 懂得选择，绝不放弃

曾经有一个伟人说过，决定我们一生是否伟大的因素不是我们能做什么，而是我们选择了什么。选择是什么？就是人生的目标，如果我们轻易地抛弃了这个目标，我们就会永远一无所获。

人生的伟大在于懂得选择，并在选择之后绝不放弃。汉代时，有一位看守城门的官员已经70多岁了，仍然担任着一个很低级别的职务。有人就问他，你做官几十年为什么没有得到晋升呢？这个老者说，当今皇帝的爷爷在的时候喜欢勇敢善战的人，所以我就下决心去练武艺。等我武艺练好了，当今皇帝的父亲继位了，又喜欢儒文雅士，所以我就又去学习诗书礼乐。等到这方面有所收获时，当今皇帝继位了，我已经成了一个60多岁的老头，所以，没有得到晋升的机会。

在我们的一生中，也会重复着歧路亡羊的故事，最早我们确定目标时，我们还不知道要做什么，但歧路之中又有歧路，人生的偶然因素那么多，人的情感又那样变化无常，最终我们的事业和情感都会在岔路上迷惘，永远找不到归宿。

【绝对智慧】

人生的伟大在于懂得选择，并在选择之后绝不放弃。

285. 努力并不是只知埋头苦干

其实，努力并不等于埋头苦干，有方法的努力，才是有效达到目标的好办法。

曾经有一个衣衫褴褛的少年，到摩天大楼的工地，向衣着华丽的承包商请教："我应该怎么做，长大后才能跟你一样有钱？"

承包商看了少年一眼，对他说："我给你讲一个故事：有3个工人在同一个工地上工作，3个人都一样努力，只不过其中一个人始终没有穿工地发的蓝制服。如今在这三个人中，一个人成了工头，另一个工人已经退休，而第三个没穿工地制服的工人则成了建筑公司的老板。年轻人，你明白这个故事的寓意了吗？"

少年满脸困惑，听得一头雾水，于是承包商继续指着前面那些正在工作的工人对少年说："看到那些人了吗，他们全都是我的工人。但是，那么多的人，我根本没办法记住每一个人的名字，甚至连有些人的长相都没印象。但是，你看他们之中那个穿红色衬衫的人，他不但比别人更卖力，而且每天最早上班，也最晚下班，加上他那件红衬衫，使他在这群工人中显得特别突出，我现在就要过去找他，让他当监工。年轻人，我就是这样成功的，我除了卖力工作，表现得比其他人更好之外，我还懂得如何让别人看到我的努力。"

【绝对智慧】

除了卖力工作，表现得比其他人更好之外，还要懂得如何让别人看到你的努力。

286. 没有热情，你将一事无成

14世纪印度皇帝莫卧儿，在一次战役中大败，独自蜷缩在一个废弃的马槽里，垂头丧气。这时，他看到一只蚂蚁拖着半粒玉米，在一堵垂直的墙上艰难地爬行。玉米比蚂蚁的身体大许多，蚂蚁爬了69次，每次都掉了下来。当它尝试第70次时，终于拖着玉米爬上了墙头。莫卧儿大叫一声跳起来！蚂蚁尚能如此，我为什么不能？于是他重整旗鼓，最终打败了敌人。

美国的《管理世界》杂志曾进行过一项调查，他们采访了两组人，第一组是高水平的人事经理和高级管理人员，第二组是商业学校的毕业生。

他们询问这两组人，什么品质最能帮助一个人获得成功，两组人的共同回答是"热情"。

热情对于事业，就像火柴和汽油，一桶再纯的汽油，如果没有一根小小的火柴将它点燃，无论它质量再怎么好也不会发出半点光，放出一丝热。而热情就像火柴，它能把你具备的多项能力和优势充分地发挥出来，给你的事业带来巨大的动力。

试想，一个没有热情的领导，整天无精打采，没有丝毫的朝气，那么，他的职员也会因此而失去工作的兴趣，当大部分职员都没了工作热情时，领导者就只能眼睁睁地看着自己的事业垮掉。有许多出色的领导者，都是凭着一股对事业的执著与热情，历尽艰辛，最后才取得成功的。

黑格尔说过："没有热情，世界上没有一件伟大的事能完成。"

【绝对智慧】

没有热情，世界上没有一件伟大的事能完成。

287. 远离名声不好的人

远离那些消极、怯懦的人，他们只会给你带来负面的效应。

不管你的名声多么完美，它除了根据你所说的或是你所做的事来加以评判以外，你所交的朋友也会影响他人对你的评价。

一个最好的原则，就是避免与那些消极负面的人牵连到一起，不要让人看见你正在跟一些名声不好的人在一起。有时候你的确不知道那些人名声不好，不过一旦你知道了，就要赶快跟他们断绝关系。

去找寻一些你所能知道的、可以信赖与依靠的老实人。

要跟胜利者、头号人物交往，而避免与输家和消极者纠缠在一起，因为他们常常在潜移默化地影响着你。

如果你想成功，要与成功的人交往，和他们成为朋友。你接触什么样的人，你就会有什么样的思想，你有什么样的思想，就会有什么样的行为，

有什么样的行为，就会有什么样的结果。在每个人的一生中，朋友会产生非常重要的影响。所以，去找寻一些比你更优秀的人做朋友，这些人决定了你的文化品位与层次。

交一群良师益友，你的一生将是积极的、精彩的；交一群吃喝玩乐、不务正业的朋友，你的一生将不会有多大出息。

【绝对智慧】

要跟胜利者、头号人物交往，而避免与输家和消极者纠缠在一起，因为他们常常在潜移默化地影响着你。

288. 不要从竞争对手身上寻找友谊

在现实社会里，人与人之间的关系也变得非常功利，通常以"你能为我做些什么"为基础。

在一些领域，一些行业，有许多种"友谊"的版本。在明眼人看来，那里的友谊概念太复杂了，它取决于你的工作、你的位置，友谊成了一种空洞无力的东西。有的人总是与那些有利于工作、有助于提高身份的人交往，朋友就像五星级的宾馆一样，成为了炫耀、显示身份的工具。

这种不正常的现象有时候可以"生产"出人性中最坏的一面。以不良的出发点为基础的友谊，往往以痛苦、背叛和大型官司而告终。

美国华盛顿大学的一位专门研究在工作场所中各种关系的教授说，在任何情况下，将友谊混入工作都会惹麻烦。"在一个竞争的环境下，友情很难保持原味。人们总会希望从朋友处得到全心全意的支持，但是在工作场合中，人们必须客观。我们必须评估身边的人，琢磨哪一个更符合自己的利益。因此，想从竞争对手身上寻找友谊是很难的。"

在美国好莱坞，许多人在结束一部电影的拍摄后，总会先考虑为了下一份工作，他们应该结交哪些人来作为过墙梯。

认为人们因为是"好朋友"而不会发生争斗的想法，是非常幼稚的，这一点就像相信求雨的巫师说进行了祭祀就会下雨一样。

【绝对智慧】

在一个竞争的环境下，友情很难保持原味。

289. 避开一切不必要的争论

不管是什么场合，都该切记一件事：避开过度尖锐的冲突。拥有好的辩论天赋也算得上是一种才能，但是归根结底你会明白，上上之策还是设法避开它。

不管何种辩论，十分之八九都没有结果，即使对方辩输了，他心里也不一定服输，甚至还会更加坚持自己的看法。你绝不可能从辩论中得到真正的胜利，不论辩赢辩输，到头来你都会失去某些东西——如果你以压倒性的辩才将对方驳斥得一无是处，你固然逞得了口头的一时之快，但你使他处于劣势，使他的自尊受创，他仍对你充满反感。

泛美人寿保险公司对其业务员有着一项恒久不变的训练方针，那就是"永不与客户争辩"。而误会的化解也绝非争辩所能做到，必得经由谅解、安慰和设身处地地为对方着想，才有可能化暴戾为祥和。

富兰克林曾说："据理力争，偶然或许能让你得到一些胜利的快慰，但那胜利是空洞的，因为你永远得不到对方的好感。"

当你遇到恶人挡道时，最聪明的方法就是避开他，别跟他为争路而起冲突。如果被他伤害了，就算你最后杀了他，你的伤口仍将存在。同样的道理，要想改变他人的想法，千万记住：避开一切不必要的争论。

【绝对智慧】

当你遇到恶人挡道时，最聪明的方法就是避开他，别跟他为争路而起冲突。如果被他伤害了，就算你最后杀了他，你的伤口仍将存在。

290. 自知自明是一种大智慧

"自作聪明的人总以为自己比别人知道得多，"洛克菲勒集团的副总裁雷特恩·塞克顿说，"这离无知也就是一步之遥了。"自作聪明的人都有一个毛病，就是看不到自己的无知，相反还以为自己无所不知。

有一次，有人到德尔斐神庙去问阿波罗神："世上究竟还有没有比苏格拉底更智慧的人？"神谕回答说："没有。"听到这些后，苏格拉底对此感到很奇怪："我怎么会是最有智慧的人呢？"

为了验证神谕，苏格拉底首先走访了一些著名的智者。结果发现，那些名气最大的，恰恰是最愚蠢的；而那些不大受重视的人反而愚蠢少一些。然后，苏格拉底又走访了几位诗人，发现诗人对他自己所写的东西一窍不通，他们"写诗不是凭借智慧，而是凭借灵感"。最后，苏格拉底又走访了能工巧匠，发现他们只"因为自己手艺好，就自以为在别的重大问题上也有智慧，这个缺点把他们的智慧都淹没了"。

经过一番走访，苏格拉底终于醒悟了："阿波罗神之所以说我是最有智慧的，不过是因为我知道自己无知。别的人也同样是无知，但是他们连这一点都认识不到，总以为自己很有智慧。仅凭这一点，阿波罗神就把我算作是最有智慧的人了！"最有智慧的人其实是有自知之明的人。无知的人会盲目的夸大自己的才能。

在人生的旅途中，正确衡量自己的能力，准确估计对手的力量，是非常重要的。因为高估自己，低估别人，是人性中的一大弱点。藐视别人、自以为是的结果，往往是搬起石头砸自己的脚。

【绝对智慧】

最有智慧的人其实是有自知之明的人，无知的人会盲目的夸大自己的才能。

291. "直言直语"与"正义"是两回事

喜欢"直言直语"的人说话时常常只看到现象或问题，也常常只考虑到自己"不吐不快"的感觉，而不去考虑别人的立场、观念、性格和感受。他的话，对于事实来讲，有可能是一派胡言，也有可能鞭辟入里。一派胡言的"直言直语"，对方明知，却又不好发作，只好闷在心里；鞭辟入里的直言直语因为直指核心，让当事人不得不启动自卫系统，若招架不住，恐怕就怀恨在心了。

所以，直言直语不论是对人或对事，都会让人受不了，于是人际关系就出现了问题，别人宁可离你远远的。如果不能远离你，那就想办法把你赶得远远的，眼不见为净，耳不听为静。

喜欢直言直语的人一般都具有"正义倾向"的性格，言语的爆发力杀伤力也很大，所以有时候这种人也会变成别人利用的对象，鼓动你去揭发某事的不法，去攻击某人的不公。不管成效如何，这种人总要成为牺牲品，因为成效好，鼓动你的人坐享战果，你分享不到多少；成效不好，你必成为别人的眼中钉，肉中刺，是排名第一的报复对象。

所以，在人际交往中，直言直语是一把伤人又伤己的双刃剑，而不是劈荆斩棘的"开山斧"。有这种直言直语个性的人应深思。

【绝对智慧】

直言直语是一把伤人又伤己的双刃剑，而不是劈荆斩棘的"开山斧"。

292. 不要在成功出现之前轻易地放弃

一个人只要有了一旦决定干什么，就不改变主意的决心，然后采取行动，奋斗10年，20年，那么他肯定会有所建树。退一万步讲，他所追求的

理想没有成功，但他这种精神，就昭示着一种成功，而且这种成功很独特，显得悲壮，超越了一般成功的意义。

在开罗博物馆，这个庞大建筑物的第二层楼，大部分存放的都是灿烂夺目的宝藏：黄金、珍贵的珠宝、饰品、大理石容器、象牙与黄金棺木，这些都是从图坦·卡蒙法老墓挖出来的宝藏。巧夺天工的工艺至今仍无人能及。如果不是霍华德·卡特决定再多挖一天，这些不可思议的宝藏也许仍在地下不见天日。

"这将是我们待在山谷中的最后一季，我们已经挖掘了整整6季了，春去秋来毫无所获。我们一鼓作气干了好几个月却没有发现什么，只有挖掘者才能体会到这种彻底的绝望感。我们正准备离开山谷，到别的地方去碰碰运气。然而，要不是我们最后垂死的一锤的努力，我们永远也不会发现，这远远超出我们民族的宝藏。"后来，卡特在自传中这样论述。

我们经常在做了90%的工作后，放弃了最后可以让我们成功的10%甚至1%。这不但输掉了开始的投资，更丧失了因最后的努力而发现宝藏的喜悦。很多时候，人们会开始一个新工作，学习新的技艺，然后就在成果出现之前轻易地放弃。

【绝对智慧】

我们经常在做了90%的工作后，放弃了最后可以让我们成功的10%甚至1%。这不但输掉了开始的投资，更丧失了因最后的努力而发现宝藏的喜悦。

293. 适者生存，而不是强者生存

美国有线电视探索频道，曾播出过这样一个动物记录片：在夏日枯旱的非洲大陆上，一群饥饿渴乏的鳄鱼陷身在水源快要断绝的池塘中，较强壮的鳄鱼已经开始弱肉强食同类了，物竞天择、强者生存的一幕正在上演。

这时，一只瘦弱勇敢的小鳄鱼却起身离开了快要干涸的水塘，爬向未

知的大地。

　　干旱持续着，池塘中的水愈来愈混浊、稀少，最强壮的鳄鱼已经吃掉了不少同类，剩下的鳄鱼看来是难逃被吞食的命运，但却不见有鳄鱼离开。也许守在这里被吃掉，似乎总比离开、走向完全不知水源在何处还安全些。

　　池塘终于完全干涸了，唯一剩下的大鳄鱼也不耐饥渴而死去，它到死还守着它残暴的王国。

　　可是，那只勇敢离开的小鳄鱼经过多天的跋涉，幸运的它竟然没有死在半路上，而在干旱的大地上，找到了一处水草丰美的绿洲。

　　物竞天择，未必都是强者生存。小鳄鱼有勇气，它懂得选择离开，证明了改变观念便能改变命运的适者生存的哲学。

　　人生就是这样，勇于竞争做强者的人未必一定能胜出，反而是能够自我调整、改变、开创新生活的人更能适应环境而生存下来。

　　改变观念便能改变命运！

【绝对智慧】

　　勇于竞争做强者的人未必一定能胜出，反而是能够自我调整、改变、开创新生活的人更能适应环境而生存下来。

294. 上帝为什么不奖赏好人

　　1963年，一位名叫玛莉·班尼的女孩写信给芝加哥先驱论坛报，因为她实在搞不明白，为什么她帮妈妈把烤好的甜饼送到餐桌上，得到的只是一句"好孩子"的夸奖；而她的弟弟——那个什么都不干，只知捣蛋的戴维得到的却是一个又一个的甜饼。她想问一问心中的偶像、一个无所不知的西勒·库斯特先生，于是她寄出信件："上帝真的是公平的吗？为什么我在家和学校，常看到一些像我这样的好孩子被上帝遗忘了？"

　　西勒·库斯特是芝加哥先驱论坛报儿童版"你说我说"栏目的主持人。10多年来，孩子们有关"上帝为什么不奖赏好人，为什么不惩罚坏人"之

类的来信，他收到不下千封。他心里非常沉重，因为孩子们都崇拜他，而他却长久以来都不知道该怎样回答这些提问。

有一次，他参加朋友的婚礼，新人在互赠戒指时错戴在右手上。西勒在牧师的话中得到了启示：右手成为右手，本身就非常完美了，所以就没有必要把饰物再戴到右手上了。

是啊，那些有德之人，之所以常常被忽略，不就是因为他们已经非常完美了么！上帝让右手成其为右手，就是对右手最高的奖赏；同理，上帝让善人成为善人，是对善人的最高奖赏。不要总看到恶人不受到惩罚而愤愤不平，要看到自己是个好人，就是你得到的最高奖励。

【绝对智慧】

上帝让善人成为善人，是对善人的最高奖赏。不要总看到恶人不受到惩罚而愤愤不平，要看到自己是个好人，就是你得到的最高奖励。

295. 攀比是一切烦恼的根源

邻家刚换了一辆新车，可是你家的已经用了 10 年了，你觉得不舒服；办公室里坐在你对面的那位同事买了一部 iPhone 6 pLus，你妒忌她；同拼一辆车去上班的三位同事，有一位最近升了职，有一位把新房的贷款付清了，有一位娶了一位又漂亮又年轻的太太，你会不会躺在床上冥思苦想：为什么这样的好运不落在我的头上？

有位哲人曾说："攀比是一切烦恼的根源。"因此在生活中，我们应该安心过自己的生活，而不要盲目羡慕他人，或是不顾自身的实际情况，硬要去与人家比试。如果是用自己的长处比别人的短处，或许觉得自己有优越感，心里会好过一些；如果是拿自己的短处与他人的长处比，当觉得自己不如人家时，心里除了酸溜溜的感觉之外，又会凭添一层不快与忧郁，因而在心底里暗骂上苍的不公平。如此一来，就会把自己好端端的心情，在几秒钟之内弄得乌云密布。

如果你刚买了一双运动鞋，穿在脚上觉得挺神气的。可一看同事穿的是耐克牌运动鞋时，又马上觉得自己的不是名牌，"档次"没人家高。相比之下，觉得自己似乎矮人一截，因此感到不快乐，没有面子。

心理学家认为，造成人们爱攀比的原因有二：一是是爱慕虚荣的不健康心理，觉得样样比别人出色才会有一种满足感；其次，过强的自尊心和不恰当的好胜心，也会导致人们事事要去和别人比，并要比别人强，否则，就会觉得丢面子。

具有这种思想的人，如不及时克服攀比之心，则会在苦恼中越陷越深。时间一长，就会变得孤僻、压抑，甚至会为了超过别人达到目的而不择手段。

【绝对智慧】

攀比是一切烦恼的根源，也是一切罪恶的开始。

296. 想尽办法避免负债

一个人如果债台高筑，就无法尽心工作，就无法表现自我，无法赢得他人的尊敬，无法制定或追求人生的目标。一个债务缠身的人，和那些被无知束缚或被镣铐紧锁的人一样孤立无助。

我有一个很好的朋友，他每月的收入是5000元。他的妻子酷爱"社交"，总是打肿脸充胖子，结果弄得他经常欠着20000元的债务。更不幸的是，他的每个孩子，都从妈妈那里学来了大手大脚的花钱习惯。现在，他的两个女儿和一个儿子都已经到了考虑上大学的年龄，但是他们不可能上大学，因为爸爸还欠着人家的债呢。最终父亲和孩子们吵翻了，整个家庭非常不和睦、非常痛苦。

因债务而处处受到限制，一生如囚徒一样生活，这样的处境太可怕了，简直难以想像。债务的积累是一种习惯，它开始只是一点点，后来却慢慢地越积越多，逐步变成一大块，最后极度膨胀，控制了人的整个灵魂。

数以千计的年轻人一结婚就背上了不必要的债务，从一开始就债台高筑，结果再也放不来了。当婚姻的新鲜感逐渐消失后，这些夫妻就开始感受到了生活拮据的尴尬。这感觉会与日俱增，往往导致夫妻双方相互埋怨，最终走向离婚之路。

受债务奴役的人没有时间、也没有动力去制定或追求理想，结果，他们在岁月中慢慢颓废下去，最终认定自己有个无法突破的极限。就这样，他们把自己困在了畏惧和怀疑的牢笼中，再也无法逃脱。

只要能避免负债的痛苦，付出任何代价都是值得的！

【绝对智慧】

债务的积累是一种习惯。它开始只是一点点，后来却慢慢地越积越多，逐步变成一大块，最后极度膨胀，控制了人的整个灵魂。

297. 你可以变通规则，但不能打破规则

在做事时，单靠努力奋斗不行，我们还要找到最好的做事方式，我们得知道我们有多大的权力，在多大的范围内可以自由运作。如此，我们才能掌握好做事的分寸，既遵守游戏的规则，又能最大限度地以最轻松的方式获取最大的成就。

创业初期，每一个创业者都会遇到各种各样的困境。几乎在创业生涯的各个方面都会有这样或那样的问题出现。在着手创业时，如果一味地墨守成规，照章办事，那只能是死路一条。这时候就需要创业者大胆地突破成规，灵活地运用规则，这样才会柳暗花明，于绝处中冲出一条生路。天无绝人之路，只要能灵活地运用规则，想方设法寻求突破，创业者都能藉此突破事业的瓶颈，打通创业之路。

现实告诉我们，做人做事不要轻易就被这样那样的成规束缚住了。墨守成规是前进的绊脚石，画地为牢只能是自设障碍。真正的成功人士，骨子里都流淌着创造和叛逆的血。

总之，人们所谓的"游戏规则"不是绝对的，而是模糊的，是具有弹性的。由此我们明白，为自己获取最大的利益，为了更好地成就自己的事业，我们可以灵活地运用游戏规则。在强手如林的社会中，灵活运用游戏规则是我们立足于世、脱颖而出最重要的杀手锏。

无数成功人士的经验告诉我们：只要你愿意，你可以灵活地运用各种游戏规则，但有一条，你可以变通游戏规则，但不能打破游戏规则。游戏规则的底限，便是法律，法律是最权威、最有约束力的游戏规则。再伟大的事业，也要在法律的基础上去实现。商场如战场，但商场并不是战场，不管你怎么样变通规则，甚至有违规之举，但你不能触犯法律，也就是不能超越游戏规则的底限。

【绝对智慧】

在强手如林的社会中，灵活运用游戏规则是我们立足于世、脱颖而出最重要的杀手锏。但有一条，你可以变通游戏规则，但不能打破游戏规则。游戏规则的底限，便是法律，法律是最权威、最有约束力的游戏规则。

298. 舍得舍得，有舍才有得

职业选择需要舍弃，舍弃许多椅子，而只能选择其中的一把。人在面临选择的时候是脆弱的，但目标只能确定一个，这样才会凝聚起人生的全部合力，将其攻下。确定了目标选定了路，不管路有多崎岖，同行者怎样寥寥，你都要忍受孤独和寂寞将它走完。尤其在诱人的岔路口，你必须不改初衷，有心无旁骛的坚定信念和超然气度。

人们难得有自知之明，即使是一些伟人，往往也会因为舍不得放弃而犯错。巴尔扎克在初期创作失败后投笔从商，去当出版家。这个外行的出版家受尽欺骗，很快失败。紧接着，他又当一家印刷厂的老板，无论怎样拼命挣扎终是失败，因此欠下了不少债务，债务越滚越大。警察局下通缉令拘禁他，债权人也搅得他没有一刻安宁，他只好隐姓埋名躲了起来。此

时他终于醒悟，多年来自己游移不定，根本没有集中精力从事文学创作。从那以后他夜以继日地认真写作，成为惊人的高产作家。然而直到逝世前，他尚欠21万法郎的巨额债务，这不能不说是一位天才的悲哀。

舍得舍得，有舍才有得。中国有句老话，有所不为才能有所为。去除那些对你是负担的东西，停止做那些你已觉得无味的事情。只有放弃才能专注，才能全力以赴。

【绝对智慧】

确定了目标选定了路，不管路有多崎岖，同行者怎样寥寥，你都要忍受孤独和寂寞将它走完。尤其在诱人的岔路口，你必须不改初衷，有心无旁骛的坚定信念和超然气度。

299. 二心不定，输得干干净净

怨天尤人其实是一种懦弱的行为，更是一种不成熟的表现，它不仅掩盖了自己不能面对的现实，还留下了将来可能重蹈覆辙的隐患。一个真正意义上的强者并不是一个一帆风顺的幸运儿，必然要经历各种痛苦和挑战，而战胜一切困难的人首先必须战胜自己，战胜自己的前提就是自我反省。

一些人之所以这样，都是因为他们不敢预期决策的结果，不敢担负应负的责任，说到底就是一种不自信的表现。他们认为敢于决断、雷厉风行容易犯错误，却不知道处处犹豫、事事小心本身就是一个错误。他们担心今天对某一事项进行了决策，明天的情况也许就变了，却不知道情况总是在变。而敢于决断必须建立在对未来的预测之上。他们不敢相信自己能够解决重要的问题，不知道人人都是天才，人人都可以处理自己的事情。

训练自己迅速决策的能力，养成一个迅速决策的习惯，并不是说对比较复杂的事情都不从各个方面来权衡考虑。但是，权衡考虑，形成决策之后，我们就不要轻易更改。

【绝对智慧】

权衡考虑，形成决策之后，我们就不要轻易更改。

300. 有志向，更要有野心

德国一家电视台，有一档智力游戏节目，栏目名称叫《谁是未来的百万富翁》。因为奖金丰厚，悬念迭出，吸引许多德国观众。但这档节目有一个特点，就是每答对一道题目，就可以获得相应的奖励，而如果继续答题时没有回答出，那么就得退出比赛，并且取消已经获得的奖励。

前十几期没有一位参与者能够获得100万的奖励，能够在节目中有所收获的只是一些见好就收的人。

自节目开播几年来，虽然参赛者强手如林，可真正一路过关斩将到最后的人，从来没有出现过。因此，几乎所有的参与者都学乖了，最多到10万左右，便放弃答题，退出比赛。直到有位叫克拉马的青年人出现，才第一次产生了百万巨奖。

令人奇怪的是，克拉马取得的百万巨款并不是因为他知识渊博，据当地媒体评论说，成就克拉马的不是他的学问，而是他的心理素质和野心。因为在50万之后，每一道题都相当简单，只需略加思考，便能轻松地答出。

那么多人与巨奖失之交臂，都是因为自己"见好就收"，没有成就百万富翁的野心。

人是需要有抱负的，抱负是我们向前冲的原动力。一位留洋归来的学者曾经说过："中国的青年人与国外的青年人相比，最大的差别就是有志向而无野心！"

你也许出身贫寒，境遇不佳，连连受挫；你也许才疏学浅，地位卑微，很少得到别人的关注；你也许出身名门，有才有能，倍受瞩目……当然，你没有能力去决定自己的出身，也没有办法挽回逝去的时光，但你有权利

成就卓越人生的处世法则

THE RULE OF EXCELLENCE IN LIFE

选择自己的未来。只要你有野心，不甘于平庸，想做一名伟大的创业者，你的命运就有改变的可能。

如果你现在没有成功没有地位也没有财富，无关紧要，只要你有野心，有把野心贯彻到底的智慧、毅力和勤奋，那么你肯定能超越平凡。

【绝对智慧】

只要你有野心，不甘于平庸，想做一名伟大的创业者，你的命运就有改变的可能。

301. 与其坐等伯乐，不如毛遂自荐

现在的社会是一个"毛遂自荐"的社会，"待价而沽"或等人来"三顾茅庐"的时代已经过去。你如果不主动出击，不让别人看得到你，不知道你的存在，不知道你的能力，那么你就有可能"坐以待毙"！

找工作时与其坐等伯乐，不如毛遂自荐！有了工作，也不可就此满足，应该发挥毛遂自荐的精神，推荐你自己去做某些工作或担任某项职务！不过热门的职务和工作逐者众多，这种毛遂自荐的效果不会太大。有一种状况就要求你特别要毛遂自荐了，那就是——困难的工作！

如果你有能力，可自告奋勇去挑战那些人人避之惟恐不及的工作。因为别人不愿意做，你的毛遂自荐正可凸显你的存在，如果一战成功，你当然是唯一的英雄！如果失败，也学到了宝贵的经验，而且也不会有人怪你，因为本来就没有人愿意做那件事嘛！此外，你的毛遂自荐，也替你的上司解决了难题，他对你的感激当然不在话下！而最重要的是，这个过程将成为你日后面对更艰难工作的勇气来源，而你的作为也将成为人们给你最高评价的依据，光是这一点，就可以让你在日后"享用不尽"！

如果你的毛遂自荐没有如愿，千万别灰心沮丧，因为你的勇气已在别人心中留下深刻的印象了，而且这次的失败正是下次成功的本钱。

【绝对智慧】

你如果不主动出击，不让别人看得到你，不知道你的存在，不知道你的能力，那么你就有可能"坐以待毙"！

302. 别让他人操纵了你的生活

有位同事特别管不好自己的钥匙，不是弄丢了，就是忘了带，要不就是反锁进门里边。他的 601 办公室就他一人，老是撬门也不是个办法，于是配钥匙时便多配了一把，放在 602 办公室。这下无忧无虑了好些日子。有一天他又没带钥匙，恰好 602 室的人都出去办事了，又吃了闭门羹。于是他在 603 也放了钥匙。外边存放的钥匙越多，他自己的钥匙也就管得越松懈，为保险起见，他干脆在 604、605、606……都存放了钥匙，多多益善。最后就变成这样，有时候，他的办公室，所有的人都进得去，只有他进不去，所有的人手中都有钥匙，只有他的钥匙无处可寻。

到这时，他那扇门锁住的，就只是他自己。

在现实生活中放弃自己的权利，让别人的意志来决定自己生活的人实在不少。他们把自己上学、择业、婚姻……统统托付或交给他人，失去了自我追求、自我信仰，也就失去了自由，最后变成了一个毫无价值的人。人生最大的损失，莫过于失掉自信。

所以，不要过高地估计他人，而低估自己，遇事时要相信自己拥有无限的能力和可能性，否则就跳不出自己的思想模式：越觉得自己不行，就必须要依赖他人，受他人的操纵。如此这样，久而久之，一切就会按照别人的意见行事，一切就会让别人来操纵，可悲的事就会接踵而来。

【绝对智慧】

越觉得自己不行，就必须要依赖他人，受他人的操纵。一定要跳出可怜而可悲的圈子。

303. 抑制住自己一夜暴富的冲动

华人首富李嘉诚有很多经商的理念很值得我们学习。有一次，记者问他的儿子李泽楷："你父亲教了你一些什么赚钱的秘诀？"结果李泽楷说："父亲什么赚钱的方法也没有教，只教了我为人处世的道理。"记者觉得吃惊，不肯相信。李泽楷解释说："父亲跟我说，你和别人合作，假如你拿七分或八分是合理的，那么拿六分就可以了。"

这是什么意思？就是说，每让出的一分利都让别人知道和李家做生意，是一件双赢的事，这给李家带来了数百倍于小利的人脉资源。想想看，虽然他只拿六分，但现在多了一百个人和他做生意，他现在多拿多少？假如他拿八分的话，又会有多少人乐意和他合作？

一个有成就的商人，多数情况下能抑制住自己一夜暴富的冲动，他们深知事物的发展是一个循序渐进的过程，财富也是由少到多，一步一步积累而来，不可能一蹴而就。暴富的情况很少，大多数人是靠自己辛勤的劳动和艰苦的努力获得成功的。

要想成为一个成功者，就不能贪图一时一事的小利。若鼠目寸光，为眼前小利所驱而坏了大计，实为不智之举。无论是上学、经商，还是为工、为农，只要是有远大目标的人，都不会去计较眼前的一点小利而失去更大的利益。道理人人都懂，但在生活中难免有人为利所驱，做下种种蠢事。要想获得长远的利益，有时不可避免地要牺牲眼前的小利益，这是常理，也是舍小取大最重要的内涵。

【绝对智慧】

一个有成就的商人，多数情况下能抑制住自己一夜暴富的冲动，他们深知事物的发展是一个循序渐进的过程。若鼠目寸光，为眼前小利所驱而坏了大计，实为不智之举。

304. 想想那些不如你的人

几十年前,《巴尔的摩哲人》的编辑亨利·路易斯·曼肯就曾说过,财富就是你比你妻子的妹夫多挣100美元。行为经济学家说,我们越来越富,但使人并不觉得幸福的部分原因是,我们老是拿自己与那些物质条件更好的人相比。

如果你想幸福,有一件非常简单的事你能做:那就是与那些不如你的人、比你更穷、房子更小、车子更破的人相比,你的幸福感就会增加。可问题是,许多人总是做相反的事,他们老在与比他们强的人比,这会生出很大的挫折感,会出现焦虑,觉得自己不幸福。

科内尔大学的教授罗伯特·弗兰克说,当被问到你是愿意自己挣10万美元,其他人挣20万美元,还是愿意你自己挣9万美元而别人只挣8.5万美元时,大部分的美国人选择后者,他们宁愿自己少挣,别人不要超过他,也不愿意自己多挣别人也多挣。弗兰克曾写过一篇论文《多花少存:为什么生活在富裕的社会里却让我们感到更贫穷》,他在这篇论文里写道:"就说住房吧,一个人到底需要多大的住房,那要取决于他周围的人拥有多大的住房。如果邻居的住房小,他也不需要太大的住房,如果人家有一所大住房,那么他就需要一所更大的住房,无论他是否真的需要。"

每个人都不免有时厌倦、烦闷和不满足,若逢这种时候,就是我们把自己设想到一个更没希望、更辛苦、更困难的境地的时候。

快乐是需要比较的,它没有止境,没有标准,而只是看你对它的认识如何,看你对它怎样解释而已。

【绝对智慧】

我们越来越富,但使人并不觉得幸福的部分原因是,我们老是拿自己与那些物质条件更好的人相比。

305. 做人才不做奴才

美国 IBM 公司的总裁小托马斯·沃森，有一句著名的话是："用人才不用奴才"。

小沃森自小生活在父亲老沃森身边，耳濡目染，非常崇敬和钦佩那些有本事的人。他从小就认识一位经理，叫雷德·拉莫特，这是位极有能力的人。雷德·拉莫特认识 IBM 里所有的人，无论老少，对人有着合乎情理和不偏不倚的看法：面对老沃森敢于毫无顾忌地说出自己的真心话，敢于对小沃森提出严厉的忠告。小沃森说，这位经理对他教益极大，否则他会犯更多的错误。

另一位对小沃森至关重要的人叫阿尔·威廉斯，是他父亲手下的一员干将，"所有的人都认为他很优秀。他一向对自己要求很严格，除了长时间地努力工作，还努力弥补自己没有上过大学的缺憾。"在小沃森看来，阿尔极讲规范，有条不紊，又比较谨慎，帮助小沃森弥补了经验上的不足。

小沃森在回忆录中写道："我总是毫不犹豫地提拔我不喜欢的人，那种讨人喜欢的助手，喜欢与你一道外出钓鱼的好友，则是管理中的陷阱。相反，我总是寻找精明强干、爱挑毛病、语言尖刻、几乎令人生厌的人，他们能对你推心置腹。如果你能把这些人安排在你周围工作，耐心听取他们的意见，那么，你能取得的成就将是无限的。"

有位部门经理叫伯肯斯托克，是刚刚去世不久的 IBM 公司第二把手柯克的好友。柯克是小沃森的对头，伯肯斯托克认为，小沃森定会收拾他，因此，他打算辞职，故意找小沃森的茬儿。然而，小沃森并没有发火，他认为伯肯斯托克是个难得的人才，甚至比刚去世的柯克还精明，只是性格有些桀骜不驯。为了公司的前途，小沃森尽力挽留他。留下伯肯斯托克对 IBM 做计算机生意起了极大的作用。正是由于他们俩的携手努力，才使 IBM 免于灭顶之灾，并走向更辉煌的成功之路。小沃森在他回忆中说了这样一句话："在柯克死后，挽留伯肯斯托克是我有史以来所采取的最出色的

行动之一。"

小沃森不喜欢他周围那种逢迎拍马、趋炎附势的气氛。他还说，如果一个人不愿意理直气壮地捍卫自己，那我也不愿意同他共事，他不应该留在公司。这是小沃森为人处世和用人的又一条原则。

【绝对智慧】

那种讨人喜欢的助手，喜欢与你一道外出钓鱼的好友，则是管理中的陷阱。

306. 不要让人明白你的真正意图

成大事者大多会喜怒不形于色，处事老练的人也都有察言观色的本事，并且会根据他人表现出来的喜怒哀乐来判断一个人的性格，适当地调整与其相处的方式。

萨达特是埃及"七·二三"革命的组织者和发起者之一。革命成功后，对于大权在握的纳赛尔，他总是唯唯诺诺，不轻易表露自己的态度与情绪，就因为如此，纳赛尔称萨达特为"是是上校"，并且对于他的这种态度表示出不满。在日常工作中，萨达特不露声色，表现得平平常常。对于内政问题和外交大事，他从不拿出主见，偶尔自己的公开态度稍有出格，他就会立刻纠正，与纳赛尔的信徒始终保持一致。

后来，纳赛尔考虑隐退，将扎克里亚·毛希西提名为继任者。但3年之后，经再三权衡，纳赛尔竟然选萨达特为继任者。纳赛尔去世之后，埃及开始了一场激烈的权力之争。争夺者既有潜在势力，又都大权在握，他们互不相让。后来出于政治妥协，萨达特被推上了总统宝座。人们万万没有想到，这位看来不起眼的萨达特，自从继任总统后，竟一反平日之态，大刀阔斧，雷厉风行，迅速控制了政府权力。

萨达特平时喜怒不形于色，因为他明白要想在激烈的权力争斗中避开矛头，就必须避免暴露自己真实的意图，应该首先懂得保全自己。

要做到喜怒不形于色，关键是要做到含而不露，这样做的好处在于，使他人弄不明白你的真正意图。

【绝对智慧】

成大事者大多会喜怒不形于色，处事老练的人也都有察言观色的本事。

307. 君子择邻而居

成功者总是与成功者交友，失败者也总是与失败者为伍，不幸的人吸引不幸的人，而散漫者的圈子里也都是散漫的人。

小城市和乡村的特点，就是缺乏雄心斗志和足够的激励，处在那种环境里，无法通过一定的标准来衡量自己的能力。人们与世无争地生活着，周围没有什么东西可以刺激这些乐天知命的人们。

人很容易陷入无所事事的境地，随波逐流则更容易，但随波逐流的后果往往就是你不小心结交坏人、不小心进了酒吧、不小心喝了一杯啤酒、不小心赌了一把钱。就是因为结交几个坏人，就是因为浪费了一点时间，你的一生就全毁了。

在印第安人的学堂里挂着许多印第安青年毕业照片，他们的神情与刚刚离开家乡时迥然不同，显得器宇轩昂、才华横溢，看起来能做一番大事业。但是回到部落中后，大部分人变成了原来的样子。这是因为他们失去了能够激励自己的环境，他们的潜能被埋没了。

在你的一生中，无论在何种情形下，你都要不惜一切代价进入能够激发自己潜能的氛围中，努力接近那些了解你、信任你、鼓励你的人。这对你日后的成功具有莫大的影响。

【绝对智慧】

无论在何种情形下，你都要不惜一切代价进入能够激发自己潜能的氛围中，努力接近那些了解你、信任你、鼓励你的人。

308. 与其有天赋，不如持之以恒

美国南北战争时期，南方有一位著名的将军，他就是外号叫"阻力"的杰克逊——他因行事缓慢而闻名。但同时，他做事却又十分专心致志，并且意志坚定。如果他接手一项工作，不完成决不罢休。所以，他在西点军校读书期间，总是因为忙于复习几天前的课程，没时间看当天的课程而被老师批评。他一直保持着这种稳定的节奏，从一个最没希望的"后进学生"一跃变成全班 70 人中的第 17 名，把 53 名在一开始成绩更好、头脑更灵活的同学远远地抛在后面。他的同学说，如果学制是 10 年而不是 4 年，他一定会以第一的成绩毕业。

全世界都会为意志坚定的人让路，在那些普通的美德中，最平凡的莫过于坚持。对于要开启紧闭的成功之门的人来说，这一点似乎比任何杰出的品质都更加奏效。每个人都可以磨练自己持之以恒的品质，不要半途而废，不要玩物丧志。

在极度困难的时期，坚持下去的传奇故事是历史的乐曲中最迷人的旋律。所有永载史册的人都有一个共同的特点，那就是坚韧的意志。有人说坚持是政治家的头脑、勇士的宝剑、发明家的秘密，是学者的"开门芝麻"。

坚持对天才来说就像蒸汽对发动机的作用一样，它是机器完成既定工作的驱动力。一个没什么天赋却能持之以恒的人，一定能比一个极有天赋却无法坚持的人走得更远。

【绝对智慧】

全世界都会为意志坚定的人让路，在那些普通的美德中，最平凡的莫过于坚持。对于要开启紧闭的成功之门的人来说，这一点似乎比任何杰出的品质都更加奏效。

成就卓越人生的处世法则

THE RULE OF EXCELLENCE IN LIFE

309. 做人不要太精明

1865年2月21日，卡尔基生于法国阿尔勒小镇的一个富裕家庭。

1996年2月21日，是卡尔基的131岁生日。当记者问她长寿的秘诀时，她对记者说："人要乐善好施，千万别琢磨人、算计人！健康是福，是最大的财富，花几百亿也买不来寿命。"

老太太还向记者讲述了一个她亲身经历的故事。

那是1965年，她已100岁了，一位不速之客找到她家，此人叫拉伯莱，是法国小有名气的法律公证人。他非要每月给卡尔基一笔2500法郎的养老金，以让她生活富裕，享受天伦之乐。这使老太太喜出望外，不过她心想：这不是天上掉馅饼吗？世间哪有这种好事！在老太太追问下，拉伯莱终于说出了自己的想法：养老金不是白给的，老太太去世后她祖先留下的那幢房子要归拉伯莱所有。老太太微微一笑，答应了，并到公证处做了公证。

当时拉伯莱年富力强，仅47岁。他的如意算盘是：百岁的卡尔基顶多再活七八年就要走人了。

贪心的拉伯莱天天盼着老太太快死，但她却一直健康如常，而且越活越带劲儿。而工于心计的拉伯莱却抑郁寡欢，每况愈下，终于在1995年，77岁时患心肌梗塞撒手西归。到拉伯莱死时，30年间先后给卡尔基老人90万法郎养老金，高出房产4倍多。

卡尔基老太太得知拉伯莱死讯时，伤心地流泪，十分惋惜地说："他有很高的文化，可惜这么聪明绝顶的人怎么也会做亏本的生意呢？"

人们总是太在意人生的种种得失，算计别人的结果却是得不偿失。

【绝对智慧】

机关算尽太聪明，反误了卿卿性命！

310. 不要在众人埋头工作时扬长而去

就算不能最后一个下班,也不要在众人都埋头工作时扬长而去。也许你的工作效率比别人高,那么应该去帮助效率稍差的同事,问他有什么你可以帮得上的,就算他拒绝了你的好意,至少他对你的热心已经产生了好感。

如果有一天,老板准时走进办公室,看到其他同事正在埋头工作,而你的座位却空空如也。那么,无论你以后如何拼命干活,也很难挽回恶劣的影响了。在老板的眼里,你就是一个不喜欢目前这份工作的人,因此也不会对眼前这项工作尽心尽力,那么被公司炒掉也就是时间早晚的事。

如果你一到下班的时间就匆匆忙忙地扬长而去,一旦被老板知道或看到,就是浑身长嘴也说不清的,这样的员工也将被老板列入永远不会重用的黑名单上。

最好的做法,就是每天都坚持提前一刻钟上班,做一些清洁工作或准备工作。下班时,则要等到上司或同事发出可以离开的信号时,再收拾和清理自己的办公桌,结束工作。长此以往地坚持下去,在上司的心中就会留下一个极好的印象,那么你的前程也将无忧。

【绝对智慧】

就算不能最后一个下班,也不要在众人都埋头工作时扬长而去。

311. 不要试图让所有人都喜欢你

把事情做好很重要,但首要的一条就是"你不可能把所有的事情都做好";处理人际关系的准则也有很多,但最重要的一条是"不要试图让所有人都喜欢你"。因为这不可能,也没必要。

不要做滥好人，不要试图去赢得所有人的欣赏。

美国前任国务卿鲍威尔是这样总结他自己的为人处世之道："你不可能同时得到所有人的喜欢。"

如果你希望和每一个人都搞好关系，最后你付出了很多时间去给别人帮忙，不欣赏你的人仍旧不欣赏你。一个人只要做到"有几个很好的朋友，很少有人讨厌你"，你的为人处世就算是很成功了。

有这样一些人，你帮了他10次，只有一次没帮好，他就记你这一次，最后还是得罪了他。世界上确实有不少这样的人，你越是努力和他结交，努力给他帮忙，他越是不把你放在眼里。反之，如果你认真学习、工作，在学习上在工作上做出成绩了，又不狂妄自大，自然能赢得别人的敬重。

你做任何事情，来自外界的评价都是两方面的，所以不要只看到杯子有一半是空的，还应该看到它还有一半是满的。对于看不惯你的人，也没有必要因为他而影响到自己的心情。

【绝对智慧】

你没有必要为改变某一个人对你的看法而去浪费太多的时间，你也没有必要因为别人不欣赏你而耗费太多的精力。你要做的，只是不断地提升自己。

312. 因为怕死，所以死得更快

北宋时，南唐镇海节度使林仁肇有勇有谋，听闻宋太祖在荆南制造了几千艘战舰，便向李后主奏禀，说宋太祖实是在图谋江南。南唐有识之士获知此事后，也纷纷向他奏请，要求前往荆南秘密焚毁战舰，破坏北宋南犯的计划。可李后主却胆小怕事，不敢准奏，以致失去防御北宋南侵的良机。

后来，南唐国火，李后主沦为阶下囚，其妻小周后常常被召进后宫，侍奉宋皇，一去就得多天才放出来。至于她进宫到底做些什么，作为丈夫的李后主一直不敢过问。只是小周后每次从宫里回来就把门关得紧紧的，一个人躲在屋里悲悲切切地抽泣。对于这一切，李煜忍气吞声，把哀愁、痛苦、耻辱往肚里咽。实在憋不住时，就写些诗词，聊以抒怀。

李煜虽然在诗词上极有造诣，然而作为一个国君，一个丈夫，他是一个懦夫，是一个失败者。

对于胆怯而又犹疑不决的人来说，获得辉煌的成就是不太可能的，正如采珠的人如果被鳄鱼吓住，是不能得到名贵的珍珠的。事实上，总是担惊受怕的人不是一个自由的人，他总是会被各种各样的恐惧、忧虑包围着，看不到前面的路，更看不到前方的风景。正如法国著名的文学家蒙田所说："谁害怕受苦，谁就已经因为害怕而在受苦了。"懦夫怕死，但其实，他早已经不再活着了。

【绝对智慧】

总是担惊受怕的人不是一个自由的人，他总是会被各种各样的恐惧、忧虑包围着，看不到前面的路，更看不到前方的风景。

313. 成功不能靠频繁的跳槽

如果在一个职位上的时间只有短短的一两年，说实话，你是不可能学到什么有用的东西的。

到一个新的公司，常常需要一个月甚至更长的时间来适应新的工作环境，需要一段时间来与新同事磨合、了解公司的制度，同时还需要一段更长的时间来学习新工作所要求的技能。等到自己对新工作基本上适应了，还需要一段时间来展示自己的才能。之后，当你处理好上司交给你的几件事情，当你的表现有目共睹，这时，机会也就来了——更高、更难的任务就会交给你处理，新的提拔也会考虑到你。而这些东西的获得确实是需要一段不短的时间来铺垫的。

而你，如果常常在事情刚刚开始、对新公司才刚熟悉、对新职位才刚

领会的情况下，就立马走人，那么你做的工作就是永远都在熟悉新环境、新同事、新上司。发挥自己能力、展现自己才华、提升自己才智的事永远也轮不到你。

很多年轻人在择业时都非常的盲目，他们最关心的问题无非就是"年薪多少"、"工作时间长不长"、"有多长的假期"等诸如此类的问题。

其实95%的人都忽略了一个重要问题，那就是"从这个工作中你获取进步的因素有哪些"。

所以，年轻人不要急于求成，成功之前磨炼一段时间是完全必要的。成功不是靠频繁的跳槽碰到的，它只给那些准备充分的人。

【绝对智慧】

如果在一个职位上的时间只有短短的一两年，说实话，你是不可能学到什么有用的东西的。

314. 什么样的对手将造就什么样的自己

一位动物学家在观察生活于非洲奥兰治河两岸的动物时，注意到河东岸和河西岸的羚羊大不一样，河东岸羚羊奔跑的速度比河西岸羚羊每分钟要快13米。

他感到十分奇怪，既然环境和食物都相同，何以差别如此之大？为了解开其中之谜，动物学家和当地动物保护协会进行了一项实验：在两岸分别捉10只羚羊送到对岸生活。结果送到西岸的羚羊发展到14只，而送到东岸的羚羊只剩下了3只——另外7只被狼吃掉了。

谜底终于揭开了，原来东岸的羚羊之所以身体强健，只因为它们附近居住着一个狼群，这使羚羊天天处在"竞争氛围"中。为了生存下去，它们变得越来越有"战斗力"。而西岸的羚羊身体较弱，奔跑不快，恰恰就是因为缺少天敌，没有生存压力。

生活中出现一个对手、一些压力或一些磨难并不是坏事。一份研究资料说，一年中不患一次感冒的人，得癌症的概率是经常患感冒者的6倍。至于俗语"蚌病生珠"，则更能说明问题。一粒沙子嵌入蚌的体内后，蚌将分泌出一种物质来疗伤，时间长了，便会逐渐形成一颗晶莹的珍珠。

【绝对智慧】

生活中出现一个对手、一些压力或一些磨难并不是坏事。

315. 想保守秘密，就闭紧你自己的嘴

为了保守秘密而考验他人的可信度是没有必要的，埋怨他人不为你保守秘密，同样也是没有必要的。如果你想保守秘密，就闭紧你自己的嘴。在保守秘密的环节中，关键的是你自己。如果你自己没能保守秘密，而希望别人能够帮你保守，与希望烧火的烟囱不冒烟一样是愚蠢的事情。

在森林中，狐狸垂涎刺猬的美味很久了，但一直苦于刺猬的一身硬刺，只要狐狸一靠近，刺猬便蜷成一个大刺球，让狐狸一点办法也没有。

刺猬和乌鸦是好朋友。乌鸦很羡慕刺猬有这么好的铠甲，于是对刺猬说："朋友，你的这一身铠甲真好啊，就连狐狸也没办法。"刺猬经不起乌鸦的吹捧，忍不住对乌鸦说："其实，我的铠甲也不是没有弱点。当我全身蜷起来时，腹部还有一个小眼儿不能完全蜷起。如果朝那个小眼儿吹气，我受不了痒，就会打开身体。"乌鸦听了十分惊讶。刺猬接着说："我这个秘密只跟你说过，你可千万要替我保密，如果传出去被狐狸知道了，那我就死定了。"乌鸦信誓旦旦地说："放心好了，你是我的好朋友，我怎么会出卖你呢？"

过了不久，乌鸦落在了狐狸的爪下。就在狐狸要吃掉它的时候，乌鸦突然想到了刺猬的秘密，为了逃生，便告诉了狐狸。

后果可想而知。在刺猬被狐狸咬住柔软的腹部时，它绝望地说："乌鸦，你答应替我保守秘密的，为什么出卖我？"

关系到自己正常生活乃至生命的秘密，绝不可轻易告诉他人。但如果

说了，又被传出去了，就不要怨恨朋友出卖了你。因为第一个说出这个秘密的人是你自己，自己都不能替自己保守的秘密，又怎能要求别人替你保守呢？

如果你想保守秘密，就应该让它留在你的内心深处。只有这样，它才能够成为真正的秘密。从自己嘴里泄露出去的秘密是无论如何也不能成为真正的秘密的。即使你嘱托别人"千万不要对别人说"，它也会传到别人的耳朵里，而且还会带上你"千万不要对别人说"的嘱托。

每个人都有逆反心理，你越不让他做的事情他越想做。你挖了一个洞，放在那里，也许不会有人去看。但你要是告诉别人不要去看的话，反而会有很多人想去看。正因为这种心理，秘密是难以保守的。如果它是一个"绝密的事情"，它将会以更快的速度传播下去。

【绝对智慧】

关系到自己正常生活乃至生命的秘密，绝不可轻易告诉他人。

316. 当你相信时，它就会发生

每当你想要实现任何一个目标的时候，就不断地重复地念着它。不断地经由你的反复地练习，反复地输入，当你潜意识可以接受这样子一个指令的时候，所有的思想和行为都会配合这样一个想法，朝着你的目标前进，直到达到目标为止。很多人试了这个方法，没有效果，原因是因为他们重复的次数不够多。影响一个人潜意识最重要最重要的关键，就是要不断地重复，不断地重复，再一次地重复，大量地重复，有时间随时随地不断地确认你的目标，不断地想着你的目标，这样的话，你的目标终究会实现的。

有个名叫亨利的美国青年，他对自己的身世一无所知，他已经30多岁了，却依然一事无成，整天只会坐在办公室里唉声叹气。

有一天，他的一位好友兴高采烈地找到他："亨利，我看到一份杂志，上面有一篇文章，讲的是拿破仑的一个私生子流落到美国，而他的特征几乎和你一样：个子很矮，讲的是一口带有法国口音的英语……"亨利半信半疑，但是他愿意相信这是事实。在他拿起那份杂志琢磨半天之后，他终于相信自己就是拿破仑的孙子。之后，他对自己的看法竟完全改变了。以前，他自卑自己个子矮小，而现在他欣赏自己的正是这一点：个子矮有什么关系！当年我爷爷就是以这个形象指挥千军万马的。他总认为自己英语讲不好，而今他以讲一口带有法国口音的英语而自豪。每当遇到困难时，他总是这样对自己说："在拿破仑的字典里没有'难'这个字！"就这样，凭着自己是拿破仑孙子的信念，他克服了一个又一个困难，仅仅3年，他便成为一家大公司的总裁。

后来，他派人调查自己的身世，却得到了相反的结论，然而他说："现在，我是不是拿破仑的孙子已经不重要了，重要的是，我懂得了一个成功的秘诀，那就是：当我相信时，它就会发生！"

【绝对智慧】

每当你想要实现任何一个目标的时候，就不断地重复地念着它。

317. 选择一位值得追随的老板

找工作时，老板有权选择员工，同样，员工也有选择老板的权利。市场经济已经取代了计划经济，一个成熟的商业社会，企业发展相对稳定，个人创业已经变得越来越不容易了，有更多的人在人生某一个阶段甚至一辈子，都可能要扮演雇员的角色。因此，选择一位值得追随的老板，是个人美好前途的最大保证。

在一个公司里，老板是核心，是不折不扣的"灵魂人物"。老板的眼界、能力和管理方法，对公司未来的发展起着决定作用。一个人在选择公司时，老板的做事风格和为人，便成了必不可少的判断依据，因为只有好的老板，才能让你在公司里得到良好的锻炼和发展。

好公司中的好老板，能够培养我们更多的能力和信心，能够给我们提

供更多的帮助和机会。同样，即使在一个刚刚起步的小公司，如果能遇到一个好老板，也会获得更多的教益。如果我们抱着向老板学习的态度，选择一个好老板就显得更加重要了。

【绝对智慧】

选择一位值得追随的老板，是个人美好前途的最大保证。

318. 只要超群出众，就一定会受到批评

实际上，虽然我们不能阻止别人对我们做不公正的批评，我们却可以做一件更重要的事：我们可以决定是否让自己受到那些不公正批评的干扰。

当布拉许还在华尔街40号美国国际公司任总裁的时候，有人问他是否对别人的批评很敏感？他回答说："是的，我早年对这种事情非常的敏感。我当时急于要使公司里的每一个人都认为我非常完美。要是他们不这么想的话，就会使我忧虑。只要哪一个人对我有一些怨言，我就会想办法去取悦他。可是我所做的讨好他们的事情，总会使另外一些人生气。最后我发现，我愈想去讨好别人，以避免别人对我的批评，就愈会使我的敌人增加。所以最后我对自己说：'只要超群出众，就一定会受到批评，所以还是趁早习惯的好。'这一点对我大有帮助。从此以后，我就决定只尽我最大能力去做，而把我那把破伞收起来，让批评我的雨水从我身上流下去，而不是滴在我的脖子里。"

当你成为不公正批评的受害者时，你可以笑一笑。别人骂你的时候，你可以回骂他，可是对那些只"笑一笑"的人，你能说什么呢？

【绝对智慧】

虽然我们不能阻止别人对我们做不公正的批评，我们却可以做一件更重要的事：我们可以决定是否让自己受到那些不公正批评的干扰。

319. 勿与君子太近，勿与小人太远

我们每个人都讨厌小人，但令人遗憾的是，在我们生活的世界，每个地方都有小人。而且这种人常常使周围的许多人深受困扰，他们造谣生事、挑拨离间、兴风作浪，确实令人讨厌，所以很多人对这种人极端仇视。

仇视小人，固然可以显示出你的正义与耿直，但在现实生活中，这并不是一种最好的保身之道，它反而显露了你的正义是不切实际的。因为你的这种正义感公然暴露了这些小人的无耻与不义。对每个人来讲，我们都不喜欢受到他人的批评与指责，即使再坏的人也是如此。

你一旦揭露了他们的丑陋面目，他们为了保全自己，为了掩饰其过错，就会对你进行反击。也许你不怕他们的反击，也许他们对你也无可奈何，但是，你要知道一点，"小人"之所以被称之为"小人"，是因为他们始终藏于暗处，惯于使用不法手段，而且不会轻易与你罢休。

我们每个人都不喜欢小人，那就与其保持一定的距离好了，不一定非得嫉恶如仇地与他们划清界线，尽管他们是小人，但要记住一点，他们也是人，是人就需要维护自己的自尊和面子。

至于君子，你不必去溜须拍马、阿谀奉承，因为真正的君子一般都有一种洁身自好的美德，他们不喜欢这些非正直的行为。尽管一般人都喜欢听到他人的赞许，喜欢被人奉承，喜欢被人捧得高高的，但真正的君子会自省，一旦发现你是有意为之，并且有所企图，那他反而会故意疏远你，甚至对你产生厌恶之感。这样你不反倒弄巧成拙了吗？

【绝对智慧】

与小人保持一定的距离，但不一定非得嫉恶如仇地与他们划清界线；与君子不可太亲近，君子都有洁身自好的美德，太近则会产生厌恶之感。

320. 有一种智慧叫放弃

人生的本质就是选择与放弃的过程。放弃是为了获得，放弃一个机会，是为了抓住另一个更好更难得的机会。

有一个报纸的推销员曾在他的演讲中提到："上街卖报纸的那个星期，我的推销在一位中年男人面前遭遇挫折。可气的是，他告诉我他不买本报的理由是因为报纸的版数太多，他每次都看不完全部版面，觉得有点亏。"

"你想象得出来，当时我对着这个读者真是哭笑不得。花同样多的钱买一份物超所值的报纸，版数多不好，难道版数少倒好了？看你喜欢的内容，不喜欢的部分当废纸扔了不就行了，谁逼着你非把整份报纸都读完了？"

"问题是似乎持有这种想法的人还不止他一个，生气的话还真生不过来。我想了很久才明白，报纸苦心孤诣将内容分类，以便不同的读者各取所需。可是，对有些人来说，他不是不会选择，而是不会放弃。他不知道他可以扔掉一些东西，结果把自己弄得无所适从。"

就像有人因为西瓜的皮不能吃，而拒绝买西瓜一样可笑，我们很多人因生活给我们的太多而苦恼万分。

【绝对智慧】

就像有人因为西瓜的皮不能吃，而拒绝买西瓜一样可笑，很多人因生活给我们的太多而苦恼万分。

321. 不挑战权威，就永远无法进步

苏格拉底觉得自己的学生们过于依赖自己了，以致于他们很少有自己的主见，只是跟着老师的步伐走。他想教育一下这帮学生。

一天，苏格拉底像往常一样，到街上去散步。他的学生们也像往常一

样在广场上等他。他到广场一角坐了下来，学生们都围了上来。他们已经习惯每天听老师讲授幸福之道。

苏格拉底拿出一个苹果，对着这些虔诚地望着他的学生说："这是我刚刚从果园里摘下来的苹果，看起来是熟透了。你们闻一闻它是什么味道？"

他的第一个学生闻了闻，想了想说："是苹果的香味。"第二个学生也闻了闻，抬起头，对苏格拉底说："是苹果的香味。"其他的学生都闻了一下，都表示闻到了苹果的香味。只有柏拉图没有说话。苏格拉底见了，问道："柏拉图，你闻到什么味道？"柏拉图看着老师，说："我什么味道也没闻到。"

苏格拉底微笑着看着柏拉图："看来只有你是你自己。"他把那个苹果给各个学生传看，众人呆住了——那只是一个蜡做的苹果，不可能闻到任何味道。苏格拉底对他们说："学生们，你们犯了一个非常大的错误，那就是没有选择地相信真理。你们总是过于信任我，就像认为一件经常发生的事必然发生一样，这无疑是错误的。我说这是从果园里摘的苹果，你们就相信，甚至不假思索。而且有一个人说闻到了苹果的香味，他可能是嗅觉产生了问题，你们这么多的人都错，只能说明你们人云亦云。这是没主见，放弃自我的表现！为什么你们宁肯相信我的话也不相信自己的真实感觉呢？为什么你们在不确定的时候宁肯相信别人也不相信自己的感觉呢？不挑战权威，永远无法进步。一味地相信其他的东西，只会让你失去自我。我希望看到你们做真正的自己，用主观意识来判断事物，而不要人云亦云。"

没有永恒的真理，也没有绝对靠得住的印象。所有的事物都是要靠自己的研究发现才能下结论。无论多么权威的经验，也不要轻易相信。只有质疑权威，你才能去实践、去领悟、去推翻并不正确的道理，让你自己成为权威。一味地相信权威，相信经验，是非常容易被现实蒙蔽的。

【绝对智慧】

不挑战权威，永远无法进步。一味地相信其他的东西，只会让你失去自我。

322. 心态是你真正的主人

塞尔玛陪伴丈夫驻扎在一个沙漠的陆军基地里。丈夫奉命到沙漠里去演习，她一个人留在陆军的小铁皮房子里，天气热得受不了——在仙人掌的阴影下也有华氏125度。她没有人可谈天——身边只有墨西哥人和印第安人，而他们不会说英语。她非常难过，于是就写信给父母，说要丢开一切回家去。她父亲的回信只有两行：

两个人从牢中的铁窗望出去，一个看到泥土，一个却看到了星星。

这只有两行的信却永远留在她心中，完全改变了她的生活。

塞尔玛一再读这封信，觉得非常惭愧。她决定要在沙漠中找到星星。

塞尔玛开始和当地人交朋友，他们的反应使她非常惊奇——她对他们的纺织、陶器表示兴趣，他们就把最喜欢但舍不得卖给观光客人的纺织品和陶器送给了她。塞尔玛研究那些引人入迷的仙人掌和各种沙漠植物，又学习了有关土拨鼠的知识。她观看沙漠日落，还寻找海螺壳，这些海螺壳是几百万年前这沙漠还是海洋时留下来的……原来难以忍受的环境变成了令人兴奋、留连忘返的奇景。

沙漠没有改变，印第安人也没有改变。是什么使塞尔玛发生了这么大的转变呢？是她的心态，是她对生活的一种热情。重燃的生活热情使她把原先认为恶劣的情况变为一生中最有意义的冒险。她为发现新世界而兴奋不已，并为此写了一本书，书名叫《快乐的城堡》。她从这个"城堡"里，终于看到了星星。

"一个人如果缺乏热情，那是不可能有所建树的。"作家拉尔夫·爱默生说，"热情像浆糊一样，可让你在艰难困苦的场合里紧紧地粘在这里，坚持到底。它是在别人说你'不行'时，发自内心的有力声音——'我行'。"

生活处处有磨难，关键在于你用怎样的心态去面对。拿破仑·希尔说，一个人能否成功，关键在于他的心态。成功人士与失败人士的差别在于成功人士有积极的心态和高昂的热情。

　　的确，心态是真正的主人，你的心态决定了谁是坐骑，谁是骑师。积极的心态使你充满力量，去获得财富、成功、幸福和健康，攀登到人生的顶峰。而消极的心态却把一切让你的生活有意义的东西剥夺得一干二净，在人生的整个航程中处于一种长期的晕船状态，对将来总感到失望。

【绝对智慧】

　　心态是你真正的主人，你的心态决定了谁是坐骑，谁是骑师。积极的心态使你充满力量，攀登到人生的顶峰。而消极的心态却把一切让你的生活有意义的东西剥夺得一干二净。

323. 给别人留路，就是给自己留路

　　在茫茫沙漠的两端，各有一个村庄。要到达对方，如果绕过沙漠，至少需要马不停蹄地走上20多天；如果横穿沙漠，只需要3天。但横穿沙漠实在太危险了，许多人试图横穿却无一生还。

　　一天，一位智者经过这里，让村里人找来了几千株胡杨苗，从这个村庄一直栽到沙漠那端的村庄。智者告诉大家："如果这些胡杨苗有幸成活了，你们可以沿着胡杨树来来往往；如果没有成活，那么每一个行者经过时，都要将枯树苗拔一拔，插一插，以免被流沙淹没了。"这些胡杨苗栽到沙漠后，虽然没成活，却成了路标。

　　沿着路标，大家平平安安地在这条路上走了几十年。

　　一年夏天，村里来了个僧人，他坚持要到对面的村庄去化缘。于是大家告诉他："横穿沙漠时，遇到要倒的路标一定要向下再插深些，遇到就要被淹没的路标，一定要将它向上拔一拔。"

　　僧人点头答应了，带上一皮袋水和一些干粮上路了。他走啊走啊，走得两腿酸痛，浑身乏力，一双芒鞋很快就被磨穿了，但眼前依旧是茫茫黄沙。遇到一些快被尘沙淹没的路标，僧人想："反正我就走这一次，淹没就

淹没吧。"他没有伸出手去，将这些路标向上拔一拔；遇到一些被风暴卷得摇摇欲倒的路标，僧人也没有伸出手去将这些路标向下插一插。

当僧人走到沙漠深处时，静谧的沙漠蓦然飞沙走石，一部分路标被淹没在厚厚的流沙里，一部分被风暴卷走，没了踪影。失去了路标的指引，僧人像没头的苍蝇似的乱窜，怎么也走不出大沙漠。在气息奄奄的那一刻，僧人十分懊悔：如果自己按照大家嘱咐的去做，那么即使没有了进路，还可以拥有一条平平安安的退路啊！

"反正我就走这一次，淹没就淹没吧！"故事中的僧人只考虑自己，因此在风暴来临时，也就只剩下孤独无助的自己了。是的，给别人留路，其实就是给我们自己留路。

【绝对智慧】

只考虑自己，因此在风暴来临时，也就只剩下孤独无助的自己了。

324. 兜里有钱，胜过朝中有人

生活并不总是美好的。天灾人祸常常不请自来，你可能莫名其妙地被炒了鱿鱼，也有可能因陷入紧急状况需要一笔钱。就算不考虑这些偶然因素，也总该为自己的晚年想一想吧，连蚂蚁和松鼠都知道要准备过冬的粮食，更何况我们不能不为我们的老年生活而考虑。

当老年来临时，我们有必要从竞争领域中退出来，让位于年轻人。而且我们本身到了60岁就会感到力不从心，所以应该为以后的独立生计做必要的准备。

储蓄完全能够解决这些问题。而学会储蓄并不需要多么大的勇气和非凡的智力，任何人都可以成功地做到。

没有储蓄，人的生活就失去了依靠。积蓄可以保证我们在找到新工作之前比较从容。300元或者说100元，这不算多吧！但是，对一个贫困的人而言，其作用无可估量。100元足够让这个人坐车到另一个工作机会多的地方；100元还能维持一个人一周的生活，让他免受饥饿之苦……虽然这笔储蓄不起眼，但是没有它，这个人就被牢牢地束缚在困窘中等待命运的摆弄。

储蓄能在关键时刻正确引导我们的生活，甚至遏止我们的邪念。虽然我们不能用金钱来衡量生活的价值，但是，我们必须正视金钱在生活中的作用。没有足够的金钱，就不会有舒适、温馨的生活，更难以实现自立和理想。

学会储蓄是学会生活的开始。收入无论多少，都要坚持节省一些储蓄下来，以备不时之需，不要寅吃卯粮，过入不敷出的生活。按照这些去做，就能免除挥霍、短浅、鲁莽和无计划等许多坏毛病。节省和储蓄表现了自我克制、深谋远虑、谨慎与智慧，这些是未来幸福生活的种子，是自立和诚实生活的开端。

【绝对智慧】

虽然我们不能用金钱来衡量生活的价值，但是，我们必须正视金钱在生活中的作用。没有足够的金钱，就不会有舒适、温馨的生活，更难以实现自立和理想。